内蒙古野菜
植物资源及其利用

◎ 张凤兰　杨忠仁　郝丽珍　等　编著

中国农业科学技术出版社

图书在版编目（CIP）数据

内蒙古野菜植物资源及其利用 / 张凤兰等编著 . -- 北京：
中国农业科学技术出版社，2023.5
ISBN 978-7-5116-6097-8

Ⅰ.①内…　Ⅱ.①张…　Ⅲ.①野生植物 - 蔬菜 - 植物
资源 - 介绍 - 内蒙古　Ⅳ.①S647

中国版本图书馆 CIP 数据核字（2022）第 241532 号

责任编辑　马维玲　崔改泵
责任校对　李向荣
责任印制　姜义伟　王思文

出 版 者　中国农业科学技术出版社
　　　　　北京市中关村南大街 12 号　　邮编：100081
电　 话　（010）82109194（编辑室）（010）82106624（发行部）
　　　　　（010）82106624（读者服务部）
网　 址　https://castp.caas.cn
经 销 者　各地新华书店
印 刷 者　北京建宏印刷有限公司
开　 本　185 mm×260 mm　1/16
印　 张　14.75　彩插 13 面
字　 数　341 千字
版　 次　2023 年 5 月第 1 版　2023 年 5 月第 1 次印刷
定　 价　80.00 元

《内蒙古野菜植物资源及其利用》
编著委员会

主　编　著：张凤兰　　杨忠仁　　郝丽珍

副主编著：于传宗　　张　东　　张晓艳　　叶丽红

编写人员：黄修梅　　陈贵华　　孙　婧　　王晓娟

　　　　　　李　娜　　赵　鹏　　宋　阳　　宛诣超

　　　　　　庞　杰　　张晓明

前　言

　　野菜生长于无污染的自然生境，营养成分丰富且含有多种活性物质，多数野菜药食同源，具有广阔的开发利用前景。内蒙古自治区独特的地理位置和地形地貌，造就了复杂多样的生态系统，是我国自然生态系统类型最完整的地区之一。受地形和气候因素影响，东部的森林、中部的草原和西部的荒漠，构成了内蒙古的三大植被类型，拥有野生维管植物144科、737属、2 619种，分别占全国维管植物科的47.5%、属的22.9%和种的8.2%。其中，有许多传统的野生观赏植物、野生食用植物及野生药用植物，同时还蕴藏着丰富的、尚未有效开发的野菜植物资源。鉴于目前内蒙古自治区野菜植物资源的保护和开发利用现状，由内蒙古农业大学、内蒙古农牧业科学院、内蒙古林业科学院、包头师范学院和赤峰学院各学者编著本书。

　　《内蒙古野菜植物资源及其利用》一书共收集和编写了内蒙古自治区的野菜资源53科197种，附图135幅。每种野菜主要介绍了学名、蒙名、别名、分类地位、形态特征、分布、生境、食用部位及方法、营养成分、药用功效以及栽培管理要点。一蕨科至七蓼科由黄修梅和张凤兰编写，八藜科、九苋科和二十豆科由王晓娟和杨忠仁编写，十马齿苋至十八十字花科由张凤兰、黄修梅和郝丽珍编写，十七虎耳草科、十八蔷薇科和十九景天科由孙婧和宋阳编写，二十一酢浆草科至三十四五加科由李娜和叶丽红编写，三十五伞形科至三十八马前科由于传宗和庞杰编写；三十九萝藦科、四十旋花科、四十一唇形科和四十二茄科由张晓艳和张凤兰编写，四十三玄参科至四十六忍冬科由张东、宛诣超和张晓明编写，四十七桔梗科、四十八菊科由陈贵华和张晓艳编写，五十一百合科、五十二兰科和五十三败酱科由赵鹏和张东编写。书中插图由张凤兰、宋阳、宛诣超等提供。

希望《内蒙古野菜植物资源及其利用》的出版，可以作为大中专院校师生、广大的农业科技工作者、农村基层干部、农民企业家和农户喜爱的参考书和工具书。尽管作者对文中的各章内容进行了认真撰写，主编著进行了统稿、校对，但由于编著者水平和研究资料有限，书中错漏之处，恳请读者批评指正。

编著者

2023 年 2 月

目　录

一、蕨科

1. 蕨

【学名】 *Pteridium aquilinum*（L.）Kuhn var. *latiusculum*（Desv.）Underw. ex Heller。

【蒙名】 奥衣麻。

【别名】 蕨菜。

【分类地位】 蕨科蕨属。

【形态特征】 蕨菜的茎属于长而横走的根状茎，并能分枝，表面黑褐色，幼嫩时见光后变成绿色。外部生有不定根、叶芽、毛等附属物。根状茎不仅是蕨菜产生不定根及叶的主要器官，也是储藏养分的主要场所。蕨菜的不定根着生于根状茎上，由中柱鞘产生，是蕨菜吸收养分和水分的主要器官。原叶体即配子体，呈心形，平均大小为长 4.5 mm，宽 5.5 mm。原叶体受精后长出第 1 片孢子体叶，形状如扇，以后逐渐向羽叶分化。成株展开叶为奇数三回羽状复叶，呈阔三角形或卵状三角形，长 25～40 cm，宽 20～30 cm；羽叶背面有肾形保卫细胞组成的气孔器，沿各回羽轴及叶边缘疏生短茸毛；叶柄粗壮、绿色（埋在土中的部分呈淡褐色）凹形，长 20～40 cm。孢子囊着生于羽片叶背面的边缘，相连不断，呈线形。孢子囊柄着生于小脉顶端的联结脉上，沿脉分布。孢子囊初期为绿色，成熟时转为褐色，呈扁圆状，囊上有侧生加厚环带。孢子近似于四面体，表面具有不规则的雕纹，它是蕨菜的繁殖"器官"。

【分布】 内蒙古主要分布于赤峰、锡林郭勒、乌兰浩特和呼伦贝尔，当地采摘期在 6 月。中国分布于各地，但长江以北较多。世界温带和暖温带其他地区也有分布。

【生境】 中生植物。生长于山坡草丛、林缘阳光充足处。

【食用部位及方法】 蕨菜的主要产品器官为幼嫩叶柄与拳卷幼叶，可以鲜食或加工后食用。此外，蕨根富含淀粉，可以做成蕨根粉食用。

【营养成分】 每 100 g 食用蕨菜叶柄中含蛋白质 1.6 g、脂肪 0.4 g、糖类 10 g、热量 50 kcal、粗纤维 1.3 g、灰分 0.4 g、胡萝卜素 16.8 g、维生素 C 35 mg、钙 2.4 mg、磷 29 mg。蕨菜氨基酸种类齐全，含量丰富，其中赖氨酸、谷氨酸的含量很高。赖氨酸是禾谷类食物的限制性氨基酸，因此，蕨菜对以谷类为主食的人们有着重要的意义。蕨菜富含维生素 E、维生素 B_1、维生素 B_2、维生素 B_6 等，还含有硒、铁、钙、镁、锌、铜、钼、锰 等多种矿物质营养。其中以钙、锌的含量较高。

【药用功效】 全草入药，能清热利湿、消肿、利水、安神，主治发热、痢疾、黄疸、高血压、头昏失眠、风湿关节痛、白带。

【栽培管理要点】

整地施肥 栽培地应选择以背阴山坡或有遮阴条件的富含腐殖质的壤土地块。栽培前先进行翻耕，施足有机肥料。一般每亩（1 亩≈667 m^2，全书同）施腐熟的粪肥 5 000 kg，全层施入，然后翻 20 cm 深，耙平地面。

定植 定植行株距以 30 cm×20 cm 或 30 cm×30 cm 为宜，移植期和幼株生长初期，最好罩上遮阴网，即可降低光照强度，又起到一定的保湿作用，待新叶长出时，逐渐撤去覆盖物。定植的当年苗高可达 40～60 cm。根状茎段栽植株行距为 50 cm×60 cm。

田间管理 初春在蕨菜嫩叶长出前，应剪去衰老枯死的叶片，并及时施肥，促进生长。一般以 15～20 d 施肥 1 次为宜，每亩每次施 10 kg 尿素，并进行中耕除草。夏季高温天气要增加浇水次数，一般 3～5 d 浇 1 次水，秋季随着植株生长速度减缓、停滞，浇水施肥也应减少或停止。入冬后保留枯黄叶片以利保温。

适时采收 蕨菜根状茎栽植第 1 年一般不采收，以利发根及培植较壮的根状茎；孢子育苗以第 3 年开始采收为宜。种植 1 次可采收 10 年左右。如果作为干制、腌制后直接食用的蕨菜，一般在每年 4—6 月采收，并且在每天 9:00 以前采收完毕。采收部分应以羽状小叶苞尚未展开的 20～25 cm 高的叶柄为宜，早采植株幼小，叶柄短，出菜率低，晚采植株已纤维化，不能食用。采收时，用手从蕨菜幼嫩的叶柄基部摘下，待有一小束时，对齐叶柄基部并在地上轻轻擦磨一下，使沾有泥土，再放进底部垫有青草或湿沙的筐内以防失水老化；或立即把伤口部位放入含有 2.5% NaCl 和 10% 柠檬酸的水溶液中，浸 30 min 护色，以防褐变。可连续采收 2～3 茬。供鲜食的蕨菜要随采随吃；加工腌渍品的蕨菜要扎成 6 cm 粗的小把；加工干菜的蕨菜可不扎把，当日采收的蕨菜要当日加工。如果作为精细加工或物质提取，蕨菜适宜采收期为孢子成熟期。

二、杨柳科

2. 小叶杨

【学名】 *Populus simonii* Carr.。

【蒙名】 宝日-毛都。

【别名】 明杨。

【分类地位】 杨柳科杨属。

【形态特征】 乔木，高达 22 m。树皮灰绿色，老时暗灰黑色，深裂。小枝和萌发枝有棱角，红褐色，后变黄褐色，无毛。冬芽细长，稍有胶质，棕褐色，光滑无毛。叶菱状卵形、菱状椭圆形或菱状倒卵形，长 4～10 cm，宽 2.5～4 cm，先端渐尖或突尖，基部楔形或狭楔形，长枝叶中部以上最宽，边缘有细齿，上面通常无毛，下面淡绿白色，无毛；叶柄长 0.5～4 cm，上面带红色。雄花序长 4～7 cm，苞片边缘齿裂、半齿半条裂或条裂，雄蕊通常 8～9；雌花序长 3～6 cm，果序长达 15 cm，无毛。蒴果 2～3 cm 瓣裂。花期 4 月，果期 5—6 月。

【分布】 内蒙古分布于通辽、赤峰山区（野生种），呼和浩特、包头均有栽培。中国分布于东北、华北、华中、西北、西南地区。

【生境】 中国原产树种。垂直分布一般多生在海拔 2 000 m 以下，最高可达 2 500 m。华北各地常见分布，以黄河中下游地区分布最为集中。

【食用部位及方法】 春季幼嫩叶可作食用，老叶为良好饲料。

【药用功效】 树皮入蒙药（蒙药名：宝日-奥力牙苏），能祛风活血、清热利湿，主治风湿痹疹、跌打肿痛、痢疾、脚气、蛔虫病。

【栽培管理要点】

播种育苗 小叶杨播种育苗较扦插育苗繁杂，但有性繁殖能提高生活力，抗病虫及抗旱能力，延长寿命，对小叶杨优良性状的研究及在生产实践中具有一定价值。

撒播 播种前灌足底水，等表皮稍干后，用平耙将床面（或垄面）2～3 cm 的表土充分耙平搂碎后，均匀撒播种子，随后覆盖细沙 2～3 mm，再用木磙镇压 1 次。或播种后用扫帚顺苗床轻拉 1 遍，再加镇压，最后用细眼壶洒水即可。每亩播种 0.5～1 kg。

落水播种 播种前首先灌水，待水快渗完时，将种子撒播于床面，然后用过筛的"三合土"（1 份细土，1 份细沙，1 份腐熟的厩肥再加少量菌肥）覆盖，以稍见种子即可。

插条育苗 春季、秋季均可采集插穗。插条应选择一年生苗或生长健壮、发育旺盛的幼、壮龄母株一年生健壮枝条。粗度 0.8～1.5 cm，穗长 15～20 cm。秋季采集的插穗要坑藏、窖藏或沙堆储藏过冬。

春季扦插于 3 月上中旬进行。扦插前，可将插穗放入清水浸泡 3 d 或在活水中浸泡 5 d 以促进生根发芽。扦插后及时灌水坐苗。幼苗生根前灌水 1～2 次。以后每 10～15 d 灌水 1 次。6—7 月结合灌水追肥 2～3 次并抹芽修枝。秋季扦插在落叶后至封冻前进行。采用直插插入，插后覆土 6～10 cm，翌春发芽前将土刨开。同时要中耕改土，增施有机肥料，加强苗期管理。扦插育苗密度：带状育苗，株距 20～30 cm，行距 30～40 cm，每亩扦插 7 000～9 000 株；垄式扦插，每垄 2 行，行距 20 cm，株距 15 cm，垄距 40～50 cm，每亩扦插 12 000～15 000 株。

造林地的选择小叶杨适宜浅山、丘陵、沟谷、山间零星平地、沿河漫滩、河岸缓坡、沙滩荒地、丘间低地等。主要采用植苗造林与插干造林，也可埋条造林。造林密度一般 2 m×3 m、2 m×4 m 或 3 m×5 m，小叶杨与沙棘、紫穗槐、柠条等灌木混交，有利于小叶杨生长，其密度根据立地条件或混交配置方式而定。

小叶杨树苗黑斑病的防治 合理密植、加强管理，实行大垄撒播、条播或插条，密度过大时适当间苗或打去底叶 3～5 片，密切注意观察，发现病株及时除掉可减少病害发生。药剂防治一般于 6 月下旬向幼苗喷药，可用 65% 代森锌 500 倍液或 1：（125～170）的波尔多液，每半个月喷 1 次，共喷 3～4 次。

三、桦木科

3. 榛

【学名】 *Corylus heterophylla* Fisch. ex Trautv.。

【蒙名】 西得。

【别名】 榛子、平榛。

【分类地位】 桦木科榛属。

【形态特征】 灌木或小乔木，高 1～2（7）m，长丛生，多分枝。树皮灰褐色，具光泽。枝暗灰褐色，光滑，具细裂纹，小枝黄褐色，密被短柔毛间疏生长柔毛；冬芽卵球形，两侧稍扁，鳞片黄褐色，边缘具纤毛。叶圆卵形或倒卵形，先端平截或凹缺，中央具三角状骤尖或短尾状尖裂片，基部心形或宽楔形在中部以上尤其在先端常有小浅裂；上面深绿色，下面淡绿色，被短柔毛，沿脉较密；叶柄较细，疏被柔毛。雌雄同株，先叶开放；柔荑花序 2～3 个生于叶腋，圆柱形，下垂，雄蕊 8，花药黄色；雌花无柄，着生枝顶，鲜红色，花柱 2，外露。果单生或 2～3（5）枚簇生或头状；果苞钟状，外面具突起细条棱，密被短柔毛间有柔毛及红褐色刺毛状腺体，上部浅裂，具6～9 三角形裂片，边缘全缘，稀具锯齿，两面被密短柔毛及刺毛状腺体；果序梗密被短柔毛间有散生红褐色刺毛状腺体，坚果近球形，仅顶端密被极短柔毛或几无毛。花期4—5 月，果期 9 月。

【分布】 内蒙古分布于呼伦贝尔、通辽、赤峰、乌兰浩特等地。中国分布于黑龙江、吉林、辽宁、河北、山西、陕西等地。日本、朝鲜、俄罗斯、蒙古国也有分布。

【生境】 中生植物。喜光灌木。生长于向阳山地和多石的沟谷两岸、林缘、采伐迹地。

【食用部位及方法】 种子含淀粉 15%，可加工成粉制糕点，也供食用，含油量51.6%，榨汁可食用，又可制作榛子乳、榛子粉、榛子脂等营养价值高的食品。

【药用功效】 种仁入药，能调中、开胃、明目。

【栽培管理要点】 平榛子的繁殖方式以播种育苗为主，在野生榛林中，选择丰产、果大、无病虫害的株丛作为采种母树，从中挑选粒大、种仁饱满、无病虫害的榛子备播种用。

种子处理 平榛的种子，需要低温处理才能发芽。方法是：选择地势高，无病害的地块。挖深 60～100 cm、宽 40～50 cm 的沟。将种子用无水硫酸铜水溶液浸泡12 h，捞出后，清水浸泡 12～24 h，取干净的河沙，过 2～2.5 mm 孔径的细筛，以平榛种子和河沙 1∶3 的湿沙混拌均匀，湿度以手握见水不滴水为宜，在沟底或箱底铺3～5 cm 厚的湿细河沙，再将混拌好的种子撒入沟内或箱内，其厚度不宜超过 50 cm，上层再撒 3～5 cm 厚的湿细河沙，最后埋土或盖草帘。

整地 播种地应选择地势平坦、土层深厚、肥沃、排水良好的沙壤土，播种地应在前一年秋季深翻 20～30 cm，疏松熟化土壤，消灭土中虫卵，提高保水能力，并结合翻地施是底肥，每亩地施农家肥 3～4 t。早春化冻后尽早作 60 cm 宽的垄或 120 cm 宽的床，搂细耙平。墒情不好，播种前 3～5 d 灌 1 次水。

去掉沙藏沟上的覆盖物，把混有沙子的种子装入木箱移入 20～25℃温室内催芽，每天翻动种子 2 次，当有 25% 的种子发芽时即可播种。

播种时间一般在 4 月中下旬进行。行距 60 cm，株距 6～8 cm；床 20 cm，株距 5～6 cm。播种时，先在已压平的垄面上开沟，沟深 5～6 cm。然后将过筛的纯种子按上述株行距撒入沟底，覆土 3～5 cm，稍压即可。

苗期管理　播种后 15 d 左右即应出苗。出苗后应注意保持土壤疏松无杂草；干旱时及时灌水；雨季做好排水。6 月中旬，待苗长高 10 cm 时，追施速效氮肥 1 次，榛树苗期病虫害较少，主要是白粉病和食叶害虫。如发现食叶害虫，可喷 90% 敌百虫乳剂 800～1 000 倍液毒杀；防治白粉病，可在 4 片真叶时，每月喷 2 次 800～1 000 倍 50% 可湿性硫菌灵。

移栽　栽植时间应在 4 月上中旬。栽植前先修剪苗木根系，将过长的根系剪掉，保留 12～15 cm 即可，苗木最好将根浸泡 12 h，栽苗不宜过深。栽植榛苗的密度目前常用的株行距有 2 m×2 m、2 m×1.5 m，每穴栽 3～4 株。

4. 虎榛子

【学名】*Ostryopsis davidiana* Decne.。

【蒙名】西仍黑。

【别名】棱榆。

【分类地位】桦木科。

【形态特征】灌木，高 1～2（5）m，基部多分枝。树皮淡灰色，稀剥裂，枝暗灰褐色，无毛，具细裂纹，黄褐色皮孔明显，小枝黄褐色，密被黄色极短柔毛，间有疏生长柔毛，近基部散生红褐色毛状腺体，具黄褐色皮孔，圆形，突起，纵裂；冬芽卵球形，红褐色，膜质，呈覆瓦状排列，背面被黄色短柔毛，边缘尤密。叶宽卵形、椭圆状卵形，稀卵圆形，先端渐尖或锐尖，基部心形，边缘具粗重锯齿，中部以上有浅裂；上面绿色，各脉下陷，被短柔毛，沿脉尤密，下面淡绿色，各脉突起，密被黄褐色腺点，疏被短柔毛，沿脉尤密，脉腋间具簇生的髯毛，叶脉 7～9 对，叶柄密被短柔毛。雌雄同株；雄柔荑花序单生叶腋，下垂，矩圆状圆柱形；花序梗极短；苞片管状，外面疏被短柔毛，每苞片具 4～6 雄蕊。果序总状，下垂，由 4～10 多枝果组成，着生于小枝顶端；果梗极短，密被短柔毛；果苞厚纸质，外具紫红色细条棱，密被短柔毛，上半部延伸呈管状，先端 4 浅裂，裂片披针形。小坚果卵圆形或近球形，栗褐色，光亮，疏被短柔毛，具细条纹。花期 4—5 月，果期 7—8 月。

【分布】内蒙古分布于乌兰浩特、通辽、赤峰、锡林郭勒、呼和浩特、巴彦淖尔、阿拉善、包头。中国分布于河北、山西、陕西、甘肃、四川等地。

【生境】 中生植物。喜光灌木，稍耐干旱，常形成虎榛子灌丛，荒山坡、林缘常见，黄土高原丘陵地区有广泛分布。

【食用部位及方法】 种子蒸炒可食，也可榨油，含油量10%左右，供食用。

【栽培管理要点】 尚无人工驯化栽培。

四、榆科

5. 大果榆

【学名】 *Ulrnrrs macrocarpa* Hance。

【蒙名】 得力图。

【别名】 黄榆、蒙古黄榆。

【分类地位】 榆科榆属。

【形态特征】 落叶乔木或灌木，高可达10 m，树皮灰色或灰褐色，浅纵裂；一年生、二年生枝黄褐色或灰褐色。叶厚革质，粗糙，倒卵状圆形，先端短尾状尖或凸尖，基部圆形、楔形或微心形，边缘具短而钝的重锯齿，少为单齿；叶柄长3～10 mm，被柔毛。花5～9朵簇生于上年枝上或当年枝基部；花被钟状。翅果倒卵形、近圆形或宽椭圆形，果核位于翅果中部。花期4月，果期5—6月。

【分布】 内蒙古除阿拉善均有分布。中国分布于东北、华北、西北、华东地区。蒙古国、俄罗斯、朝鲜也有分布。

【生境】 旱中生植物。喜光，耐寒冷，耐干旱。生长于海拔700～1 800 m的山地、沟谷、固定沙地。

【食用部位及方法】 食用部位为幼嫩叶、嫩果（榆钱）。3月下旬至4月上旬采集嫩果。4—5月采集嫩叶。鲜榆钱洗净，拌面蒸食、炒食、做馅、做玉米粥或烩锅面。

【药用功效】 果实可制成中药材"芜荑"，能杀虫、消积、主治虫积腹痛、小儿疳泻、冷痢、疥癣、恶疮。

【栽培管理要点】

播种育苗 播种地选择沙壤土或壤土，整地作长10 m、宽1.2 m的苗床，于10月下旬至11月中旬，先灌水，待水分全部渗入土中，条播，播幅宽5～10 cm。播后覆土0.5～1 cm，稍加镇压，每亩用种量2.5～3 kg，待幼苗长出2～3片真叶时，可间苗，苗高5～6 cm时定苗，每亩留苗3万株左右，间苗后适当灌水、除草、松土。6—7月追肥，每亩施农家肥100 kg或硫铵4 kg，每隔半月追1次肥，8月初停止追肥，以利幼苗木质化。

栽植技术 春季在苗木萌发前，秋季在土壤封冻前。采用一年生苗木，穴直径为30～40 cm，深30 cm左右，行距2 m，株距1.5～2 m。栽植后2～3年内进行松土，除草和培土。及时修剪整枝，掌握"轻修枝、重留冠"的原则，根据培育材种不同，确定树干的高度，达到定干高度后，不再修枝，使树冠扩大。

6. 家榆

【学名】 *Ulmus pumila* L.。

【蒙名】 海拉苏。

【别名】 白榆、榆树。

【分类地位】 榆科榆属。

【形态特征】 乔木，高可达 20 m，胸径可达 1 m，树冠期圆形。树皮暗灰色，不规则纵裂，粗糙；小枝黄褐色、灰褐色或灰色，光滑或具柔毛。叶矩圆状卵形或矩圆状披针形，长 2～7 cm，宽 1.2～3 cm，先端渐尖或尖，基部近对称或稍偏斜，圆形、微心形或宽楔形，上面光滑，下面幼时有柔毛；后脱落或仅在脉腋簇生柔毛，边缘具不规则的重锯齿或为单锯齿；叶柄长 2～8 mm，花先叶开放。两性，簇生于上年枝上；花萼 4 裂，紫红色，宿存；雄蕊 4，花药紫色。翅果近圆形或卵圆形，长 1～1.5 cm，除顶端缺口处被毛外，余处无毛，果核位于翅果的中部或微偏上，与果翅颜色相同，为黄白色；果柄长 1～2 mm。花期 4 月，果期 5 月。

【分布】 内蒙古分布于各地。中国分布于东北、华北、西北、华东、华中、西南等地区。俄罗斯、蒙古国、朝鲜也有分布。

【生境】 旱中生植物。喜光，耐旱，耐寒，对烟及有毒气体的抗性较强。常生长于森林草原及草原地带的山地、沟谷、固定沙地，为北方地区"四旁"绿化及营造防护林、用材林的主要树种。

【食用部位及方法】 同大果榆。

【药用功效】 树皮入药，能利水、通淋、消肿，主治小便不通、水肿等。

【栽培管理要点】 选择有水源、排水良好、土层较厚的沙壤土，采用畦播或垄播。播前整地要细，亩施有机肥 4 000～5 000 kg，浅翻后灌足底水。亩播种 3～5 kg，浅播，覆土 0.5～1 cm。稍加镇压。土壤干旱时不可浇蒙头大水，只可喷淋地表。6～10 d 出芽，10 d 后幼苗出土，小苗长到 2～3 片真叶时开始间苗，苗高 5～6 cm 时定苗，亩留苗 3 万～4 万株。间苗时及时浇水，幼苗期加强中耕除草，7 月至 8 月上旬可追施复合肥 10 kg。每半月 1 次，追施 2 次，也可施用新型叶面肥。8 月中旬以后不可再施氨态氮肥，并要控制土壤水分，以利苗木木质化。

7. 旱榆

【学名】 *Ulmus glaucescens* Franch.。

【蒙名】 柴布日-海拉苏。

【别名】 灰榆、山榆。

【分类地位】 榆科榆属。

【形态特征】 乔木或灌木，当年生枝通常为紫褐色或紫色，少为黄褐色，具疏毛，后渐光滑；二年生枝深灰色或灰褐色。叶卵形或菱状卵形，长2～5 cm，宽1～2.5 cm，先端渐尖或骤尖，基部圆形或宽楔形，近于对称或偏斜，两面光滑无毛，叶背面有短柔毛及上面较粗糙，边缘具钝面整齐的单锯齿；叶柄长4～7 mm，被柔毛。花出自混合芽或花芽，散生于当年枝基部或5～9花簇生于上年枝上；花萼钟形，先端4浅裂，宿存。翅果宽椭圆形、椭圆形或近圆形，果核多位于翅果的中上部，上端接近缺口，缺口处被柔毛，其余光滑，翅近于革质；果梗与宿存花被近等长，被柔毛。花期4月，果熟期5月。

【分布】 内蒙古分布于呼和浩特、巴彦淖尔、乌兰察布、阿拉善等地。中国分布于河北、山西、山东、宁夏、陕西、甘肃、青海等地。

【生境】 旱生植物。生长于海拔1 000～2 600 m的向阳山坡、山麓、沟谷等。

【食用部位及方法】 同大果榆。

【栽培管理要点】 可直播或植苗，春季、秋季均可进行，春季应在土壤解冻后苗木展开前，秋季应在苗木落叶后，土壤封冻前。直播造林，在种子成熟后，随采随播，以保证有较高的出苗率。要提前整地，采取条播、水平沟播、带状播、点播、鱼鳞坑播、穴播等。覆土以1～2 cm为宜。植苗造林：选土层深厚、肥沃的地块作畦，行距按25 cm×30 cm条播。播种期以5—6月为宜。苗期及时间苗、锄草。营造饲用林或防护林：于前一年进行细致的整地，选用1～2年生的苗木进行穴植，穴的直径为40 cm，深度40～50 cm。一般采用行距2～3 m，株距1.5～2 m，亩栽200～300株为宜。幼林期应进行松土、锄草、培土，营造饲用林应在株高1 m时，自50 cm处剪掉主干，待其侧枝长高后再剪掉顶部，以促进分枝，增加枝叶，利于家畜采食。

五、桑科

8. 桑

【学名】 *Morus alba* L.。

【蒙名】 衣拉马。

【别名】 家桑、白桑。

【分类地位】 桑科桑属。

【形态特征】 乔木或灌木，高3～8（15）m；树皮厚，黄褐色，不规则的浅纵裂；冬芽黄褐色，卵球形，当年生枝细，暗绿褐色，密被短柔毛；小枝淡黄褐色，幼时密被短柔毛，后渐脱落。单叶互生，卵形、卵状椭圆形或宽卵形，长6～3（16）cm，宽4～8（18）cm，先端渐尖，短尖或钝，基部圆形或浅心形，稍偏斜，边缘具不整齐的疏钝锯齿，有时浅裂或深裂；上面暗绿色，无毛，下面淡绿色，沿脉疏被短柔毛及脉腋有簇毛，叶柄长1～4.5 cm，初有毛，后脱落；托叶披针形，淡黄褐色，长0.8～1 cm，密被毛，早落，花单性，雌雄异株，均排成腋生穗状花序；雄花序长 1～3 cm，被密毛，下垂，具花被片 4，雄蕊 4，中央有不育雌蕊；雌花序长 8～20 mm，直立或倾斜，具花被片 4，结果时变肉质，花柱几无或极短，柱头 2 裂，宿存，果实称桑葚（聚花果），球形至椭圆状圆柱形，浅红色至暗紫色，有时白色，长 10～25 mm，果柄密被短柔毛，聚花果由多数卵圆形、外被肉质花萼的小瘦果组成；种子小。花期 5 月，果期 6—7 月。

【分布】 内蒙古分布于乌兰浩特、通辽、鄂尔多斯、呼和浩特。中国各地均有栽培。朝鲜、日本、蒙古国有分布，欧洲也有分布。

【生境】 中生植物。常栽培于田边、村边。

【食用部位及方法】 食用部位为成熟聚合果。采摘成熟桑葚，可生食、糖渍凉拌、制果酱、制饮料等。

【营养成分】 鲜桑葚每克含胡萝卜素 0.01 mg、维生素 B_1 10.03 mg、维生素 B_2 20.06 mg、维生素 C 19 mg，还含有丰富的葡萄糖、蔗糖、果糖等成分。

【药用功效】 叶除喂蚕外尚可入药（药材名：桑叶），能散风热，清胆明目，用于风热感冒、咳嗽、头晕、头痛、目赤；根皮可入药，能利尿，用于肺热喘咳、面目浮肿、尿少；嫩枝入药，能祛风湿，利关节，用于肩臂、关节酸痛麻木；果穗入药，能补肝益肾、养血生津，用于头晕、目眩、耳鸣、心悸、头发早白、血虚便秘；果实入药，解补益、清热，主治骨热、血盛症。

【栽培管理要点】

将土地平整、清除杂物，进行深翻。方法有 2 种：其一，全面深翻，深翻前每亩撒施土杂肥或农家肥 4 000～5 000 kg，深翻 30～40 cm；其二，沟翻，按种植方式进行沟翻，深 50 cm，宽 60 cm，表土、心土分开设置，在沟上每亩施土杂肥或农家肥 2 500～5 000 kg，回表土 10 cm，拌匀。

深翻在 11—12 月种桑前均可进行。每亩移栽桑苗 1 000～1 200 株，栽植形式有 2 种：其一，宽窄行种植，水肥条件好、平整的地块，采用宽窄行种植，三角形对空移栽。要求大行距 2 m，小行距 0.7 m，株距 0.3～0.5 m；其二，等行种植，水肥条件差的台地、缓坡地宜采用等行栽，行距 1.4 m，株距 0.4～0.5 m。桑树品种以农桑系列为主，将苗木按大小分开，分别种植，种植前将枯萎根、过长根剪去，并在泥浆中浸泡一下，可提高成活率。要求苗正、根伸，浅栽踏实，以嫁接口入土 10 cm 左右为宜，浇足定根水，覆盖地膜（宽窄行膜宽 1 m，等行膜宽 0.7 m）。移栽后离地面 16～23 cm 剪去苗干，冬栽的进行春剪，春栽的随栽随剪，要求剪口平滑。待新芽长至 13～16 cm 时进行疏芽，每株选留 2～3 个发育强壮、方向合理的桑芽养成壮枝。对只有 1 个芽的，待芽长至 13～20 cm 时进行摘心，促其分枝，提早成园。桑芽萌发后，及时检查，未成活的及时进行补种。干旱要浇水，雨天排涝，提高成活率。种植翌年春离地 35 cm 左右进行伐条，每株留 2～3 个树桩，以后每年以此剪口为均进行伐条，培养成低干有拳式或无拳式树型。每年养蚕结束后进行 1 次中耕，除草根据杂草生长情况，一般每年进行 2～3 次除草。每年进行 4 次施肥：春肥于桑芽萌动时施，每亩 20 kg 尿素。夏肥于春蚕结束后施，每亩施尿素 20 kg，桑树专用复合肥 25 kg。秋肥于旱秋蚕结束后施，每亩施尿素 5 kg，桑树复合肥 10 kg。冬肥于 12 月初施，每亩施农家肥 1 500～2 000 kg。

六、荨麻科

9. 麻叶荨麻

【学名】 *Urtica cannabina* L. 。

【蒙名】 哈拉盖。

【别名】 焮麻。

【分类地位】 荨麻科荨麻属。

【形态特征】 多年生草本，全株被柔毛和螫毛。具匍匐根状茎。茎直立，高 100～150 cm，丛生，通常不分枝，具纵棱和槽。叶片轮廓五角形，掌状 3 深裂或 3 全裂，裂片再呈缺刻状羽状深裂或羽状缺刻，最下部的小裂片外侧边缘具 1 枚长尖齿，各裂片顶端小裂片条状披针形，叶片上面深绿色，密生小颗粒状钟乳体，下面淡绿色，被短伏毛和疏生螫毛；托叶披针形或宽条形。花单性，雌雄同株或异株，同株者雄花序着生于下方；穗状聚伞花序丛生于茎上部叶腋间，分枝，具密生花簇；总苞膜质，卵圆形；雄蕊 4，长于花被裂片，花药黄色，雌花花被 4 中裂，裂片椭圆形。瘦果宽椭圆状卵形或宽卵形。花期 7—8 月，果期 8—9 月。

【分布】 内蒙古分布于呼伦贝尔、乌兰浩特、通辽、赤峰、锡林郭勒、乌兰察布、包头、呼和浩特、巴彦淖尔、鄂尔多斯、阿拉善。中国分布于东北、华北、西北等地区，四川也有分布。蒙古国、俄罗斯有分布，欧洲也有分布。

【生境】 中生杂草。生长于人类和牲畜经常活动的干燥山坡、丘陵坡地、沙丘坡地、山野路旁、居民点附近。

【食用部位及方法】 嫩茎叶可作蔬菜食用。

【药用功效】 全草入药，能祛风、化瘀、解毒、温胃，主治风湿、胃寒、糖尿病、痞证、产后抽风、小儿惊风、荨麻疹，也能解虫蛇咬伤之毒等，也入蒙药能除"协日乌素"、解毒、镇"赫依"、温胃、破痞，主治腰、腿及关节疼痛、虫咬伤。

【栽培管理要点】 种子繁殖，春季或夏季播种，温度一般在 23℃以上。土壤深耕、整细施足基肥，将种子拌以细土，进行撒播，可不覆土。为提早出苗，最好采取苗床育苗。移栽或定植时，应戴上帆布或胶皮手套，脚穿胶鞋，避免皮肤外露。在老株周围长出新芽后，需要进行分株。分株时间，可在冬春进行，整株挖起，剪下芽苗，随后按 20 cm 的株距栽植于田园四周。

七、蓼科

10. 华北大黄

【学名】 *Rheum franzenbachii* Munt.。

【蒙名】 给西古纳。

【别名】 山大黄、土大黄、子黄、峪黄。

【分类地位】 蓼科大黄属。

【形态特征】 植株高 30～85 cm。根肥厚。茎粗壮，直立，具细纵沟纹，无毛，通常不分枝。基生叶大，半圆柱形，甚壮硬，紫红色，被短柔毛；叶片心状卵形，先端钝，基部近心形，边缘具皱褶，上面无毛，下面稍有短毛，叶脉3～5条，由基部射出，并于下面凸起，紫红色；茎生叶较小，有短柄或近无柄，托叶鞘长卵形，暗褐色，下部抱茎，不脱落。圆锥花序，直立项生；花苞小，肉质，通常破裂而不完全，内含3～5朵花；花梗纤细，中下部有关节；花白色，较小，花被片6，卵形或近圆形，排成2轮，外轮3片较厚而小，花后向背面反曲；雄蕊9；子房呈三棱形，花柱3，向下弯曲，极短。瘦果宽椭圆形，具3棱，沿棱生翅，顶端略凹陷，基部心形，具宿存花被。花期6—7月，果期8—9月。

【分布】 内蒙古分布于呼伦贝尔、赤峰、锡林郭勒、乌兰察布、呼和浩特。中国分布于河北、山西、河南等地。

【生境】 旱中生草本。多散生于阔叶林区和山地森林草原地区的石质山坡、砾石坡地，为山地石生草原群落的稀见种，数量较少，但景观上比较醒目。

【食用部位及方法】 嫩茎可食。采集未开花前的嫩茎，洗净，用沸水烫一下，再以清水浸泡。可炒食、凉拌。

【营养成分】 每 100 g 鲜茎含胡萝卜素 4.05 g、维生素 B_1 21.17 mg、维生素 C 130 mg 等。

【药用功效】 根入药，能清热解毒、止血、祛瘀、通便、杀虫，主治便秘、痄腮、痈疖肿毒、跌打损伤、烫火伤、淤血肿痛、吐血、衄血等症。多作兽药用。根入蒙药，能清热、解毒、缓泻、消食、收敛、疮疡，主治腑热"协日热"、便秘、经闭、消化不良、疮疡疖肿。

【栽培管理要点】 尚无人工引种栽培。

11. 阿拉善沙拐枣

【学名】 *Calligonum alaschanicum* Losinsk.。

【蒙名】 阿拉善-淘日乐鲁。

【分类地位】 蓼科沙拐枣属。

【形态特征】 植株高 1～3 m。老枝暗灰色，当年枝黄褐色，嫩枝绿色，节间长

1～3.5 cm。叶长 2～4 mm。花淡红色，通常 2～3 朵簇生于叶腋，花梗细弱，下部具关节；花被片卵形或近圆形，雄蕊约 15，与花被片近等长；子房椭圆形；瘦果宽卵形或球形，长 20～25 mm，向右或向左扭曲，具明显的棱和沟槽，每棱肋具刺毛 2～3 排，刺毛长于瘦果的宽度，呈叉状二至三回分枝，顶叉交织，基部微扁，分离或微结合，不易断落。花果期 6—8 月。

【分布】 内蒙古分布于鄂尔多斯、阿拉善等地。中国分布于甘肃西部等地。

【生境】 沙生强旱生灌木。生长于典型荒漠带流动、半流动沙丘、覆沙戈壁，多散生在沙质荒漠群落中，为伴生种。

【食用部位及方法】 可作固沙植物。为优等饲用植物，夏秋季骆驼喜食其枝叶，冬春季采食较差，绵羊、山羊夏秋季乐意采食其嫩枝及果实。

【药用功效】 根及带果全株药，治小便混浊，皮肤皲裂。

【栽培管理要点】

种子处理　播前需对野生种子进行技术处理，称为"高温催芽"。将经过脱芒磨光加工后的种子（初加工亦可）浸泡于 40～50℃的碱水中 3 d，再将浸泡后的种子混于细沙中以温水（50～60℃）拌匀（沙与种子的体积比为 1∶1），堆积覆膜后在阳光下暴晒高温催芽 6～10 d，待胚芽微露（露白）时即行播种。

育苗移栽　将处理后的种子育苗后翌年将种苗移栽于种植地。移栽前浇足水，结合整地施农家肥 30 m³/hm²，开沟（深度 15～20 cm）条栽，行距 50 cm、株距 50 cm，行间三角状栽植。作业顺序与方法：开沟→植苗→覆沙（粗沙，厚度 2～4 cm）→压实→覆土（厚度 2～3 cm）耙平。种子直播：将处理后的种子按需要在种植地直接播种。施农家肥（经发酵腐熟后的鸡粪土）30 m³/hm²，稀土微肥 1.2 t。条播，开沟深度 5 cm，株距 50 cm。作业顺序与方法：开沟→溜种→覆沙（细沙，厚度 2 cm）→压实→覆土（厚度 1～2 cm）耙平。播种量 150 kg/hm²。

田间管理　移苗、播种前浇足底水并施肥，成活（出苗）后于苗期浇 1 次水，以后不再浇水、施肥，注意清除田间杂草。

12. 沙拐枣

【学名】 *Calligonum mongolicum* Turcz.。

【蒙名】 淘存-淘日乐格。

【别名】 蒙古沙拐枣。

【分类地位】 蓼科沙拐枣属。

【形态特征】 植株高 30～150 cm。分枝呈"之"字形弯曲，老枝灰白色，当年枝绿色，节间长 1～3 cm，具纵沟纹，叶细鳞片状，长 2～4 mm，花淡红色，通常 2～3 朵簇生于叶腋；花梗细弱，下部具关节；花被片卵形或近圆形，果期开展或反折；雄蕊 12～16。瘦果椭圆形，直或稍扭曲，两端锐尖，刺毛较细，易断落。花期 5—7 月，果期 8 月。

【分布】 内蒙古分布于锡林郭勒、鄂尔多斯、巴彦淖尔、乌海、阿拉善。中国分布于甘肃西部、新疆东部。蒙古国也有分布。

【生境】 沙生强旱生灌木。广泛生长于荒漠地带和荒漠草原地带的流动、半流动沙地、覆沙戈壁、砂质或砂砾质坡地、河床。为沙质荒漠的重要建群种，也经常散生或群生于蒿类群落和梭梭荒漠中，为常见伴生种。

【食用部位及方法】 同阿拉善沙拐枣。

【栽培管理要点】 选择沙土或沙质壤土，冬季（或秋末）和早春播种，也可夏季随采种随播种。早春播种，要进行种子催芽：播前半个月左右用凉水浸泡种子3个昼夜，然后用3倍于种子的湿沙混合堆积在向阳处，待少数种子露白时即播种。最好采用条播，行距30 cm，覆土3～5 cm，每米落种50～60粒，大粒种每亩约10 kg，小粒种每亩5 kg。头状拐枣、乔木状拐枣和红皮拐枣可采用扦插育苗，育苗成活率达80%以上。育苗用的插穗，宜选一年生、二年生枝条，长20 cm，粗1 cm左右。冬春种苗和扦插苗宜在生长的前2～3个月内每隔20～30 d浇水1次，冬、春播种苗在播种时灌足底水后，以后不再浇水。夏播育苗，半个月内每隔2～3 d浇水1次，以后半个月或1个月灌水1次。每次水量宜少。

13. 叉分蓼

【学名】 *Polygonum divancatum* L.。

【蒙名】 希没乐得格。

【别名】 酸不溜。

【分类地位】 蓼科蓼属。

【形态特征】 多年生草本，高70～150 cm。茎直立或斜升，有细沟纹，中空，节部通常膨胀，多分枝，常呈叉状，疏散而开展，外观构成圆球形的株丛。叶片披针形、椭圆形以至矩圆状条形，先端锐尖、渐尖或微钝，基部渐狭，全缘或缘部略呈波状，边缘常被毛或无毛；托叶鞘褐色，脉纹明显，常破裂面脱落。花序顶生，大型，为疏松开展的圆锥花序；苞卵形，膜质，褐色，内含花2～3朵；花梗无毛，上端具关节；花被白色或淡黄色，5深裂，裂片椭圆形，开展；雄蕊7～8，比花被短；花柱3。瘦果卵状菱形或椭圆形，具3锐棱，比花被长约1倍，黄褐色，具光泽。花期6—7月，果期8—9月。

【分布】 内蒙古主要分布于呼伦贝尔、乌兰浩特、通辽、赤峰、锡林郭勒、乌兰察、呼和浩特和鄂尔多斯。中国分布于东北、华北等地区。蒙古国、俄罗斯、朝鲜也有分布。

【生境】 高大的旱中生草本植物。生长于森林草原、山地草原的草甸和坡地，以至于草原区的固定沙地。生长于海拔260～2 100 m山坡草地、山谷灌丛。抗寒、抗旱能力强，适于在寒冷干燥地区生长。

【食用部位及方法】 嫩叶可食。

【营养成分】 粗蛋白质、维生素和矿物质含量较丰富，蛋白质的氨基酸组成比较齐全。叉分蓼鲜叶营养成分分析，含氨基酸 14 种之多，总量达到 91.76 mg/100 g。鲜茎中含有维生素 A、维生素 B_2 和维生素 C，其中维生素 C 的含量为 36.03 mg/100 g，微量元素中钙的含量为苜蓿的 1.7 倍。开花期叉分蓼含干物质 16.3%，粗蛋白质 3.8%，粗脂肪 0.9%，粗纤维 2.6%，无氮浸出物 7.9%，粗灰分 1.1%。全草含黄酮类，如金丝桃苷、槲皮苷、山柰酚、杨梅树皮素等。根含黄酮类，如含左旋表没食子儿茶素、右旋没食子儿茶素、左旋表儿茶素等。

【药用功效】 全草及根入药；全草能清热消积、散瘿止泻，主治大小肠积热、瘿瘤、热泻腹痛；根能祛寒温肾，主治寒疝、阴囊出汗。根及全草入蒙药，能止泻、清热，主治肠刺痛、热性泄泻、肠热、口渴、便带脓血。

【栽培管理要点】 细致整地，保持土壤水分。施入适量厩肥。春季播种或雨季播种。温水浸种处理，浸种时间 2～2.5 h。亩播种量 1.5～2 kg，播种深度 2～3 cm，条播、撒播均可。茎易生不定根，及时中耕培土。在现蕾开花和刈割后及时灌水，种子成熟后抓紧采收。每亩可收种子 50 kg 左右。

14. 红蓼

【学名】 *Polygonum orientale* L.。

【别名】 荭草、红草、大红蓼、东方蓼、大毛蓼、游龙、狗尾巴花。

【分类地位】 蓼科蓼属。

【形态特征】 一年生草本，高可达 3 m。茎直立，具节，中空。叶两面均有粗毛及腺点。总状花序顶生或腋生，下垂；初秋开淡红色或玫瑰红色小花。

【分布】 内蒙古各地均有栽培。中国除西藏外，各地均有分布。

【生境】 喜温暖湿润环境，要求光照充足，适应性很强，对土壤要求不严，适应各种类型的土壤，喜肥沃、湿润、疏松的土壤，但也能耐瘠薄。红蓼喜水又耐干旱，常生长于山谷、路旁、田埂、河川两岸的草地、河滩湿地，往往成片生长。

【食用部位及方法】 红蓼嫩叶可食。嫩叶可以用沸水焯熟后在水中浸洗干净，然后加入调料凉拌食用，也可以洗净后蒸熟食用。

【营养成分】 每 100 g 红蓼中含胡萝卜素 3.5 mg、维生素 C 72 mg 以及多种矿物质。

【药用功效】 味辛；性平；小毒。归肝经、脾经。能祛风除湿、清热解毒、活血、截疟，主治风湿痹痛、痢疾、腹泻、吐泻转筋、水肿、脚气、痈疮疔疖、蛇虫咬伤、小儿疳积疝气、跌打损伤、疟疾。

【栽培管理要点】 红蓼喜温暖湿润环境，土壤要求湿润、疏松。栽培用种子繁殖。春播，播种前，先深挖土地，敲细整平，按行距、株距各 33～35 cm 开穴，深约 7 cm，每穴播种子约 10 粒，播种量 9～15 kg/hm²，播后施人畜粪水，盖上草木灰或细土约 1 cm。田间管理当苗长出 2～3 片真叶时，匀苗、补苗，每穴有苗 2～3 株，并行中耕除草、追肥 1 次。至 6 月再行中耕除草、追肥 1 次，肥料以人畜粪水为主。若遇干旱要注意浇水。秋天，当红蓼的种子成熟时，采集其种子，放在干燥的地方，翌年 3 月将种子撒在需要种植的地方。

15. 巴天酸模

【学名】 *Rumex patientia* L.。

【蒙名】 胡日干-其赫。

【别名】 洋铁叶、洋铁酸模、牛舌头棵。

【分类地位】 蓼科酸模属。

【形态特征】 多年生草本。根肥厚，直径可达 3 cm；茎直立，粗壮，高 90～150 cm，上部分枝，具深沟槽。基生叶和茎下部叶基部圆形，宽楔形或近心形；叶柄粗壮，长 5～15 cm；茎上部叶披针形，较小，具短叶柄或近无柄；托叶鞘筒状，膜质，长 2～4 cm，易破裂。花序圆锥状，大型；花两性；花梗细弱，中下部具关节；关节果时稍膨大，外花被片长圆形，长约 1.5 mm，内花被片果时增大，宽心形，长 6～7 mm，顶端圆钝，基部深心形，边缘近全缘，具网脉，全部或一部具小瘤；小瘤长卵形，通常不能全部发育。瘦果卵形，具 3 锐棱，顶端渐尖，褐色，有光泽，长 2.5～3 mm。花期 5—6 月，果期 6—7 月。

【分布】 内蒙古主要分布于呼伦贝尔、乌兰浩特、通辽、赤峰、锡林郭勒、乌兰察布、阿拉善。中国分布于东北、华北、西北地区，山东、河南、湖南、湖北、四川及西藏。

【生境】 常生长于水渠、田边、山沟。

【食用部位及方法】 一般春季采食嫩叶，夏秋采收种子及全草，其嫩叶及种子可食。采集嫩叶后用沸水焯熟，然后换水浸洗干净，去除苦味，加入油盐调拌食用；种子成熟时打下，脱壳，将米用沸水烫过三五次，然后做成粥或饭。

【营养成分】 粗蛋白、粗脂肪、总磷、总糖、还原糖的含量都比较高，尤其是维生素 C 的含量很高。根含蒽醌类成分 1.43%～2.15%，其中有大黄酚、大黄素甲醚；含鞣制 16.55%～21.4%。

【药用功效】 性寒、味苦，能清热解毒、杀虫止痒、通便。可用于皮肤病、疥癣、各种出血、肝炎及炎症。

【栽培管理要点】 可以在露地采用干籽直播方式进行，时间在早春终霜前。畦作，多雨地区选择高畦。作畦前施足基肥。3～4 行条播，行距 30～40 cm，播种深度 1.5～2 cm，播种量 1～2 g/m²。播种后 10～15 d 出苗。当第 2～3 片真叶出现后，间苗成株距 8～10 cm。6～8 片叶展开后，间苗成株距 40～50 cm。若垄作（70 cm× 70 cm），则最后定苗成株距 30～40 cm。一生需肥水量很大，定植前要施腐熟厩肥 4～5 kg/m²，磷酸二氢铵 25～30 g/m²，缓苗后，每隔 10～15 d，就要追施稀粪［1：（8～10）］1 次。并保证在酸模整个生长发育期内满足水分的供应，不要缺水。定植后，当表土稍干后，浅松土 1 次，以提高地温，促进根系发育。以后要经常中耕除草，防止草荒。发现杂草，及时拔除。对于未熟抽薹的植株，其花茎应及早除掉。若分蘖过多，则及时进行稀疏。当植株 6～7 片叶时，就可以陆续摘叶采收。采收期可一直持续到初霜日，嫩叶要及时采收。因为嫩龄叶所含的酸主要是苹果酸，老龄叶主要含草酸。产量 1.5～3 kg/m²。

16. 酸模叶蓼

【学名】 *Polygonum lapathifolium* L.。

【蒙名】 乌和日-希没乐-得格。

【别名】 大马蓼、蛤蟆腿、哈日-初麻色。

【分类地位】 蓼科蓼属。

【形态特征】 一年生草本，高 30～80 cm。茎直立，具分枝，无毛，节部膨大。叶披针形或宽披针形，长 5～15 cm，宽 0.5～3 cm，顶端渐尖或急尖，基部楔形，上面绿色，常有 1 个大的黑褐色新月形斑点，两面沿中脉被短硬伏毛，全缘，边缘具粗缘毛；叶柄短，具短硬伏毛；托叶鞘筒状，长 1.5～3 cm，膜质，淡褐色，无毛，具多数脉，顶端截形，无缘毛，稀具短缘毛。总状花序呈穗状，顶生或腋生，近直立，花紧密，通常由数个花穗再组成圆锥状，花序梗被腺体；苞片漏斗状，边缘具稀疏短缘毛；花被淡红色或白色，4（5）深裂，花被片椭圆形，外面两面较大，脉粗壮，顶端叉分，外弯；雄蕊通常 6。瘦果宽卵形，双凹，长 2～3 mm，黑褐色，具光泽，包于宿存花被内。花期 6—8 月，果期 7—9 月。

【分布】 内蒙古主要分布于兴安北部、岭东、兴安南部、辽河平原、燕北山地、呼—锡高原、乌兰察布、阴山、贺兰山、西阿拉善、额济纳。中国广布于各地。

【生境】 生长于田边、路旁、水边、荒地、沟边湿地，海拔 30～3 900 m。

【食用部位及方法】 食用部位为嫩苗和嫩叶。春季采挖嫩苗，夏季采摘嫩叶，洗净，用沸水烫熟后炒食、拌面蒸食。

【营养成分】 地上部分含黄酮类成分：槲皮素、山奈酚、鼠李素、木犀草素、芦丁、萹蓄苷等。另外，地上部分含绿原酸、咖啡酸和鞣制（2%～6%）。

【药用功效】 能除湿、杀虫解毒、活血，主治疮毒湿疹、痢疾肠炎等症。也用作土农药。

【栽培管理要点】 尚无人工引种栽培。

17. 西伯利亚蓼

【学名】 *Polygonum sibiricum* Laxm.。

【蒙名】 西伯日-希没乐-得格。

【别名】 剪刀股、醋柳、野茶、驴耳朵、牛鼻子、鸭子嘴、野菠菜。

【分类地位】 蓼科蓼属。

【形态特征】 多年生草本，高 6～20 cm。有细长的根茎。茎斜上或近直立，通常自基部分枝。叶互生，具短柄；叶片稍肥厚，近肉质，披针形或长椭圆形，无毛，长5～8 cm，宽 5～15 mm，先端急尖或钝，基部戟形或楔形。花序圆锥状，顶生，长3～5 cm；苞片漏斗状；花梗中上部有关节；花黄绿色，具短梗；花被 5 深裂，裂片长圆形，长约 3 mm；雄蕊 7～8；花柱 3，甚短，柱头头状。瘦果椭圆形，具 3 棱，黑色，平滑，具光泽。花果期秋季。根细长，淡红色至淡黄色，皱缩，弯曲。叶破碎，淡绿色；完整叶片矩圆形至披针形，顶端急尖，基部戟形。花序总状；花小，黄绿色，被片 5，雄蕊 7～8，气微，味酸。

【分布】 内蒙古各地均有分布。中国分布于黑龙江、吉林、辽宁、内蒙古、河北、山西、甘肃、山东、江苏、四川、云南、西藏等地。

【生境】 生长于盐碱荒地、沙质含盐碱土壤。

【食用部位及方法】 在西藏供食用，在贵州毕节习惯称为野菠菜。

【营养成分】 分离鉴定了 8 个化合物，其中 4 个黄酮类化合物、1 个酚类化合物、1 个三萜化合物以及 2 个甾体化合物，分别鉴定为槲皮素、山奈酚、木犀草素、番石榴苷、邻羟基苯甲酸、齐墩果酸、胡萝卜苷、谷甾醇。

【药用功效】 能疏风清热、利水消肿，主治目赤肿痛、皮肤湿痒、水肿、腹水。

【栽培管理要点】 尚无人工引种栽培。

八、藜科

18. 碱蓬

【学名】 *Suaeda glauca*（Bunge）Bunge。

【蒙名】 和日斯。

【别名】 猪尾巴草、灰绿碱蓬。

【分类地位】 藜科碱蓬属。

【形态特征】 一年生草本，高 30～60 cm，茎直立，圆柱形，浅绿色，具条纹，上部多分枝，分枝细长，斜升或开展，叶条形，半圆柱状或扁平，灰绿色，先端钝或稍尖，光滑或被粉粒，通常稍向上弯益；茎上部叶渐变短，花两性，单生或 2～5 朵簇生于叶腋的短柄上，或呈团伞状，通常与叶具共同的柄；小苞片卵形，锐尖；花被片 5，矩圆形，向内包卷，果时花被增厚，具隆脊，呈五角星状。胞果有 2 型，其一扁平，圆形，紧包于五角星形的花被内；另一呈球形，上端稍裸露，花被不为五角星形。种子近圆形，横生或直立，有颗粒状点纹，直径约 2 mm，黑色。花期 7—8 月，果期 9 月。

【分布】 内蒙古分布于呼伦贝尔、赤峰、包头、鄂尔多斯、呼和浩特、巴彦淖尔、阿拉善等地。我国主要分布于东北、华北及西北地区。朝鲜、日本、俄罗斯、蒙古国也有分布。

【生境】 盐生植物。常生长于盐渍化和盐碱湿润的土壤上，群集或零星分布，能形成群落或层片。

【食用部位及方法】 食用部位为幼苗及嫩茎叶。夏季采摘幼苗或者嫩茎叶，洗净，用沸水烫一下捞出，揉去汁液，用清水浸洗多次，可炒食、做馅料、凉拌；还可以将采摘幼苗或嫩茎叶洗净，揉去汁液晒成干菜。种子可榨油。

【药用功效】 碱蓬籽粒油脂富含人体生长发育所需要的各类脂肪酸成分，具有预防心血管疾病、降血压、减轻血管堵塞以及增强免疫力等重要医疗功效。碱蓬中提取的三萜类胡萝卜素具有肝保护活性，根茎部位提取的黄酮化合物可抑制急性炎症，其嫩芽的分离成分具有增强机体非特异性免疫功能的功效。

【栽培管理要点】 碱蓬适宜栽植在沙土或沙壤土上，施腐熟有机肥 3 000 kg/hm²。栽培畦适宜宽度 1～1.5 m、长度 6～8 m；四季均可播种，播种量 15～20 kg/hm²，条播可用锄开 1～2 cm 深的浅沟，行距 5 cm，用细沙或细土拌种进行撒播，用扫帚轻扫覆土即可，浇 1 遍透水再覆地膜，3～4 d 后幼苗出土即可撤去地膜，待 5～6 片真叶时进行疏苗，株距保持 3～4 cm，去除杂草，保持土壤表层两指深内见湿；生长期白天适宜温度控制在 18～30℃，夜间以 5～12℃为宜。

19. 沙蓬

【学名】 *Agriophyllum squarrosum*（L.）Moq.。

【蒙名】 楚力给日。

【别名】 沙米、登相子。

【分类地位】 藜科沙蓬属。

【形态特征】 植株高 15～50 cm，茎坚硬，浅绿色，具不明显条棱，幼时全株密被分枝状毛，后脱落；多分枝，最下部枝条通常对生或轮生，平卧，上部枝条互生，斜展，叶无柄，披针形至条形，先端渐尖有小刺尖，基都渐狭，有 3～9 条纵行的脉，幼时下面密被分枝状毛，后脱落，花序穗状，紧密，宽卵形或椭圆状，无梗，通常 1（3）个着生叶腋；苞片宽卵形，先端急缩具短刺尖，后期反折；花被片 1～3，膜质；雄蕊 2～3，花丝扁平，锥形，花药宽卵形；子房扁卵形，被毛，柱头 2。胞果圆形或椭圆形，两面扁平或背面稍凸，除基部外周围有翅，顶部具果喙，果喙深裂成 2 个条状扁平的小喙，在小喙先端外侧各有 1 小齿；种子近圆形，扁平，光滑；花果期 8—10 月。

【分布】 内蒙古除呼伦贝尔林区和农区外，全区均有分布。中国分布于东北、华北、西北地区，河南、西藏等地。蒙古国、俄罗斯、亚洲中部地区也有分布。

【生境】 生长于流动、半流动沙地、沙丘，在草原区沙地和沙漠中分布极为广泛，往往可以形成大面积的先锋种群。

【食用部位及方法】 农牧民常采收其种子（沙米）食用，我国食用沙米的历史悠久，在自然灾害时，沙米被当作一种主要的粮食或油原料，食用期间未有中毒、过敏等事件发生。在内蒙古、甘肃等地，当地人将沙米做成炒面、沙米凉粉、刀削面、羊肉面以及点心等美食，或当作绿色天然的蛋白功能食品。

【营养成分】 沙蓬种子（沙米）具有较高的营养价值，包含人类所需的所有必需氨基酸，且热量较低，被中医认为是一种绿色天然的减肥食品。沙米中蛋白质量约为23.2%，脂肪质量约为9.7%，碳水化合物质量约为45%，粗纤维质量约为8.6%，灰分质量约为5%，其蛋白质含量较高，还含有丰富的微量元素，包括人体必需的钙、铁、锌、碘等，且钙、铁含量较高，铁的含量高于小麦粉、苦荞麦、大米等粮食作物，长期食用沙米可预防钙、铁、锌等缺乏而引起的疾病。油脂的含量约为13.7%，主要成分为不饱和脂肪酸，约占85%，且亚油酸、油酸和亚麻酸所占比例较大，分别为67.42%、16.69%、4.21%。

【药用功效】 沙蓬地上部分均可入药，沙蓬种子（蒙药名：曲里赫勒）作为一种重要的蒙药，可治疗多种疾病，主治感冒发烧、麻疹不透、水肿、肾炎水肿等。《本草纲目》中记载："沙米，味甘性温、清热清风、消宿食、治噎膈反胃、服之不饥。"《甘肃中草药资源志》记载："沙蓬籽性甘、平。健脾消食，发表解热，利水。"蒙医认为沙蓬全草具有祛疫、解热、镇痛等功能。现代医学证明沙蓬全草含有皂苷、异黄酮、绿原酸和生物碱等活性成分，抗氧化活性强，具有降血脂、增强免疫力等作用。

【栽培管理要点】 沙蓬播种时间一般以春季4月下旬，夏季5月上中旬为宜。选择疏松的沙土、沙壤土，对土壤肥力要求不高，沙地栽培可不施肥，也可每亩施入腐熟的农家肥1 000 kg，底肥每亩施入5 kg磷酸二铵为宜，采用种子直播，播前不需处理，春季栽培：采用株行距为60 cm×60 cm为宜。夏季栽培：采用株行距为50 cm×50 cm为宜。由于种子具有休眠特性，沙蓬出苗率低，人工种植可加大播种量，亩播种量为0.5～1 kg。播种方法采用穴播，穴深1～2 cm，每穴播10～15粒种子，播前浇足水，播种后覆盖湿沙。播后出苗前，墒情好不宜浇水，以免沙土板结和降低地温，若地干浇浅表水确保出苗。沙蓬田间管理比较粗放，省时省工。当幼苗第1片真叶中间长出1对分枝时，进行间苗，同时进行中耕除草。全生育期要根据土壤墒情及时灌水，灌水以浅灌为宜，苗期一般20 d灌1次，开花到灌浆时要及时灌水。目前还未发现病虫害，10月下旬进行采收及碾压筛选，晒干后装入布袋，保存于阴凉干燥通风处。

20. 地肤

【学名】 *Kochia scoparia*（L.）Schrad.。

【别名】 地麦、落帚、扫帚苗（地肤变形）、扫帚菜、观音菜、孔雀松。

【分类地位】 藜科地肤属。

【形态特征】 一年生草本，高50～100 cm。根略呈纺锤形。茎直立，圆柱状，淡绿色或带紫红色，具多数条棱，稍被短柔毛或下部几无毛；分枝稀疏，斜上。叶为平面叶，披针形或条状披针形，长2～5 cm，宽3～7 mm，无毛或稍被毛，先端短渐尖，基部渐狭入短柄，通常有3条明显的主脉，边缘有疏生的锈色绢状缘毛；茎上部叶较小，无柄，1脉。花两性或雌性，通常1～3个生于上部叶腋，构成疏穗状圆锥状花序，花下有时被锈色长柔毛；花被近球形，淡绿色，花被裂片近三角形，无毛或先端稍被毛；翅端附属物三角形至倒卵形，有时近扇形，膜质，脉不很明显，边缘微波状或具缺刻；花丝丝状，花药淡黄色；柱头 2，丝状，紫褐色，花柱极短。胞果扁球形，果皮膜质，与种子离生。种子卵形，黑褐色，长 1.5～2 mm，稍具光泽；胚环形，胚乳块状；花期 6—9 月，果期 7—10 月。

【分布】 广泛分布于欧亚大陆的干旱和半干旱地区，中国各地均有分布。

【生境】 生长于田边、路旁、荒地等。

【食用部位及方法】 食用部位为嫩叶。春季、夏季采集嫩茎叶，洗净，用沸水烫熟，再以清水浸泡，可炒食、凉拌、做馅、做汤。

【营养成分】 每 100 mg 地肤鲜苗中含有粗蛋白 5.2 g、粗脂肪 0.8 g、粗纤维 2.2 g、碳水化合物 8 g、胡萝卜素 5.72 g、烟酸 1.6 mg、核黄素 0.31 mg、维生素 C 62 mg；含钾 5 890 mg、钙 150 mg、镁 486 mg、磷 589 mg、钠 83 mg、铁 22 mg、锰 3.7 mg、锌 3 mg、铜 0.8 mg。另外，其茎叶中含有生物碱、皂苷，花穗含甜菜碱，种子中还含有三萜皂苷、齐墩果酸及混合脂肪油。

【药用功效】 地肤药用部位为全草或果实，或同时使用带花果全草，以新鲜嫩茎叶入药最佳。果实称"地肤子"，为常用中药，能清湿热、利尿，主治尿痛、尿急、小便不利及荨麻疹，外用治皮肤癣及阴囊湿疹。主要功效为清热利湿、祛风止痒，用于治疗淋证、湿热带下、湿疹、湿疮、风疹瘙痒等。现代药理学研究表明地肤子有抗微生物、抗炎、抗过敏、降血糖等作用，其活性成分之一齐墩果酸具有较强的抑制革兰氏阴性菌、植物病原菌的作用，其正丁醇提取部位对白念珠菌具有明显的抑菌活性。

【栽培管理要点】 地肤适应性强，喜温喜光、耐干旱，不耐寒，对土壤要求不严格，较耐碱性土壤。可直播或育苗移栽，露地直播于 4 月上旬进行，播种前施足底肥，条播行距 0.5～0.8 m，亩播种量为 1 kg。保护地育苗可于 3 月上旬到中旬播种，采收前追施 1 次腐熟有机肥或随水施入氮肥。植株长到 15～20 cm 高时间苗，4—7 月可陆续采收嫩茎叶，种子于 8—9 月成熟时收获。

21. 灰菜

【学名】 *Chenopodium album* L.。

【别名】 粉仔菜、灰条菜、灰灰菜、灰藋、白藜、涝藜、涝蔺、落藜、盐菜。

【分类地位】 藜科藜属。

【形态特征】 一年生草本，高 30～150 cm。茎直立，粗壮，具条棱及绿色或紫红色色条，多分枝；枝条斜升或开展，叶菱状卵形至宽披针形，长 3～6 cm，宽 2.5～5 cm，先端急尖或微钝，基部楔形至宽楔形，上面通常无粉，有时嫩叶的上面有紫红色粉，下面多少有粉，边缘具不整齐锯齿；叶柄与叶片近等长，或为叶片长度的 1/2。花两性，花簇于枝上部排列成或大或小的穗状圆锥状或圆锥状花序；花被裂片 5，宽卵形至椭圆形，背面具纵隆脊，有粉，先端或微凹，边缘膜质；雄蕊5，花药伸出花被，柱头2。果皮与种子贴生。种子横生，双凸镜状，直径1.2～1.5 mm，边缘钝，黑色，有光泽，表面具浅沟纹，胚环形。花果期5—10月。

【分布】 遍及全球温带及热带地区，中国各地均有分布。

【生境】 生长于路旁、荒地、农田。

【食用部位及方法】 幼苗可作蔬菜用，一般采摘灰菜嫩尖做菜，采取后及时处理，在太阳下晒蔫后手搓，搓掉叶片上的白灰，随后晒干。食用时在开水中略焯，可调配食用油、蒜、醋等凉拌，亦可炒食、做菜饼等。

【营养成分】 灰菜嫩茎叶含蛋白质、脂肪、糖类，特别是其含丰富的胡萝卜素和维生素C有助于增强人体免疫功能。据测定，每100 g灰灰菜嫩苗中含蛋白质3.5 g、脂肪0.8 g、碳水化合物6 g、粗纤维1.2 g、胡萝卜素6.35 mg、维生素B_1 0.13 mg、维生素B_2 0.29 mg、维生素C 69 mg及多种无机盐，含钙量高达209 mg，含铁量0.9 mg。

【药用功效】 灰菜全草可入药，性味甘平，能止泻痢、止痒，可治痢疾腹泻；配合野菊花煎汤外洗，治皮肤湿毒及周身发痒。

【栽培管理要点】 灰菜种植对土壤类型没有严格要求，种植前翻耕土地，耙净残茬，每亩施2 000 kg充分腐熟农家肥，整地作畦，宽1.5 m，长8～10 m为宜。为防止地老虎等地下害虫，播前用辛硫磷进行土壤处理，一般每亩撒施3%～5%辛硫磷颗粒剂1.5～2 kg。春季播种较好，其他季节也可按需进行。播种时浸泡种子1 d，种皮硬的种子可采用湿沙催芽。可直接播种，可撒播或条播，种子播完后，将细土均匀撒在种子上面，盖土厚度为3～4 mm；播种后浇透水，4～5 d就会出苗。灰菜适应能力强，一般不再追肥，可适量浇水，但采摘3次以后，最好每亩撒施50～100 kg草木灰，起到补充养分防治蚜虫的作用。苗高8～10 cm时可间隔采收幼苗的嫩茎叶，采收时留4～5片叶，以利于发新梢，延长采收期，以后可1周左右采收1次。

22. 小叶藜

【学名】 *Chenopodium album* var. *microphyllum*。

【别名】 灰苋菜、灰灰菜、灰条菜。

【分类地位】 藜科藜属。

【形态特征】 同灰菜。

【分布】 遍及全球温带及热带地区，中国各地均有分布。

【生境】 主要生长于田野、荒郊、草原、路边、住宅旁。

【食用部位及方法】 其幼苗、嫩茎叶均可供食用，清洗后可凉拌或炒制，味道像苋菜的口感，可以加蒜末提味。

【营养成分】 小叶藜叶片营养成分含量：氨基酸总量为3.51 mg/g，纤维素含量为0.45%，类胡萝卜素含量为81.02 mg/kg，维生素C含量为913.14 mg/kg，可溶性糖含量为0.74%，还原性糖含量为0.72%，淀粉含量为0.97%，蛋白质含量为2.58%，粗脂肪含量为 4.01%。

【药用功效】 能滋阴润燥、清热利湿，可以提高人体免疫力。能够预防贫血、促进儿童生长发育，对中老年缺钙者也有一定保健功能。全草还含有挥发油、藜碱等特有物质，能够防止消化道寄生虫、消除口臭。

【栽培管理要点】 尚无人工引种栽培。

23. 灰绿藜

【学名】 *Chenopodium glaucum* L.。

【别名】 小灰菜、盐灰菜、翻白藜、黄瓜菜、山芥菜、山菘菠、山根龙。

【分类地位】 藜科藜属。

【形态特征】 一年生草本，高 20～40 cm。茎平卧或外倾，具条棱及绿色或紫红色色条。叶片矩圆状卵形至披针形，长 2～4 cm，宽 6～20 mm，肥厚，先端急尖或钝，基部渐狭，边缘具缺刻状牙齿，上面无粉，平滑，下面有粉而呈灰白色，稍带紫红色；中脉明显，黄绿色；叶柄长 5～10 mm。花两性兼有雌性，通常数花聚成团伞花序，再于分枝上排列成有间断而通常短于叶的穗状或圆锥状花序；花被裂片 3～4，浅绿色，稍肥厚，通常无粉，狭矩圆形或倒卵状披针形，长不及 1 mm，先端通常钝；雄蕊 1～2，花丝不伸出花被，花药球形；柱头 2，极短。胞果顶端露出于花被外，果皮膜质，黄白色。种子扁球形，直径 0.75 mm，横生、斜生及直立，暗褐色或红褐色，边缘钝，表面有细点纹。花果期 5—10 月。

【分布】 内蒙古主要分布于包头、赤峰、通辽、鄂尔多斯、阿拉善等地。中国除台湾、福建、江西、广东、广西、贵州、云南等地外，其他各地都有分布。广泛分布于南北半球的温带。

【生境】 多生长于海拔 20～4 600 m 的农田、菜园、村房、水边等有轻度盐碱的土壤。

【食用部位及方法】 其幼嫩植株可食用，每年 4—6 月采收幼苗或嫩茎叶，焯水去苦味，换清水浸泡，可炒食、凉拌、做汤等。灰绿藜取材要新鲜，洗切和下锅烹调的时间不宜间隔过长，避免造成维生素及无机盐的损失。

【营养成分】 灰绿藜嫩茎叶含蛋白质、脂肪、糖类、粗纤维、钙、磷、铁、胡萝卜素、维生素 B_1、维生素 B_2、维生素 PP、维生素 C，还含有挥发油，如棕榈酸、油酸、亚油酸及谷甾醇等，特别是其中极丰富的胡萝卜素和维生素 C 有助于增强人体免疫功能。其 100 g 嫩茎叶含蛋白质 3.5 g、碳水化合物 6 g、脂肪 0.8 g、粗纤维 1.2 g、胡萝卜素 5.36 mg、维生素 C 69 mg、维生素 B_1 0.13 mg、维生素 B_2 0.29 mg、维生素 PP 1.4 mg，另外，微量元素钙含量为 209 mg、铁含量为 0.9 mg。灰绿藜的叶中富含蛋白质，野生生境下灰绿藜种子的脂肪油含量为 7.56%，脂肪油中鉴定出 10 种脂肪酸，不饱和脂肪酸含量为 85.07%，种子油中含量较高的依次为亚油酸 55.67%、11-十八碳烯酸 19.9%、棕榈酸 11.9% 及亚麻酸 5.43%。

【药用功效】 灰绿藜味甘、性平、微毒，能清热、泻火、通便、解毒利湿、杀虫，主治痢疾、腹泻、湿疮、痒疹、毒虫咬伤等。灰绿藜中含有黄酮、多糖、生物碱等多种化学成分，具清热祛湿、解毒消肿、杀虫止痒等功效。

【栽培管理要点】 尚无人工引种栽培。

24. 猪毛菜

【学名】 *Salsola collina* Pall.。

【别名】 扎蓬棵、刺蓬、三叉明棵、猪毛缨、叉明棵、猴子毛、蓬子菜。

【分类地位】 藜科猪毛菜属。

【形态特征】 一年生草本，高 20～100 cm；茎自基部分枝，枝互生，伸展，茎、枝绿色，有白色或紫红色条纹，被短硬毛或近于无毛。叶片丝状圆柱形，伸展或微弯曲，长 2～5 cm，宽 0.5～1.5 mm，被短硬毛，顶端有刺状尖，基部边缘膜质，稍扩展而下延。花序穗状，生枝条上部；苞片卵形，顶部延伸，具刺状尖，边缘膜质，背部具白色隆脊；小苞片狭披针形，顶端具刺状尖，苞片及小苞片与花序轴紧贴；花被片卵状披针形，膜质，顶端尖，果时变硬，自背面中上部具鸡冠状突起；花被片在突起以上部分，近革质，顶端膜质，向中央折曲成平面，紧贴果实，有时在中央聚集成小圆锥体；花药长 1～1.5 mm；柱头丝状，长为花柱长的 1.5～2 倍。种子横生或斜生。花期 7—9 月，果期 9—10 月。

【分布】 内蒙古主要分布于呼和浩特、包头、赤峰、通辽、锡林郭勒、阿拉善等地。中国主要分布于东北、华北、西北、西南地区，西藏、河南、山东、江苏等地。广泛分布于中亚、西南亚、地中海和北非等盐碱地带，朝鲜、蒙古国、俄罗斯、巴基斯坦也有分布。

【生境】 广泛生长于盐碱地带、村边、路边、荒地。

【食用部位及方法】 猪毛菜幼苗及嫩茎叶均可食用，春季挖幼苗，夏季采摘嫩茎叶，洗净，用沸水烫一下捞出，揉去汁液，用清水浸洗多次，可炒食、做馅、凉拌。切碎后与玉米面混合可做成发糕，也可做成软罐头。

【营养成分】 该植物含有许多人体所需的微量元素，如钙、磷、铁、硒、胡萝卜素及维生素类，其中硒的含量尤为丰富，是普通食物的 20 倍。

【药用功效】 全草入药，性凉、味淡，主治高血压、头痛。还具有平肝潜阳的功效，对中枢神经系统有抑制作用，具有一定的镇静效果。猪毛菜同时被认为是种温和的利胆剂。

【栽培管理要点】

选土层深厚、肥沃疏松、富含腐殖质、排水良好的沙质壤土或壤土种植，深翻晾晒数日，整地作畦，畦宽 1 m，既方便田间管理，又有利于排水防渍和沟灌抗旱，播种前均匀施入腐熟积肥和水溶性好的复合肥。

春节后即可在大棚或温室提前播种，秋播于 9 月上旬进行，播种前用温水浸种

6～8 h，采用直播或撒播，播种时将种子与细沙混合均匀，比例为 1∶6，撒播在畦内，覆土后浇透水，用塑料薄膜覆盖保湿，7 d 后出苗即撒去薄膜。苗高 10 cm 可间苗，株高 20 cm 定苗，株距 30 cm。

出苗后要保持畦面湿润，春季早播及秋播要注意保温，温度白天控制在 25～28℃，夜间 15～18℃，冬季不低于 5℃；出苗后要及时间苗，间苗前后可追施氮肥，采收后可用尿素水浇，促侧枝萌发。

病虫害防治 主要是霜霉病，可用波尔多液或杀毒矾可湿性粉剂进行喷洒防治。

采收 猪毛菜应及时采收，否则纤维增多不利于食用。苗高 2 cm 时应疏苗，10 cm 时可随时间苗，采嫩苗食用；植株高 20～25 cm 时，留 2～3 片基叶，收割上部嫩梢，用保鲜膜分装保鲜，每茬一般可收割 3～4 次。

九、苋科

25.反枝苋

【**学名**】 *Amaranthus retroflexus* L.。

【**蒙名**】 阿日白-诺高。

【**别名**】 西风古、野千穗谷、野苋菜。

【**分类地位**】 苋科苋属。

【**形态特征**】 一年生草本，高 20～60 cm，茎直立，粗壮，分枝或不分枝，被短柔毛，淡绿色，有时具淡紫色条纹，略具钝棱、叶片椭圆状卵形或菱状卵形，长 5～10 cm，宽 3～6 cm，先端锐尖或微缺，具小凸尖，基部楔形，全缘或波状缘，两面及边缘被柔毛，下面毛较密，叶脉隆起；柄长 3～5 cm，被柔毛。圆锥花序顶生及腋生，直立，由多数穗状序组成，顶生花穗较侧生者长；苞片及小苞片锥状，长 4～6 mm，远较花被为长；顶端针芒状，背部具隆脊，边缘透明膜质；花被片 5，矩圆形或倒披针形，长约 2 mm，先端锐尖或微凹，具芒尖，透明膜质，有绿色隆起的中肋；雄蕊 5，超出花被；柱头 3，长刺锥状。胞果扁卵形，环状横裂，包于宿存花被内，种子近球形，直径约 1 mm，黑色或黑褐色，边缘钝。花期 7—8 月，果期 8—9 月。

【**分布**】 原产于美洲热带地区。内蒙古分布于全区。中国分布于东北、华北、西北地区。世界分布于各地。

【**生境**】 中生杂草。多生长于田间、路旁、住宅附近。

【**食用部位及方法**】 食用部位为幼苗及嫩茎叶。4—8 月采集嫩茎叶，洗净，用沸水烫熟，再以清水浸泡，可炒食、凉拌、做汤、做馅、制干菜。

【**营养成分**】 每克鲜样含胡萝卜素 7.00 mg、维生素 B_2 0.35 mg、维生素 C 153 mg。

【**药用功效**】 全草入药，能清热解毒、利尿止痛、止痢，主治痈肿疮毒、便秘、下痢。

【栽培管理要点】 尚无人工引种栽培。

26. 千穗谷

【学名】 *Amaranthus hypochondriacus* L.。

【蒙名】 查干-萨日伯乐吉。

【别名】 玉谷。

【分类地位】 苋科苋属。

【形态特征】 一年生草本，高 30～100 cm，茎绿色或紫色，分枝，无毛或上部微被柔毛。叶片菱状卵形或矩圆状披针形，先端锐尖或渐尖，基部楔形；圆锥花序顶生，直立，圆柱状，由多数穗状花序组成；苞片及小苞片卵状钻形，绿色或紫红色；花被片矩圆形，绿色或紫红色，有 1 深色中脉，成长凸尖。胞果近菱状卵形，环状横裂，绿色，上部带紫色，超出宿存花被；种子近球形，直径约 1 mm，白色，边缘锐。花期 7—8 月，果期 8—9 月。

【分布】 原产于北美洲。内蒙古西部有少量栽培。中国河北、四川、云南等地有栽培。

【生境】 中生杂草，多生长于田间、路旁、住宅附近。

【食用部位及方法】 采集其嫩茎叶，用水洗干净，再放到沸水中煮软，捞出，放凉，可炒食、凉拌做汤、做馅。种子可直接用作粮食或加工成各类食品（如苋籽粉、苋荞粉、苋麦粉、面包、饼干、点心、面条、速食粉、饮料等），是一种理想的绿色健康粮食作物，被誉为"人类未来的粮食作物"。

【营养成分】 叶片富含蛋白质、矿质元素等多种营养成分。对叶片干物质检验分析，含粗蛋白质 18.8%～21.8%、粗脂肪 3.4%、粗纤维 9.32%、赖氨酸 0.96%、钙 2.11%、磷 0.39%、铁 286 mg/kg。种子粗蛋白质含量为 15%～18%，粗脂肪含量为 7% 左右，淀粉含量为 60.2% 左右，赖氨酸含量达 1.01%，含磷量约为谷类作物的 2 倍，含钙量是小麦的 7 倍、玉米的 8.5 倍，含有的铁、多种维生素和天然色素等营养成分具有抗氧化、抗衰老、降血糖、降血脂等保健作用。

【栽培管理要点】 春播或夏秋播，土温 14℃ 以上，春播一般在 4 月下旬播种，行株距 33 cm × 10 cm，亩保苗 1.5 万～2 万株。播前精细整地，施足底肥。条播覆土 1～2 cm。用脚轻轻镇压，生长期追施尿素和磷肥各 10 kg，开花期追磷钾肥可提高种子产量。开花初期刈割，留茬 30 cm，35 d 割 1 次。育苗移栽法要比直播提早 15～20 d，即 5 月上旬进行温床育苗，苗高 15 cm 时可移栽。温床育苗通过酿热物的发酵放热，保证秧苗所需的温度或采用电热线育苗新技术。选择暖和无风的晴天进行播种，床土要疏松、细碎、平整，浇底水要适当，一般 9 cm 的床土，浇水湿透 8 cm 为宜。撒一层薄薄的营养土。播量要适宜。播后苗床管理是培育壮苗的关键。土温在 18℃ 左右，待苗出土 70% 时立即通风降温。幼苗出土以后床温是白天 20～25℃，夜间 12～18℃。定植前 7～10 d 应开始对秧苗进行低温锻炼。床温高、光照强时，湿度可稍大些；苗床浇水要在高温的晴天上午进行。在整个育苗过程中多照阳光，除去出苗前和移苗后缓苗前这2个时期不通风外，其他时间都要进行适当通风。移栽的头天晚间要浇透水，第2天即可起苗向露地移栽，施足底肥，浇透水，把秧苗移栽到穴中，培土掩实，秧苗4周略成凹形。当苗高8～10 cm进行间苗，中耕时培土预防倒伏。对以收籽实为目的的籽粒苋田，最好打掉侧枝，籽粒80%成熟就可全部采收。

27. 鸡冠花

【学名】 *Celosia cristata* L.。

【蒙名】 塔黑彦-色其格-其其格。

【别名】 鸡髻花、老来红、芦花鸡冠、笔鸡冠、小头鸡冠、热带蔬菜。

【分类地位】 苋科青葙属。

【形态特征】 一年生直立草本，高30～80 cm。全株无毛，粗壮。分枝少，近上部扁平，绿色或带红色，具棱纹凸起。单叶互生，具柄；叶片长5～13 cm，宽2～6 cm，先端渐尖或长尖，基部渐窄成柄，全缘。中部以下多花；苞片、小苞片和花被片干膜质，宿存；胞果卵形，长约3 mm，熟时盖裂，包于宿存花被内。种子肾形，黑色，光泽。

【分布】 原产于非洲、美洲热带和印度。世界各地广为栽培。我国南北各地均有栽培，广布于温暖地区。

【生境】 喜温暖干燥气候，怕干旱，喜阳光，不耐涝，但对土壤要求不严，一般土壤都能种植。

【食用部位及方法】 食用部位为嫩茎叶和花序，夏季采摘嫩花序，洗净，用沸水烫下，可凉拌、炒食。

【营养成分】 每100克新鲜普通鸡冠花花序、茎叶和种子中蛋白质含量分别为2.7 g、3.7 g、2.3 g，花序、茎叶和种子中均含有18种氨基酸，其中谷氨酸的含量最高，占氨基酸总量的13%～17.5%。100 g新鲜花序、茎叶和种子中碳水化合物的含量分别为3.2 g、8.2 g和31.2 g，膳食纤维含量分别为6.3 g、2.3 g和20.7 g。种子中微量元素硒的含量是6.93 mg/100 g，锌的含量为4.28 mg/100 g，每100 g新鲜茎叶和花序中维生素C的含量分别达到112 mg和97 mg；每100 g新鲜茎叶中维生素A含量为400 mg，β-胡萝卜素含量高达2.469 mg。

【药用功效】 花和种子供药用，为收敛剂，能止血、凉血、止泻。

【栽培管理要点】 种子繁殖法，清明时选好地块，施足基肥，耕细耙匀，整平作畦，将种子均匀地撒于畦面，略盖严种子，踏实浇透水，一般在气温15～20℃时，10～15 d可出苗。夏播于芒种后，也可与白芍、牡丹或其他作物套种，亩用种0.5 kg。苗高6.6 cm，按行距33 cm、株距26 cm间苗，间下的苗可移栽至其他田块，移栽后一定要浇水。幼苗期一定要除草松土，不太干旱时，尽量少浇水。苗高尺许，要施追肥1次。封垄后稍适当打去老叶，开花抽穗时，如果天气干旱，要适当浇水，雨季低洼处严防积水。抽穗后可将下部叶腋间的花芽抹除，以利养分集中于顶部主穗生长。喜温暖气候。对土壤要求不严，但以排水良好的夹砂土栽培较好。种子繁殖。一般直播，也可育苗移栽。直播时，每亩用种子 250～300 g，与拌有人畜粪水的火灰混匀，在畦上按行距、株距各约 30 cm 开穴，深约 3 cm，穴底要平，先施人畜粪水，然后将种子灰均匀撒播。苗高 7～10 cm 时，匀苗、补苗，每穴留壮苗 4～5 株。除草、追肥，第 1 次在匀苗后进行，第 2 次在 5 月。天旱时要浇水。一般在白露前后，种子逐渐发黑成熟，可及时割掉花薹，放通风处晾晒脱粒，花与籽分开管理，分别入药，一般亩产籽 150 kg、花 500 kg 左右。花在晒时要早出晚归，以免变质降低药效，籽要扬净，装袋贮存，防霉变生虫。

病害防治

叶斑病：鸡冠花叶斑病本病多发生在植株下部叶片上，病原菌为半知菌亚门镰孢霉属的真菌，菌丝及孢子在植株残体及土壤中越冬，以风雨、灌溉、浇水溅溃等方式传播。病斑初为褐色小斑，扩展后病斑呈圆形至椭圆形，边缘暗褐色至紫褐色，内为灰褐色至灰白色。在潮湿的天气条件下，病斑上出现粉红色霉状物，即病原菌的分生孢子。发病后期病叶萎蔫干枯或病斑干枯脱落，造成穿孔。

防治技术：及时摘除病叶。发病初期（植株下部叶片出现病斑时），用 0.2%～0.5% 高锰酸钾液或 50% 甲基硫菌灵可湿性粉剂 1 000 倍液；或 50% 代森铵可湿性粉剂 500 倍液喷雾防治。发病地区避免连作，最好与其他花木或作物间隔 2～3 年轮作。

药剂防治：发病初期及时喷药防治，药剂有 1：1：200 的波尔多液、50% 的甲基硫菌灵可湿性粉剂、50% 的多菌灵可湿性粉剂 500 倍液喷雾，40% 的菌毒清悬浮剂 600～800 倍液喷雾；或用代森锌可湿性粉剂 300～500 倍液浇灌。现代保护环境的去除虫害的方法除了使用稀释的洗涤剂外，还可以在周围种植一些让虫子避而远之的植物，或者放些天敌昆虫。

十、马齿苋科

28. 马齿苋

【学名】 *Portulaca oleracea* L.。

【蒙名】 娜仁-淖嘎。

【别名】 马苋、五行草、长命菜、五方草、瓜子菜、马齿菜、蚂蚱菜。

【分类地位】 马齿苋科马齿苋属。

【形态特征】 一年生草本，全株无毛。茎平卧或斜倚，伏地铺散，多分枝，圆柱形，长 10～15 cm 淡绿色或带暗红色。叶互生，有时近对生，叶片扁平，肥厚，倒卵形，似马齿状，长 1～3 cm，宽 0.6～1.5 cm，顶端圆钝或平截，有时微凹，基部楔形，全缘，上面暗绿色，下面淡绿色或带暗红色，中脉微隆起；叶柄粗短。花无梗，直径

4～5 mm，常 3～5 朵簇生枝端，午时盛开；苞片 2～6，叶状，膜质，近轮生；萼片 2，对生，绿色，盔形，左右压扁，长约 4 mm，顶端急尖，背部具龙骨状凸起，基部合生；花瓣 5，稀 4，黄色，倒卵形，长 3～5 mm，顶端微凹，基部合生；雄蕊通常 8，或更多，长约 12 mm，花药黄色；子房无毛，花柱比雄蕊稍长，柱头 4～6 裂，线形。蒴果卵球形，长约 5 mm，盖裂；种子细小，多数，偏斜球形，黑褐色，具光泽，直径不及 1 mm，具小疣状凸起。花期 5—8 月，果期 6—9 月。

【分布】 内蒙古各地均有分布。中国各地均有分布。也广布于全世界温带和热带地区。

【生境】 中生植物。生长于田间、路旁、菜园。

【食用部位及方法】 食用部位为幼苗及嫩茎叶。4—9 月采摘幼苗及嫩茎叶，洗净，拌面蒸食、炒食、做馅；鲜菜洗净，沸水烫一下，漂洗后凉拌；也可略蒸或烫后晒干菜。凡脾胃虚寒者少食。

【营养成分】 马齿苋每 100 g 鲜茎叶含蛋白质 2.3 g，脂肪 0.5 g，碳水化合物 3 g，葫芦卜素 2.23 mg，维生素 B_1 mg，维生素 B_2 0.01 mg，维生素 C 23 mg，钙 85 mg，磷 56 mg，铁 1.5 mg；含有丰富的二羟乙胺、苹果酸、葡萄糖、钙、磷、铁以及维生素 E、胡萝卜素、维生素 B_2、维生素 C 等营养物质。马齿苋在营养上有一个突出的特点，它的 ω-3 脂肪酸含量高于人和植物。ω-3 脂肪酸能抑制人体对胆固酸的吸收，降低血液胆固醇浓度，改善血管壁弹性，对防治心血管疾病很有利。

【药用功效】 全草入药，能清热利湿、凉血解毒、利尿，主治细菌性痢疾、急性胃肠炎、急性乳腺炎、痔疮出血、尿血、赤白带下、蛇虫咬伤、疔疮肿毒、急性湿疹、过敏性皮炎、尿道炎等。

【栽培管理要点】 扦插枝条从当年播种苗或野生苗上采集，从发枝多、长势旺的强壮植株上采集为好，每段要留有 3～5 个节。扦插前精细整土；结合整地施足充分腐熟的农家肥。扦插密度（株行距）3 cm×5 cm，插穗入土深度 3 cm 左右，插后保持一定的湿度和适当的荫蔽，7 d 后即可成活。播种或扦插后 15～20 d 即可移入大田栽培，栽培面积较小时也可直接扦插到大田。移栽前将田土翻耕，结合整地每亩施入 1 500 kg 充分腐熟的人粪或 15～20 kg 三元复合肥，然后按 1.2 m 宽开沟，按株行距 12 cm×20 cm 定植，栽后浇透定根水。为保证成活率，移栽最好选阴天进行，如在晴天移栽，栽后 2 d 内应采取遮阴措施，并于每天傍晚浇水 1 次，移栽时按要求施足底肥后，前期可不追肥，以后每采收 1～2 次追 1 次稀薄人畜粪水，形成的花蕾要及时摘除，以促进营养枝的抽生。干旱时适当浇水抗旱。马齿苋整个生育期间病虫为害极少，一般不需喷药。马齿苋商品菜采收标准为开花前 10～15 cm 长的嫩枝。如采收过迟，不仅嫩枝变老、食用价值差，而且影响下一次分枝的抽生和全年产量。采收 1 次后隔 15～20 d 又可采收。如此，可一直延伸到 10 月中下旬。生产上一般采用分期分批轮流采收。马齿苋留种的地块一开始就应从生产商品菜的地块中划出，栽培管理措施与商品菜生产相同，所不同的是留种的地块不采收商品菜，任其自然发枝、开花、结籽。开花后 25～30 d，蒴果（种壳）呈黄色时，种子便已成熟，应及时采收，否则便会散落在地。此外，还可在生产商品菜的大田中有间隔地选留部分植株，任其自然开花结籽后散落在地，翌年春季待其自然萌发幼苗后再移密补稀进行生产。

十一、落葵科

29. 落葵

【学名】 *Basella alba* L.。

【别名】 蔏芭菜、胭脂菜、紫葵、豆腐菜、潺菜、木耳菜、藤菜、繁露。

【分类地位】 落葵科落葵属。

【形态特征】 一年生缠绕草本。茎长可达数米，无毛，肉质，绿色或略带紫红色。叶片卵形或近圆形，长 3～9 cm，宽 2～8 cm，顶端渐尖，基部微心形或圆形，下延成柄，全缘，背面叶脉微凸起；叶柄长 1～3 cm，上有凹槽。穗状花序腋生，长 3～15（20）cm；苞片极小，早落；小苞片 2，萼状，长圆形，宿存；花被片淡红色或淡紫色，卵状长圆形，全缘，顶端钝圆，内折，下部白色，连合成筒；雄蕊着生于花被筒口，花丝短，基部扁宽，白色，花药淡黄色；柱头椭圆形。果实球形，直径 5～6 mm，红色至深红色或黑色，多汁液，外包宿存小苞片及花被。花期 5—9 月，果期 7—10 月。

【分布】 原产于亚洲热带地区。我国南北各地多有种植。

【生境】 耐高温、高湿，一般生长于疏松肥沃的沙壤土。

【食用部位及方法】 以幼苗、嫩茎、嫩叶芽梢供食。食用口感鲜嫩软滑。可炒食、烫食、凉拌。其味清香，清脆爽口，如木耳一般，别有风味。果汁可作无害的食品着色剂。

【营养成分】 营养价值很高，据测定，每千克食用部分含蛋白质 17 g、脂肪 2 g、碳水化合物 31 g、钙 2.05 g、磷 290 mg、铁 22 mg，还含有胡萝卜素 45.5 mg、烟酸 10 mg、维生素 C 1.02 g。有滑肠、利便、清热、解毒、健脑、降低胆固醇等功效，经常食用能降压、益肝、清热凉血、防止便秘。

【药用功效】 全草供药用，为缓泻剂，有滑肠、散热、利大小便的功效；花汁有清血解毒作用，能解痘毒，外敷治痈毒及乳头破裂。

【栽培管理要点】 播种前先整地施肥，亩施用腐熟优质粗肥 5 000 kg 左右，普撒后耕翻作畦，畦宽 1～1.2 m。在春季播种时，为了提高地温，还可在播前 1 周覆膜烤地。当地温稳定在 15℃以上时，才可播种。由于落葵的种壳厚而且坚硬，播种前应先浸种催芽。可用 50℃水搅拌浸种 30 min，然后在 28～30℃的温水里浸泡 4～6 h，搓洗干净后在 30℃条件下保湿催芽。当种子露白时，即可播种。先在畦内开沟，沟深 2～3 cm，沟宽 10～15 cm，沟距 20 cm，按沟条播。播种后，将畦搂平，稍作镇压后，按畦浇水，以水能洇湿畦面为度。出苗后，要及时松土和间苗（间下来的幼苗可以移栽，也可食用），干旱时适量浇水。至 4 叶期，即可定苗或定植，穴行距 15～20 cm，每穴栽 2～3 株。早春、晚秋气温偏低，出苗慢，用大棚或小拱棚覆盖栽培的播种后出苗前一般不通风。若温度低，夜间在小棚内加盖草帘，提高棚内温度，出苗后，保持床土湿润，白天温度 20℃以上，夜间不低于 15℃。定植缓苗后，则应追肥浇水，随水亩施尿素 10 kg、复合肥 5 kg。下雨后要及时排水，夏季热雨过后应及时浇灌井水为宜。菜畦内要始终保持土壤湿润，采收前 2 周追 1 次肥，以后则每采收 1 次追 1 次肥水，同时还要及时清除杂草。对于蔓生攀缘品种，在缓苗后即可浇水插架，引蔓上架。对于不留种的落葵植株，应及时摘掉花茎，以促进茎叶生长，提高产量。一般在株高 20～25 cm 时采收嫩茎叶，只留茎基部 3 片叶，以促腋芽发新梢。采摘嫩茎叶，应选择无露珠时进行，阴雨天可提前采摘。对于枝叶密集，有郁闭现象的枝蔓，可从茎基部掰下，以达到通风透光的目的。在气温高于 25℃的条件下，一般每隔 10～15 d 采收 1 次，或者每次都采大留小，实施连续采收，一般亩产 2 000～3 000 kg。

十二、石竹科

30. 孩儿参

【学名】 *Pseudostellaria heterophylla*（Miq.）Pax。

【蒙名】 毕其乐-奥日好代。

【别名】 太子参、异叶假繁缕。

【分类地位】 石竹科孩儿参属。

【形态特征】 多年生草木，高 15～20 cm。块根纺锤形，具须根，淡灰黄色。茎纤细，直立，通常单生，被 2 行纵向短柔毛。叶形多变化，茎中下部的叶条状倒披针形，茎顶端常 4 叶相集，花期披针形，花后渐增大成卵形或宽卵形，轮状平展，全缘，两面无毛。花二型：普通花顶生或腋生单花，花梗纤细，被柔毛；萼片 5，狭披针形；花瓣 5，狭矩圆形或倒披针形，基部渐狭成短爪；雄蕊 10；子房卵形，花柱 3 条；闭锁花生茎下部叶腋，花梗纤细，弯曲，萼片 4，无花瓣。蒴果近球形，含几个种子，种子肾形，黑褐色。花期 6—7 月，果期 7—8 月。

【分布】 内蒙古分布于乌兰察布、阿拉善。中国分布于东北、华北、西北、华中、华东地区。朝鲜、日本也有分布。

【生境】 耐阴中生植物。生长于海拔 2 300～2 500 m 的山坡草甸、林下阴湿处。

【食用部位及方法】 食用部位为块根。秋末挖去块根，去杂洗净，可炖菜、做甜汤。

【营养成分】 茎叶营养成分含量：粗蛋白 13.39%、粗脂肪 2.57%、粗纤维 8.32%、钙 0.95%、磷 0.53%；茎叶总氨基酸为 10.83%，必需氨基酸和非必需氨基酸分别是 4.4% 和 6.43%，E/T 值 40.6%，E/N 值 68.4%。

【药用功效】 块根入药（药材名：太子参），能益气生津、健脾，主治肺虚咳嗽、心悸、口渴、脾虚泄泻、食欲缺乏、肝炎、神经衰弱、小儿病后体弱无力、自汗、盗汗。

【栽培管理要点】 应选择疏松、肥沃、略带倾斜的向北山坡旱地种植，尤以生荒地最佳。为降低病源、减轻病害，每 2～3 年应实行 1 次轮作，前茬忌茄科烟草、蔬菜等作物，禾本科作物地块尚可。种植地深耕 20 cm，开成宽 85 cm、高 15 cm 畦，沟宽 40 cm，畦面呈龟背形，土层疏松。选择健壮、无损伤、无病害的种根或采用种子播种繁育方法生产出不带病源的种根作生产用种，在霜降前后种植，亩用种量 40 kg。种植前 15 d 用 50% 辛硫磷乳油 0.5 kg 配成 800 倍液喷畦面后将表土翻入土层，预防地下害虫。施足基肥，合理密植。施足基肥和掌握适宜种植密度是高产的关键措施，以重施基肥为主。在畦面每亩用生物有机肥 100 kg、过磷酸钙 25 kg、钾肥 10 kg 撒施于表面并与土混匀，然后按株行距约为 5 cm×5 cm 或 6 cm×6 cm 撒施孩儿参种苗，覆土厚 6～10 cm。

31. 繁缕

【学名】 *Stellaria media*（L.）Villars。

【蒙名】 阿吉干纳。

【别名】 鸡儿肠、鹅耳伸筋、鹅肠菜。

【分类地位】 石竹科繁缕属。

【形态特征】 一年生或二年生草本，高 10～20 cm，全株鲜绿色。茎纤弱，多分枝，直立或斜升，被 1 行纵向的短柔毛，下部节上生不定根。叶卵形或宽卵形，长 1～2 cm，宽 8～15 mm，先端锐尖，基部近圆形或近心形，全缘，两面无毛；下部叶和中部叶有长柄，上部叶具短柄或无柄。顶生二歧聚伞花序；花梗纤细，长 5～20 mm，被 1 行短柔毛；萼片 5，披针形，长约 4 mm，先端钝，边缘宽膜质，背面被腺毛，花瓣 5，白色，比萼片短，2 深裂，裂片近条形；雄蕊 5，比花瓣短；花柱 3 条，蒴果宽卵形，比萼片稍长，6 瓣裂，包在宿存花萼内，具多数种子，种子近球形，直径约 1 mm，稍扁，褐色，表面具瘤状突起，边缘突起半球形。花果期 7—9 月。

【分布】 内蒙古分布于呼伦贝尔、乌兰浩特、锡林郭勒。中国各地均有分布。

【生境】 中生植物。生长于村舍附近杂草地、农田。

【食用部位及方法】 食用部位为嫩茎叶及幼苗。采摘幼苗、嫩茎叶，洗净后沸水中烫一下，清水浸泡，可炒食、凉拌、做汤。

【营养成分】 每 100 g 鲜样含蛋白质 3.6 g，脂肪 0.3 g，碳水化合物 1.2 g，胡萝卜素 3.09 mg，维生素 B_2 0.36 mg，维生素 C 98 mg，钙 0.22 mg，磷 0.03 mg。

【药用功效】 茎叶和种子供药用，能凉血、消炎，主治积年恶疮、分娩后子宫收缩痛等，又能促进乳汁的分泌。

【栽培管理要点】 尚无人工引种栽培。

32. 草原丝石竹

【学名】 *Gypsophila davurica* Turcz. ex Fenzl。

【蒙名】 达古日-台日。

【别名】 草原石头花、北丝石竹。

【分类地位】 石竹科丝石竹属。

【形态特征】 多年生草本，高 30～70 cm，全株无毛。根粗长，圆柱形，灰黄褐色；根茎分歧，灰黄褐色，木质化，有多数不定芽。茎多数丛生，直立或稍斜升，二歧式分枝。叶条状披针形，长 2.5～5 cm，宽 2.5～8 mm，先端锐尖，基部渐狭，全缘，灰绿色，中脉在下面明显凸起。聚伞状圆锥花序顶生或腋生，其多数小花；苞片卵状披针形，长 2～4 mm，膜质，有时带紫色，先端尾尖；花梗长 2～4 mm；花萼管状钟形，果期呈钟形，长 2.5～3.5 mm，具 5 条纵脉，脉有时带紫绿色，脉间白膜质，先端具 5 萼齿，齿卵状三角形，先端锐尖，边缘膜质；花瓣白色或粉红色，倒卵状披针形，长 6～7 mm，先端微凹；雄蕊比花瓣稍短；子房椭圆形，花柱 2 条。蒴果卵状球形，长约 4 mm，4 瓣裂；种子圆肾形，两侧压扁，直径约 1.2 mm，黑褐色，两侧被矩圆状小突起，背部被小瘤状突起。花期 7—8 月，果期 8—9 月。

【分布】 内蒙古分布于呼伦贝尔、乌兰浩特、通辽、赤峰、锡林郭勒。中国分布于东北地区、河北北部。蒙古国、俄罗斯也有分布。

【生境】 旱生植物。生长于典型草原、山地草原。

【药用功效】 根入药，能逐水、利尿，主治水肿胀满、胸胁满闷、小便不利。

【栽培管理要点】 尚无人工引种栽培。

33. 王不留行

【学名】 *Gypsophila vaccaria*（L.）Sm.。

【蒙名】 阿拉坦-谁没给力格-其其格。

【别名】 麦蓝菜。

【分类地位】 石竹科王不留行属。

【形态特征】 一年生草本，高 25～50 cm，全株平滑无毛，稍被白粉呈灰绿色。茎直立，圆筒形，中空，上部二叉状分枝。叶卵状披针形或披针形，先端锐尖，基部圆形或近心形，稍抱茎，全缘，中脉在下面明显凸起；无叶柄。聚伞花序顶生，呈伞房状，具多数花；苞片叶状；萼筒卵状圆筒形，具 5 条翅状突起的脉棱，棱间绿白色，膜质花萼筒中下部膨大而先端狭，呈卵球形，萼齿 5，三角形；花瓣淡红色，瓣片倒卵形，顶端具不整齐牙齿，下部渐狭成长爪；雄蕊 10，隐于萼筒内；子房椭圆形，花柱 2。蒴果卵形，顶端 4 裂，包藏在宿存花萼内。种子球形，黑色，表面密被小瘤状突起，花期 6—7 月，果期 7—8 月。

【分布】 内蒙古有少量栽培，分布于呼伦贝尔、乌兰浩特、通辽、赤峰、呼和浩特、阿拉善。

【生境】　野生于田边或混生于麦田间。

【食用部位及方法】　种子含淀粉，可酿酒和制醋。此外，种子可榨油，可作机器润滑油。种子也入药（药材名：王不留行），能活血通经、消肿止痛、催生下乳，主治月经不调、乳汁缺乏、难产、痈肿疔毒等；又可作兽药，能利尿、消炎、止血。

【栽培管理要点】　宜选山地缓坡和排水良好的平地种植，土质以砂壤土和黏壤土均可。结合冬耕，每亩施 3 000 kg 农家肥作基肥，同时配施 30～40 kg 过磷酸钙。整畦耙平，作 1.2 m 宽的畦。种子繁殖，冬播或春播。冬播在封冻前，春播在解冻后，在畦上按行距 30 cm 进行条播。覆土 1 cm，稍加镇压、浇水，一般 15 d 左右即可出苗，每亩用种 1 kg。苗高 5 cm 左右、具 4～6 片真叶时，按株距 5～6 cm 间苗；到 2 月中旬幼苗长至 6～8 片真叶时，按株距 10～12 cm 定苗。追肥主要在 4 月上旬植株开始现蕾时进行，肥种以磷肥、钾肥为主。每亩可施饼肥 30～40 kg，施后要立即浇水；也可用 0.3% 磷酸二氢钾溶液叶面喷施，间隔 10 d 左右，连续 3～4 次。在孕蕾前中耕除草。雨季注意排水。

十三、睡莲科

34. 睡莲

【学名】　*Nymphaea tetragona* Georgi.。

【蒙名】　朱乐格力格-其其格。

【别名】　子午莲、粉色睡莲、野生睡莲。

【分类地位】　睡莲科睡莲属。

【形态特征】　多年生水生草本；根状茎短，肥厚，横卧或直立，生多数须根，须根绳索状，细长。叶浮于水面，叶片卵圆形或肾圆形，近似马蹄状，长 5～14 cm，宽 4～11 cm，先端圆钝，全缘，基部具深弯缺，约占叶片全长的 1/3 或 1/2，裂片急尖，分离或彼此稍遮盖，上面绿色，具光泽，下面通常带紫色，两面皆无毛；叶柄细长，圆柱形；花梗基生，细长，顶生 1 朵花，花径 3～6 cm，漂浮水面；萼片 4，绿色，草质，长卵形或卵状披针形，长 2～3.5 cm，宿存，花托四方形；花瓣 8～12，白色或淡黄色，矩圆形、宽披针形或长卵形，先端钝，比萼片稍短，内轮花瓣不变成雄蕊；雄蕊多数，3～4 层，花丝扁平，外层花丝宽披针形，内层渐狭；子房短圆锥状，柱头盘状，具 5～8 条辐射线。浆果球形，包于宿存萼片内；种子椭圆形，黑色。花期 7—8 月，果期 9 月。

【分布】　内蒙古分布于呼伦贝尔、乌兰浩特、通辽。中国广泛分布于各地。

【生境】　水生植物。生长于池沼、河湾。

【食用部位及方法】　根状茎含淀粉，可供食用或酿酒。

【营养成分】　每 100 g 鲜重含 65.1 mg 钠，含有较高的维生素 C、铁、锰等。

【药用功效】 花入药，能消暑、解醒、祛风，主治中暑、酒醉、烦渴、小儿惊风。

【栽培管理要点】 采用无性繁殖，4 月中旬左右进行根部繁殖体种植。缸栽：栽植时选用无底孔花缸，填营养土，深度 30～40 cm。将生长良好的繁殖体埋入花缸中心位置，顶芽稍露出土壤。加水至土层以上 2～3 cm。盆栽沉水：选用无孔营养钵，填土高度在 25 cm 左右，栽种完成后沉入水池，水位控制在刚刚淹没营养钵为宜，顶芽保持在冰层以下即可越冬。池塘栽培：选择土壤肥沃的池塘，池底至少有 30 cm 深泥土，繁殖体直接栽入泥土中，根茎在冰层以下即可越冬。3 种方法都是随着生长逐渐增高水位，对水位的控制，遵循"浅—深—浅—深"的原则。追肥时间一般在盛花期前 15 d，以后每隔 15 d 追肥 1 次，可用有韧性、吸水性好的扎有小孔纸将肥料包好，施入距中心 15～20 cm、10 cm 以下的位置。

十四、毛茛科

35. 金莲花

【学名】 *Trollius chinensis* Bunge。

【蒙名】 阿拉坦花。

【别名】 阿勒泰金莲花。

【分类地位】 毛茛科金莲花属。

【形态特征】 多年生草本，高 40～70 cm。茎直立，单一或上部稍分枝，具纵棱。基生叶具长柄；叶片轮廓近五角形，3 全裂；茎生叶似基生叶：花 1～2 朵，着生于茎顶端或分枝顶端，金黄色，干时不变绿色；花瓣与萼片近等长，狭条形；雄蕊多数。蓇葖果，果喙短。花期 6—7 月，果期 8—9 月。

【分布】 内蒙古分布于赤峰、锡林郭勒、乌兰察布、呼和浩特、包头。中国分布于山西、河北、辽宁西部、河南西北部。

【生境】 生长于山地林下、林缘草甸、沟谷草甸及其他低湿地草甸、沼泽草甸，为常见的草甸湿中生伴生植物。

【食用部位及方法】 其味辛辣，嫩梢、花蕾、新鲜种子可作为食品调味料。绿色种荚可腌制泡菜，脆嫩可口，微辣甘甜。干花可制成金莲花茶供饮用。花和鲜嫩叶可生食，叶子多少有点异味，但煮后味道很好。未熟的叶有辛辣味，作香辛料使用或用于泡菜。茎、叶、果实均含有精油，叶中富含维生素和铁，味微辛能健胃，还对胃溃疡和坏血病有效。

【营养成分】 金莲花的有效成分种类众多，主要有黄酮、酚酸和生物碱类等，其中黄酮类成分有荭草苷、牡荆苷、槲皮素等，酚酸类成分有藜芦酸等。

【药用功效】 花入药，能清热解毒，主治上呼吸道感染、急性扁桃体炎、慢性扁桃体炎、肠炎、痢疾、疮疖脓肿、外伤感染、急性中耳炎、急性鼓膜炎、急性结膜炎、急性淋巴管炎；也作蒙药用（蒙药名：阿拉坦花-其其格），能止血消炎，愈创解毒，主治疮疖痈疽及外伤等。

【栽培管理要点】 3月播种，7—8月开花；6月播种，国庆节开花；9月播种，春节开花；12月播种，"五一"开花。播种先用40～45℃温水浸泡一夜后，将其点播在装有素沙的浅盆中，上覆细沙厚约1 cm，播后放在向阳处保持湿润，10 d左右出苗，幼苗2片真叶时分栽上盆。扦插以春季室温13～16℃时进行，剪取有3～4片叶的茎蔓，长10 cm，留顶端叶片，插入沙中，保持湿润，10 d开始发根，20 d后便可上盆。茎蔓生，必须立支架，当幼苗长到3～4片真叶时进行摘心，多发侧枝，当茎蔓生长达30～40 cm时，可用100 mg/L多效唑叶面喷施，促使矮化。花后剪去老枝，待新枝开花。选用富含有机质的沙壤土，pH值5～6。生长期每隔3～4周施1次10%～15%饼肥水，开花前半月施1～2次鸡粪液肥或1%磷酸二氢钾，花后施25%饼肥水，秋末施1次30%全元素复合肥。

36. 兴安升麻

【学名】 *Actaea dahurica* Turcz. ex Fisch. et C. A. Mey.。

【蒙名】 布力叶-额布斯兴安乃-扎白。

【别名】 升麻、窟窿牙根。

【分类地位】 毛茛科升麻属。

【形态特征】 多年生草本，高1～2 m。根状茎粗大，黑褐色，有数个明显的洞状茎痕及多数须根。茎直立，单一，粗壮，无毛或疏被柔毛，叶为二至三回三出或三出羽状复叶，小叶宽菱形或狭卵形。中央小叶有柄，两侧小叶通常无柄，顶生小叶较大，3浅裂至深裂。基部近截形、近圆形、宽楔形或微心形，先端渐尖，边缘具不规则的锯齿，上面深绿色，无毛，下面灰绿色，沿脉疏被短柔毛，雌雄异株，复总状花序，多分枝，雄花序长达30 cm，雌花序稍短；花序轴和花梗密被短柔毛和腺毛；苞片狭条形，渐尖；萼片5，花瓣状，宽椭圆形或宽倒卵形，长约3 mm，早落；退化雄蕊2～4，上部二叉状中裂至深裂，先端各具1枚圆形乳白色空花药；雄蕊多数，通常比花的其他部分长；心皮3～7，被短柔毛或近无毛，无柄或具短柄。蓇葖果卵状椭圆形或椭圆形，长7～10 mm，宽3～5 mm，被短柔毛或无毛，具短柄；种子棕褐色，椭圆形，长约3 mm，宽约2 mm，周围具膜质鳞片，两侧者窄而长。花期7—8月，果期8—9月。

【分布】 内蒙古分布于呼伦贝尔、乌兰浩特、通辽、赤峰、锡林郭勒、乌兰察布、呼和浩特、包头（九峰山）。中国分布于东北、华北地区。蒙古国、俄罗斯也有分布。

【生境】 中生植物。生长于山地林下、灌丛、草甸。

【食用部位及方法】 其地上部分嫩芽俗称"苦力芽""窟窿芽"，口感独特，多作为野菜食用。

【营养成分】 升麻主要含有环阿尔廷型三萜皂苷、生物碱和酚酸类等化学成分。

【药用功效】 根状茎入药（药材名：升麻），能散风清热、升阳透疹，主治风热头痛、麻疹、斑疹不透、胃火牙痛、火泻脱肛、胃下垂、子宫脱垂；也入蒙药（蒙药名：兴安乃-扎白），能解表、解毒，主治胃热、咽喉肿痛、口腔炎、扁桃体炎。

【栽培管理要点】 尚无人工引种栽培。

37. 展枝唐松草

【学名】 *Thalictrum squarrosum* Steph. ex Willd.。

【蒙名】 莎格莎嘎日-查存-其其格、汉腾、铁木尔-额布斯。

【别名】 叉枝唐松草、歧序唐松草、坚唐松草。

【分类地位】 毛茛科唐松草属。

【形态特征】 多年生草本，高达 1 m，须根发达，灰褐色。茎呈"之"字形曲折，常自中部二叉状分枝，分枝多，通常无毛。叶集生于茎下部和中部，近向上直展，具短柄，为三至四回三出羽状复叶，小叶具短柄或近无柄，顶生小叶柄较长，小叶卵形、倒卵形或宽倒卵形，基部圆形或楔形，脉在下面稍隆起。圆锥花序近二叉状分枝，呈伞房状，基部具披针形小苞；花直径 5～7 mm；萼片 4，淡黄绿色，稍带紫色，狭卵形；无花瓣；雄蕊 7～10，花丝细，花药条形；柱头三角形，具翼。瘦果新月形或纺锤形，一面直，另一面呈弓形弯曲，长 5～8 mm，宽 1.2～2 mm，两面稍扁，具 8～12 条突起的弓形纵肋，果喙微弯，长约 1.5 mm。花期 7—8 月，果期 8—9 月。

【分布】 内蒙古分布于呼伦贝尔、乌兰浩特、赤峰、锡林郭勒、乌兰察布、呼和浩特、鄂尔多斯、乌海、包头。中国分布于黑龙江、吉林、辽宁、河北、山西、陕西。蒙古国、俄罗斯也有分布。

【生境】 生长于典型草原、沙质草原群落。为常见的草原中旱生伴生植物。

【食用部位及方法】 展枝唐松草幼嫩的叶茎可炒食、煮汤、炝拌、盐渍，清香、口感好，富含多种维生素和各种微量元素，是具有保健功效的山野菜之一。

【营养成分】 每 100 g 鲜菜中含蛋白质 3.58 g、碳水化合物 8.5 g、膳食纤维 1.68 g、灰分 2.72 g、胡萝卜素 6.52 mg、烟酸 0.97 mg，另外含有多种微量元素和 17 种氨基酸等。

【药用功效】 全草入药，有毒，能清热解毒、健胃、止酸、发汗，主治夏季头痛、头晕、吐酸水、胃灼热；也用作蒙药。种子含油，供工业用。叶含鞣质，可提制栲胶。秋季山羊、绵羊稍采食。

【栽培管理要点】 沙壤至中壤地块作床。深翻，施肥。作宽 1.2 m、高 10～15 cm、长 10～20 m 南北向床。4 月中旬至 5 月初播种。顺床向或横床向每隔 25 cm 开 1 条 5 cm 宽、2 cm 深的沟。将干种子拌 3～5 倍细沙及少量 50% 多菌灵撒入沟内。覆土 0.5～0.8 cm。覆盖透光度 40% 的草帘，撒辛拌磷杀虫剂每亩 1 kg。喷水浸湿 15 cm 深，7～10 d 后再喷 1 次水，当种子发芽达到 2 cm 高度时，在傍晚揭帘。归圃育苗：4 月上中旬将挖出的植株按 10 cm×10 cm 的株行定植于苗床。选轻中壤土，郁闭度小于 0.6，作宽、高、长为 0.6～1 m、0.05～0.1 m、10～30 m 的床。施农家肥。10 月下旬或 4 月上中旬移栽。开 6～8 cm 深沟，沟距 20～25 cm，在沟内按 10～15 cm 株距栽苗。每处栽苗 1～3 株。浇足水，除杂草。

十五、木兰科

38. 五味子

【学名】 *Schisandra chinensis*（Turcz.）Baill.。

【蒙名】 乌拉勒吉嘎纳。

【别名】 北五味子、辽五味子、山花椒秧。

【分类地位】 木兰科五味子属。

【形态特征】 落叶木质藤本，长达 8 m，全株近无毛。小枝细长，红褐色，具明显皮孔，稍具棱。叶稍膜质，卵形、倒卵形或宽椭圆形，顶端锐尖或渐尖，基部楔形或宽楔形，边缘疏生具暗红腺体的细齿，上面深绿色，无毛，下面浅绿色，脉上嫩时被短柔毛。花单性，雌雄异株，单生或簇生于叶腋，乳白色或带粉红色，芳香：花被片 6～9，两轮，矩圆形或长椭圆形，基部具短爪；雄花有雄蕊 5，花丝肉质；雌花心皮多数。浆果球形，内含种子 1～2 粒，成熟时深红色，多数形成下垂长穗状，长 3～10 cm。花期 6—7 月，果期 8—9 月。

【分布】 内蒙古分布于呼伦贝尔、乌兰浩特、通辽、赤峰、呼和浩特、巴彦淖尔。中国分布于东北、华北、华中、西南地区。日本、朝鲜、俄罗斯也有分布。

【生境】 耐阴中生植物。生长于阴湿的山沟、灌丛、林下。

【食用部位及方法】 叶、果实可提取芳香油。

【营养成分】 果实含有五味子素及维生素 C、树脂、鞣质及少量糖类，种仁含有脂肪油。

【药用功效】 果实入药，能敛肺、滋肾、止汗、涩精，主治肺虚喘咳、自汗、盗汗、遗精、久泻、神经衰弱、心肌乏力、过劳嗜睡等症，并有兴奋子宫、促进子宫收缩的作用。果实也入蒙药（蒙药名：乌拉乐吉甘），能止泻、止呕、平喘、开欲，主治寒下呕吐、久泻不止、胃寒、嗳气、肠刺痛、久嗽气喘。

【栽培管理要点】 露地直播可春播（5 月上旬）和秋播（土壤结冻前）。扦插繁殖可采用硬枝扦插、绿枝扦插或者横走茎扦插。选择地下水位低的平地或背阴坡地，篱架栽培。定植前按确定的行距挖深 50～70 cm、宽 80～100 cm 的栽植沟。分层每亩施入腐熟或半腐熟有机肥（3～5 m³）分 2～3 次踏实。栽植带高出地面 10 cm 左右，架高 2 m，设三道线，间距 60 cm。植株幼龄期要及时把选留的主蔓引缚到竹竿上促进其向上生长，中耕除草 1 年 5 次以上，深度 10 cm 左右，一年生、二年生园，行间可种植矮裸作物。三年生以上园保持清耕休闲；秋季施肥，每亩施农家肥 3～5 m³，在架的两侧隔年进行，前 2 年靠近栽植沟壁，第 3 年后在行间开深 30～40 cm 的沟，填粪后马上覆上。每年追肥2次，第1次在萌芽（5月初），追速效氮钾肥。第2次在植株生长中期（7月上旬）追施速效磷钾肥。随着树体的扩大，肥料用量逐年增加，每株施硝酸铵25～100 g、过磷酸钙200～400 g、硫酸钾10～25 g。

十六、十字花科

39. 沙芥

【学名】 *Pugionium cornutum*（L.）Gaertn.。

【蒙名】 额乐孙萝帮。

【别名】 山羊沙芥。

【分类地位】 十字花科沙芥属。

【形态特征】 二年生草本，高70～150 cm。根圆柱形，肉质。主茎直立，分枝极多。基生叶莲座状，肉质，具长柄，轮廓条状矩圆形，羽状全裂，具3～6对裂片，裂片卵形、矩圆形或披针形，不规则2或3裂或顶端具1～3齿；茎生叶羽状全裂，裂片较少，裂片常条状披针形，全缘；茎上部叶条状披针形或条形。总状花序顶生或腋生，组成圆锥状花序；外萼片倒披针形，内萼片狭矩圆形，顶端常具微齿；花瓣白色或淡玫瑰色，条形或倒披针状条形，短角果具翅，宽翅短剑状，上举；果核扁椭圆形，表面具刺状突起。花期6—7月，果期8—9月。

【分布】 内蒙古主要分布于通辽、赤峰、锡林郭勒、鄂尔多斯。中国主要分布于宁夏、陕西、内蒙古。

【生境】 沙生植物。生长于草原区的半固定流动沙地。

【食用部位及方法】 一年生叶和根、二年生植株的嫩茎、叶均可食用，可炒食、凉拌、做馅、做汤，也可干制、腌制，亦可制醋。

【营养成分】 沙芥是一种富含多种营养物质，以干物质计，膳食纤维含量最高，占43.08%，其中以不溶性膳食纤维为主；蛋白含量相对较高（24.3%），脂肪含量（0.53%）与总糖含量（1.17%）很低；沙芥仅含有微量亚硝酸盐（0.15 mg/kg）；沙芥富含多种维生素和微量元素，其中钙、钾含量高达5.5 g/kg和3.1 g/kg，适合作为人体中钙和钾的膳食来源；沙芥中含有18种水解氨基酸，有4种必需氨基酸得分低于100，含硫氨基酸是沙芥蛋白质的第一限制性氨基酸。

【药用功效】 全草能行气、止痛、消食、解毒，主治消化不良、胸胁胀满、食物中毒；根能止咳、清肺热，主治气管炎。也用作蒙药，根入蒙药，能解毒消食，主治头痛、关节瘫、上吐下泻、胃脘胀痛、心烦意乱、视物不清、肉食中毒。

【栽培管理要点】 选择地块，深耕施肥：选择地势平坦、排灌良好的沙壤土和风沙土，不得连作，前茬以禾谷类、豆类作物为宜。沙芥要求土壤的通透性好，所以播前要深耕，结合深耕翻每亩施有机肥2 000 kg、碳酸氢铵25 kg、过磷酸钙15 kg。规格播种：合理密植，清明后即可播种，视天气情况适时早播。采用宽窄行，大行距 60 cm，小行距 40 cm，株距 33 cm，挖穴播种，每穴点 3～4 粒种子，每亩留苗 4 000 株。加强田间管理：分批采收上市，播后 3～4 d 出苗，应及时放苗，防止烧苗。沙芥生长很快，出苗 15～20 d 结合间苗采收，每穴暂留 2 株，以防风害而缺株，当植株长到 20 cm 高时，风季已过，再间苗采收 1 次，每穴留 1 株。以后沙芥长大，可陆续采收叶片，分批整理上市，共采收 5～6 次，间隔时间 20 d 左右。视长势情况，结合灌水追肥 2～3 次，每次每亩追尿素 5～10 kg。

40. 斧形沙芥

【学名】 *Pugionium dolabratum* Max。

【蒙名】 乌日格-额乐孙萝帮。

【别名】 绵羊沙芥、斧翅沙芥。

【分类地位】 十字花科沙芥属。

【形态特征】 二年生草本，植株具强烈的芥菜辣味，全株呈球形，高 60～100 cm，植丛的直径 50～100 cm。直根圆柱状，稍两侧扁，深入地下，直径 1～1.5 cm，淡灰黄色或淡褐黄色。茎直立，圆柱形，近基部直径 6～12 mm，淡绿色，无毛，具光泽；分枝极多，开展。叶肉质，基生叶与茎下部叶轮廓为矩圆形或椭圆形，长 7～12 cm，宽 3～6 cm，不规则二回羽状深裂至全裂，终裂片条形至披针形，先端锐尖；基生叶具长叶柄，茎下部叶叶柄较短，在叶柄基部膨大成叶鞘；茎中部叶长 5～12 cm，通常一回羽状全裂，具 5～7 裂片，裂片长 1～4 cm、宽 1～3 mm，边缘稍内卷，顶端尖，基生叶、茎下部叶与中部叶在开花时已枯落；茎上部叶丝形，长 3～5 cm，宽约 1 mm，边缘稍内卷。总状花序着生于小枝顶端，有时组成圆锥状花序；花梗长 3～5 mm；外萼片矩圆形，长约 6 mm，宽约 1.8 mm，内萼片倒披针形，较外萼片小些，边缘膜质，花瓣淡紫色，直立但上部内弯，条形或条状倒披针形，长约 15 mm，宽 1.5～2 mm；短雄蕊 2，长 5.5～6 mm，基部具哑铃形侧蜜腺 2；长雄蕊 4，长 6.5～7 mm；雌蕊极短，子房扁，无柄，无花柱，柱头具多数乳头状突起。短角果两侧的宽翅多数矩圆形，长 15～20 mm，宽 6～10 mm，顶端多数截形，少数钝圆，极少渐尖，近平展；果核扁椭圆形，长 6～8 mm，宽 8～10 mm，其表面具齿状、刺状或扇状长三角形突起，长短不一，花果期 6—8 月。

【分布】 内蒙古主要分布于巴彦淖尔、鄂尔多斯、呼和浩特。中国主要分布于宁夏、甘肃、陕西。

【生境】 沙生植物。生长于草原、荒漠草原、草原化荒漠地带的半固定沙地。

【食用部位及方法】 同沙芥。

【营养成分】 同沙芥。

【药用功效】 同沙芥。

【栽培管理要点】 适合在流动沙丘、沙地、半沙地或砂壤生长，不宜在 pH 值大于

8.5 的盐碱地种植。内蒙古及西北地区一般在 5 月上中旬播种。田间不能有积水，严禁"大水漫灌"。种植密度为行距 30 cm，株距 20 cm，长至 6～10 叶时结合定苗进行第 1 次劈叶采收，一般 7～10 d 采收 1 次，春播可采收 6～8 次，夏播可采收 2～4 次，如不作为留种植株，至地上部分停止生长可将地上部分和地下部分一次性采收。

41. 距果沙芥

【学名】 *Pugionium calcaratum* Kom.。

【蒙名】 达日伯其特-额乐孙萝帮。

【别名】 距沙芥、距花沙芥。

【分类地位】 十字花科沙芥属。

【形态特征】 二年生草本，全株呈球状，高 70～100 cm。茎直立，极多分枝，无毛，具光泽。叶羽状全裂，裂片细条形。花蕾矩圆形，淡红色，长约 8 mm；萼片近矩圆形，长约 7 mm，先端圆形，边缘膜质；花瓣蔷薇红色，条形，长约 15 mm，宽 0.8～2 mm，先端渐尖或锐尖，基部成爪，爪长 5 mm，宽 0.5 mm；蜜腺球状，包围短雄蕊基部。短角果黄色，具双翅、单翅或无翅，翅近镰刀形，长 2.5～3.5 cm，宽 6～8 mm，膜质，先端锐尖或钝，具约 5 条平行的脉纹；果体椭圆形，高 8～10 mm，宽 12～16 mm，表面具齿状、刺状或扁长三角形突起，长短不一。花果期 6—8 月。

【分布】 内蒙古分布于阿拉善。中国分布于宁夏、甘肃、内蒙古。

【生境】 沙生植物。生长于荒漠或半荒漠地带的流动或半流动沙丘。

【食用部位及方法】 同沙芥。

【营养成分】 同沙芥。

【药用功效】 同沙芥。

【栽培管理要点】 同沙芥。

42. 葶苈

【学名】 *Draba nemorosa* L.。

【蒙名】 哈木比乐。

【别名】 葶苈子、宽叶葶苈、光果葶苈。

【分类地位】 十字花科葶苈属。

【形态特征】 一年生草本，高 10～30 cm。茎直立，不分枝或分枝，下半部被单毛、二或三叉状分枝毛和星状毛，上半部近无毛，基生叶莲座状，矩圆状倒卵形、矩圆形，先端稍钝，边缘具疏齿或近全缘，茎生叶较基生叶小，矩圆形或披针形，先端尖或稍钝，基部楔形，无柄，边缘具疏齿或近全缘，两面被单毛、分枝毛和星状毛。总状花序在开花时伞房状，结果时极延长，直立开展；萼片近矩圆形，背面多少被长柔毛；花瓣黄色，近矩圆形，顶端微凹。短角果矩圆形或椭圆形，密被短柔毛，果瓣具网状脉纹；果梗纤细，直立开展。种子细小，椭圆形，长约 0.6 mm，淡棕褐色，表面有颗粒状花纹。花果期6—8月。

【分布】 内蒙古主要分布于乌兰察布、巴彦淖尔。中国分布于东北、华北、西北、华东地区及四川。

【生境】 中生植物。生长于田边路旁，山坡草地、河谷湿地。

【食用部位及方法】 种子含油量约26%，油供工业用。

【营养成分】 含芥子酸、毒毛花苷元、黄白糖芥苷、卫矛单糖苷、卫矛双糖苷、葡萄糖糖芥苷、芥子碱。种子的挥发油含芥子油苷、芥酸、异硫氰酸苄酯、异硫氰酸烯丙酯、二烯丙基二硫化物、脂肪油。

【药用功效】 种子入药，能清热祛痰、定喘、利尿。

【栽培管理要点】 播种前深耕20～25 cm，耙细整平，作1 m宽的平畦。种子繁殖。一般宜在秋分前后播种。不能晚于寒露，选当年收获，无病害，籽粒饱满的种子，播种前用15%的食盐水浸泡20 min。种子细小，有黏性，浸种后，多黏结成团，应用少量干燥的细沙或草木灰，进行拌或揉搓，使种子分开，才能播种均匀。每亩用种250～300 g，加草木灰200 kg，反复拌匀，加入人畜尿500 kg拌湿，成为种子灰。播种时，按株距20～25 cm，行距3～6 cm，穴深3～5 cm，然后将种子均匀撒入一把，不必覆土。当年苗高6～8 cm时间苗，每穴留壮苗4～5株。翌年3月上中旬，中耕除草，每亩施人畜粪尿1 000 kg，中耕不宜过深以免损伤根系。在5月中旬前后收获，当果实呈黄绿色时，即可收获；过迟，果实成熟，自行开裂，种子落地，使产量降低；过早，果实幼嫩，产量不高，不能留种子。收获时，割下全草，晒干，将种子打下。

43. 垂果大蒜芥

【学名】 *Sisymbrium heteromallum* C. A. Mey.。

【蒙名】 文吉格日-哈木白。

【别名】 垂果蒜芥。

【分类地位】 十字花科大蒜芥属。

【形态特征】 一年生或二年生草本。茎直立，无毛或基部稍被硬单毛，不分枝或上部分枝，高30～80 cm，基生叶和茎下部叶的叶片轮廓为矩圆形或矩圆状披针形，长5～15 cm，宽2～4 cm，大头羽状深裂，顶生裂片较宽大，侧生裂片2～5对，裂片披针形、矩圆形或条形，先端锐尖，全缘或具疏齿，两面无毛；叶柄长1～2.5 cm；茎上部叶羽状浅裂或不裂，披针形或条形。总状花序开花时伞房状，果时延长；花梗纤细，长5～10 mm，上举；萼片近直立，披针状条形，长约3 mm；花瓣淡黄色，矩圆状倒披针形，长约4 mm，先端圆形，具爪。长角果纤细，细长圆柱形，长5～7 cm，宽0.8 mm，无毛，稍弯曲，宿存花柱极短，柱头压扁头状；果瓣膜质，具3脉；果梗纤细，长5～15 mm。种子1行，多数，矩圆状椭圆形，长约1 mm，宽约0.5 mm，棕色，具颗粒状纹。花果期6—9月。

【分布】 内蒙古分布于兴安南部、岭西、科尔沁、呼锡高原、乌兰察布、阴南丘陵、阴山、贺兰山、龙首山等地。中国分布于辽宁、山西、陕西、甘肃、青海、新疆、四川、云南、内蒙古。

【生境】 中生植物。生长于森林草原及草原带的山地林绿、草甸、沟谷溪边。

【食用部位及方法】 种子可以做辛辣调味品，代芥末用。

【营养成分】 垂果大蒜芥化合物类型主要有脂肪酸、苯、醛、酮、胺类等；其中脂肪酸 19 种，垂果蒜芥挥发油中占 38.3%；苯系物 7 种，占 16.8%；醛 9 种，占 2.9%；酮 9 种，占 4.4%；胺 2 种，占 22.4%；含量最高的化合物是异硫氰酸丁酯（22.37%），含量 3% 以上的化合物有：N,N′ 二异丁基硫脲（22.23%）、1-甲基异氰基苯（15.07%）、丁二酸二异丁酯（4%）、异硫氰酸异丙酯（3.45%）。

【药用功效】 味甘、辛，性平。全草能解毒消肿。种子能清血热、止咳化痰、强心、解毒。

【栽培管理要点】 尚无人工引种栽培。

44. 播娘蒿

【学名】 *Descurainia sophia*（L.）Webb ex Prantl。

【蒙名】 希热乐金-哈木白、嘎希昆-含毕勒。

【别名】 野芥菜、南葶苈子、希热乐金-哈木白。

【分类地位】 十字花科播娘蒿属。

【形态特征】 一年生或二年生草本，高 20～80 cm，全株呈灰白色。茎直立，上部分枝，具纵棱槽，密被分枝状短柔毛。叶轮廓为矩圆形或矩圆状披针形，长 3～5（7）cm，宽 1～2（4）cm，二至三回羽状全裂或深裂，最终裂片条形或条状矩圆形，长 2～5 mm，宽 1～1.5 mm，先端钝，全缘，两面被分枝短柔毛；茎下部叶有叶柄，向上叶柄逐渐缩短或几无柄。总状花序顶生，具多数花；花梗纤细，长 4～7 mm；萼片条状矩圆形，先端钝，长约 2 mm，边缘膜质，背面被分枝细柔毛；花瓣黄色，匙形，与萼片近等长；雄蕊比花瓣长。长角果狭条形，长 2～3 cm，宽约 1 mm，直立或稍弯曲，淡黄绿色，无毛，顶端无花柱，柱头压扁头状。种子 1 行，黄棕色，矩圆形，长约 1 mm，宽约 0.5 mm，稍扁，表面具细网纹，潮湿后有胶黏物质；子叶背倚。花果期 6—9 月。

【分布】 内蒙古主要分布于呼伦贝尔、乌兰浩特北部、锡林郭勒东部和南部、乌兰察布、赤峰。中国主要分布于东北、华北、华东、西北、西南地区。

【生境】 中生杂草。生长于山地草甸、沟谷、树旁、田边。

【食用部位及方法】 食用部位为嫩茎叶，春季在开花前采摘嫩茎叶，洗净后，放入沸水中烫熟，可凉拌、炒食。

【营养成分】 含有大量碳水化合物和纤维素，还含有丰富的矿物质和维生素。种子含挥发油类成分异硫氰酸苄酯、异硫氰酸烯丙酯、二烯丙基二硫化物，脂肪油获得率 15%～20%，含亚麻酸 7.54%，亚油酸 32.5%，油酸 25.1%，芥酸 21.4%，棕榈酸 9.64%，硬脂酸 3.81%；非皂化部分含谷甾醇及少量黄色物质。种子中尚分出 2 种强心苷，其一为七里香苷甲。

【药用功效】 中药味辛、苦，性大寒，能泻肺定喘、祛痰止咳、行水消肿。蒙药味苦、辛，性凉、钝、稀、轻、糙，能清热、解毒、止咳、祛痰、平喘。

【栽培管理要点】

土壤 播娘蒿对土地适应能力强，一般土地都可种植，但以肥沃疏松、储水性好的土壤栽培为宜。

光照 播娘蒿属于短日照植物，接受光照可以促进植株生长。但光照时数不宜过长，时间过长会导致植株生长受到影响。

浇水 播娘蒿为浅根植物，耐干旱，耐水涝，不需要太过频繁地浇水，保持土壤湿润即可。

施肥 播娘蒿栽培前，采用土杂肥和磷肥作为基肥，需要以复合肥和农家肥为主，进行追肥。

病虫害防治 播娘蒿的主要病害为茎腐病。茎腐病会危害播娘蒿的根茎，出现腐烂现象。

45. 糖芥

【学名】 *Erysimum amurense* Kitagawa。

【蒙名】 乌兰-高恩淘格。

【分类地位】 十字花科糖芥属。

【形态特征】 多年生草本，较少为一年生或二年生草本，全株伏生二叉状"丁"字形毛。茎直立，通常不分枝，高 20～50 cm。叶条状披针形或条形，长 3～10 cm，宽 5～8 mm，先端渐尖，基部渐狭，全缘或疏生微牙齿，中脉于下面明显隆起。总状花序顶生；外萼片披针形，基部囊状，内萼片条形，顶部兜状，长 8～10 mm，背面伏生"丁"字形毛；花瓣橙黄色，稀黄色，长 12～18 mm，宽 4～6 mm，瓣片倒卵形或近圆形，瓣爪细长，比萼片稍长些。长角果长 20 cm，宽 1～2 mm，略呈四棱形，果瓣中央有 1 突起的中肋，内有种子 1 行，顶端宿存花柱长 1～2 mm，柱头 2 裂，种子矩圆形，侧扁，长约 2.5 mm，黄褐色；子叶背倚。花果期 6—9 月。

【分布】 内蒙古主要分布于赤峰、锡林郭勒、乌兰察布、巴彦淖尔、呼和浩特、包头。中国分布于东北、华北地区及陕西、江苏、四川。蒙古国、朝鲜、俄罗斯也有分布。

【生境】 旱中生植物。生长于山坡林缘、草甸，沟谷。

【食用部位及方法】 种子入药。

【营养成分】 种子含葡萄糖糖芥苷，其组成是毒毛花苷元、一分子洋地黄毒糖和一分子葡萄糖。全草中曾分离出糖芥苷，即七里香苷甲。同属植物小花糖芥种子含有糖芥苷、糖芥灵、黄麻苷 A、糖芥卡诺醇次苷、糖芥醇苷、糖芥卡诺醇苷、葡萄糖芥苷、K- 毒毛旋花子次苷 -β、毒毛旋花子醇洋地黄二糖苷、木糖糖芥苷等强心苷及毒毛花苷元。种子尚含芥子苷、槲皮素及其衍生物等黄酮类成分。全草含木糖糖芥苷、木糖糖芥醇苷，尚含芸香苷、木犀草素及其苷等黄酮类化合物。花含强心苷约 6%、叶含 1.5%、茎含 0.7%、根含 0.2%。叶含维生素 C 1 000 mg/kg。

【药用功效】 能强心利尿、健脾和胃、消食、清热、解毒、止咳、化痰、平喘。主治心悸、浮肿、消化不良。

【栽培管理要点】 秋季或春末夏初播种，种子细小，覆浅土，发芽适宜温度 19～21℃，播后 1～2 周发芽。重瓣品种可在春季剪取半成熟枝扦插，插后 2 周生根。生长适温 10～18℃，幼苗在 5～15℃温度下 3 周通过花芽分化。糖芥为直根系，不耐移植，幼苗须带土移植。生长期土稍湿润，若过于干燥，茎叶变小，开花推迟；土过湿根系易腐烂。每半月施肥 1 次，花前增施磷肥、钾肥 1 次。花后适当修剪可重新萌发新枝开花。夏季高温、多湿易患病、枯萎、死亡。防治霜霉病和小菜蛾幼虫为害。

十七、虎耳草科

46. 刺梨

【学名】 *Ribes burejense* F. Schmidt。

【蒙名】 乌日格斯图-乌混-少布特日。

【别名】 刺果茶藨子、刺李。

【分类地位】 虎耳草科茶藨属。

【形态特征】 灌木，高约 1 m。老枝灰褐色，剥裂，小枝灰黄色，密具长短不等的细刺，在叶基部集生 3～7 个刺，刺长 5～10 mm。叶近圆形，3～5 裂，基部心形或截形，裂片先端锐尖，边缘具圆状牙齿，两面和边缘被短柔毛。花 1～2 朵，腋生，蔷薇色；萼片矩圆形，宿存；花瓣 5，菱形。浆果球形，绿色，具黄褐色长刺。花期 6 月，果期 7—8 月。

【分布】 内蒙古分布于赤峰。中国分布于东北、华北等地区。朝鲜、俄罗斯等也有分布。

【生境】 中生植物。生长于山地杂木林中、山溪边。

【食用部位及方法】 果实可食用。可加工成罐头、果酱、果汁、饮料、果酒等。

【营养成分】 含丰富的维生素 C、有机酸、氨基酸及矿物质等营养成分。

【药用功效】 有开胃健脾、灭菌消炎、消除疲劳、增强人体抵抗力的作用。

【栽培管理要点】 定植在落叶以后，在植株休眠期内，早栽比晚栽有利于翌年的生长和结果。株行距（1.5～2）m×（2～3）m，每亩 111～222 株。普通品种和土壤条件优良时，适当稀植；披散型品种和土壤条件差时，适当密植。选择土层深厚、光照良好、有灌溉条件的地带作为园地。定植时施足底肥。一般亩施入有机底肥为 6 000 kg 以上。定植穴深、口径宽度不低于 50 cm。用熟土与农家肥充分混匀，填入坑底，踩实。周围表土填坑；根部覆土后，轻提树苗稍稍抖动，以利根部舒展。覆土让根部呈馒头状，踩实。定植后充分灌水。栽植密度较大时，最好采用挖壕沟栽植。选择山地或丘陵地作为园地时，应建水平梯带，以免水土流失。要求较好的肥水条件，硝态氮肥和氨态氮肥配合施用，能够显著促进刺梨的生长发育，增加刺梨的花芽数量；施氮时配合硝态氮肥，能够促进刺梨根系的生长；刺梨园每年冬季施基肥 1 次，追肥 2 次。基肥早施，一般 11 月施基肥，有利于刺梨吸收补充养分和恢复树势，对刺梨翌年春季的花芽分化有显著的促进作用。基肥选用腐熟的有机肥，每亩施用 1 000 kg，适当配加一定量的速效氮肥效果更好。在 2 月抽梢前追施 1 次以氨态氮为主的氮肥；在 6 月初和 7 月初，各追施 1 次氮磷钾复合肥。新建的刺梨园，应间作覆盖。盛果期刺梨园，勤除杂草。

47. 楔叶茶藨

【学名】 *Ribes diacanthum* Pall.。

【蒙名】 乌混-少布特日。

【分类地位】 虎耳草科茶藨子属。

【形态特征】 灌木，高 1～2 m。当年生小枝红褐色，具纵棱，平滑；老枝灰褐色，稍剥裂，节上具皮刺 1 对，刺长 2～8 mm。叶倒卵形，稍革质，长 1～3 cm，宽 6～16 mm，上半部 3 圆裂，裂片边缘具几个粗锯齿，基部楔形，掌状三出脉，叶柄长 1～2 cm，花单性，雌雄异株，总状花序生于短枝上，雄花序长 2～8 cm，多花，常下垂，雌花序较短，长 1～2 cm，苞片条形，长 2～8 mm，花梗长约 8 mm；花淡绿黄色，萼筒浅碟状，萼片 5，卵形或椭圆状，长约 1.5 mm；花瓣 5，鳞片状，长约 0.5 mm，雄蕊 5，与萼片对生，花丝极短与花药等长，下弯；子房下位，近球形，径约 1 mm。浆果，红色，球形，直径 5～8 mm。花期 5—8 月，果期 8—9 月。

【分布】 内蒙古分布于呼伦贝尔、乌兰浩特、赤峰、锡林郭勒。朝鲜、蒙古国、俄罗斯等也有分布。

【生境】 中生灌木。生长于沙丘、沙地、河岸、石质山地，可成为沙地灌丛的优势植物。

【食用部位及方法】 成熟果实是蒙古族和鄂温克族采集食用的重要野果之一，既可食用鲜果作为野外应急，也可以阴干后储存食用。

【营养成分】 果实富含糖、粗蛋白、粗脂肪、粗纤维、维生素 C、维生素 B_1、维生素 B_2、维生素 P、维生素 A、维生素 E、胡萝卜素、10 种矿质元素和 18 种氨基酸等丰富的营养物质。

【药用功效】 地上部分（叶、茎、果实）的水提物在蒙古族民间常用来治疗泌尿系统疾病，能利尿、排石、改善脉络膜的可塑性、解毒消肿、疏风清热。

【栽培管理要点】 尚无人工驯化栽培的标准方法。

48. 小叶茶藨

【学名】 *Ribes pulchellum* Turcz.。

【蒙名】 高雅-乌混-少布特日。

【别名】 美丽茶藨、酸麻子、碟花茶藨子。

【分类地位】 虎耳草科茶藨子属。

【形态特征】 灌木，高1～2 m。当年生小枝红褐色，密被短柔毛，老枝灰褐色，稍纵向剥裂，节上常具皮刺1对。叶宽卵形，掌状3深裂，少5深裂，先端尖，边缘有粗锯齿，基部近截形，两面有短柔毛，掌状三至五出脉，叶柄被短柔毛。花单性，雌雄异株，总状花序生于短枝上，总花梗、花梗和苞片被短柔毛与腺毛；花淡绿黄色或淡红色；萼筒浅碟形；萼片5，宽卵形；花瓣5，鳞片状，雄蕊5，与萼片对生。浆果，红色。近球形。花期5—6月，果期8—9月。

【分布】 内蒙古分布于乌兰浩特、赤峰、通辽、锡林郭勒、乌兰察布、巴彦淖尔、鄂尔多斯、阿拉善、呼和浩特、包头等地。中国分布于东北、华北、西北等地区。蒙古国东部、俄罗斯等也有分布。

【生境】 中生灌木。山地灌丛的伴生植物，生长于石质山坡、沟谷。

【食用部位及方法】 果实可食用，可把果汁、果肉拌入将要出锅的奶豆腐中，制作"果味奶豆腐"，是牧民的上等奶制品。晒干后贮存，冬季当作果干食用，也可作为应急食物。

【营养成分】 总糖含量高达81.5 g/100 g；干果实中含有微量元素铁和锌分别为19.2 mg/100 g 和 13.4 mg/100 g。

【栽培管理要点】 小叶茶藨的栽植应在初春萌芽前或秋末落叶后进行，萌芽后移栽成活率不高。大规格或分枝较多的苗子移栽时应带土球。栽植前应对植株进行修剪，根据园林观赏需要对一些过密枝条进行疏剪，对影响株型的枝条进行短截，使植株保持通风透光的良好状态。

小叶茶藨在栽植的1～2年要加强浇水，这样有利于植株成活并迅速恢复树势。春季种植的植株在浇3水后，可每20 d浇1次水，每次浇水后适时（以土不粘铁锹为宜）进行松土保墒。夏季雨天要及时将树盘内的积水排出，防止水大烂根。入秋后减少浇水，保持叶片不萎蔫为宜，秋末浇足、浇透封冻水。

49. 糖茶藨

【学名】 *Ribes emodense* Rehd.。

【蒙名】 哈达。

【别名】 埃牟茶藨子。

【分类地位】 虎耳草科茶藨子属。

【形态特征】 灌木，高1～2 m。当年生枝淡黄褐色或棕褐色，近无毛；一至三年生枝灰褐色，稍剥裂。芽卵形，有几片密被柔毛的鳞片。叶宽卵形，长与宽均为

3～7 cm，掌状 3 浅裂至中裂，稀 5 裂；裂片卵状三角形，先端锐尖，边缘具不整齐的重锯齿，基部心形；上面绿色，被腺毛，嫩叶极明显，有时混被疏柔毛，下面灰绿色，疏被柔毛或密被柔毛，沿叶脉被腺毛；掌状三至五出脉，叶柄长 1～6 cm，被腺毛和疏或密的柔毛。总状花序长 3～6 cm，总花梗密被长柔毛，具花 10 余朵；苞片三角状卵形，长约 1 mm，花梗与苞片近相等；花两性，淡紫红色，长 5～6 mm，径 2～3 mm；萼筒钟状管形，萼片 5，直立，近矩圆形，长 2.5 mm，顶端具睫毛；花瓣比萼裂片短1/2，雄蕊长约 2 mm；子房下位，椭圆形，长约 2 mm，花柱长 2.5 mm，柱头 2 裂。浆果红色，球形，径 6～9 mm。花期 5—6 月，果期 8—9 月。

【分布】 内蒙古分布于乌兰浩特、赤峰、锡林郭勒、乌兰察布、阿拉善、呼和浩特等地。中国分布于陕西、青海、湖北、四川、云南、西藏等地。

【生境】 中生灌木。生长于山地林缘、沟谷。

【食用部位及方法】 果实酸甜可口，可生食；用于提取糖茶藨籽油。

【营养成分】 糖茶藨籽油的不饱和脂肪酸含量大于 90%，以亚油酸、α- 亚麻酸和油酸为主。

【药用功效】 糖茶藨果实防治心脑血管疾病，增加人体免疫功能，是一种常用的单味保健药。糖茶藨籽油有免疫调节、抗氧化、促进大脑发育、防治心血管病、防治动脉粥样硬化、抗血栓、调血脂、调血压、降血糖、抗炎、抗肿瘤、抑制过敏反应、增强智力、保护视力和调节免疫力等功能。

【栽培管理要点】 尚无人工驯化栽培的标准方法。

十八、蔷薇科

50. 山楂

【学名】 *Crataegus pinnatifida* Bunge。

【蒙名】 道老纳。

【别名】 山里红、裂叶山楂。

【分类地位】 蔷薇科山楂属。

【形态特征】 乔木，高达 6 m。树皮暗灰色，小枝淡褐色，枝刺长 1～2 cm；芽宽卵形。叶宽卵形、三角状卵形或菱状卵形，先端锐尖或渐尖，基部宽楔形或楔形，边缘有 3～4 对羽状深裂，有不规则锯齿，上面暗绿色，具光泽，下面淡绿色，沿叶脉疏被长柔毛；托叶大，镰状，边缘具锯齿。伞房花序，有多花；花梗及总花梗均被毛；花直径 8～12 mm；萼片披针形，花瓣倒卵形或近圆形，白色；雄蕊 20，花药粉红色；花柱3～5。果实近球形或宽卵形，深红色，表面有灰白色斑点，内有 3～5 小核，果梗被毛。花期 6 月，果熟期 9—10 月。

【分布】 内蒙古分布于呼伦贝尔、乌兰浩特、通辽、赤峰、锡林郭勒东部及南部山地、乌兰察布、呼和浩特等地。中国分布于东北地区，河北、河南、山西、陕西、山东、江苏等地。朝鲜、俄罗斯等也有分布。

【生境】 中生落叶阔叶乔木。稀见于森林区、森林草原区的山地沟谷。

【食用部位及方法】 果实可食或做果酱。

【营养成分】 山楂果实中富含多酚、有机酸、花青素、维生素 C、碳水化合物、膳食纤维、钙等营养成分。

【药用功效】 山楂中的膳食纤维可减少食糜在小肠中的通过时间，增加粪便量；能被结肠微生物发酵；降低血总胆固醇或 LDL- 脂蛋白水平；降低餐后血糖或胰岛素水平。

【栽培管理要点】 种子经破壳后用 0.01% 浓度的赤霉素处理然后沙藏，每 1 000 m² 播种量，小粒种子 18 kg，大粒种子 37～45 kg。此外，繁殖少量砧木时可利用自然根蘖，或利用 0.5～1 cm 粗的山楂根段剪成 15 cm 左右，在春季进行根插育苗，或在根段上枝接品种接穗后扦插育苗。春季栽植最佳。株距多采用 4 m×（3～4）m，南北行向，挖 50～70 cm 穴坑。2～3 个品种分行混栽，加强田间管理，夏季要及时锄草松土，干旱时要及时补水。上冻前树体涂白、捆草绳或培土，定植后春季、夏季、秋季分别中耕除草 1 次，在栽培上，根据山楂枝条的生长特性，可采用疏散分层形、多主枝自然圆头形或自然开心形的树形进行整形。

51. 山里红（变种）

【学名】 *Crataegus pinnatifida* Bunge var. *major* N. E. Brown。

【蒙名】 各仁-道老纳。

【别名】 红果、棠棣（河北土名）、大山楂（江苏土名）。

【分类地位】 蔷薇科山楂属。

【形态特征】 本变种果实大，其直径可达 2 cm，深亮红色；也偏大，羽状分裂较浅，植株比正种高大。

【分布】 内蒙古呼和浩特、凉城等地果园有栽培。中国主要分布于河北、黑龙江、吉林、辽宁等地。

【生境】 生长于山坡林边、灌丛，多分布在海拔 100～1 500 m 的区域。

【食用部位及方法】 果实供鲜食、加工或做糖葫芦。

【营养成分】 果实里含有大量的有机酸和黄酮类化合物，具有降血压、降血脂、助消化及抗氧化作用，叶中含有丰富的蛋白质和具抗癌作用的黄酮类化合物。

【药用功效】 果实入药，能消食化滞、散瘀止痛，主治积食、消化不良、小儿疳积、细菌性痢疾、肠炎、产后腹痛、高血压等；叶煎水当茶饮，可降血压；根可治疗风湿关节痛、痢疾、水肿。

【栽培管理要点】

嫁接繁殖 一般用山楂为砧木嫁接繁殖。选择光照条件较好，土地平坦肥沃，具有灌溉条件的地块为适宜。栽前整地，挖长、宽、深各为 50 cm 的正方形栽植坑，对于土质条件较差的还要挖成深、宽各 60 cm 的条状沟。在黑龙江，栽植时期 4 月下旬为最佳，株行距为 3 m×4 m，每亩栽植 60 株。栽前穴内要施入腐熟的农家肥 5 kg 作为底肥。栽前将苗木浸泡 20 h，浸泡后蘸 0.5 mg/L 的 ABT3 号生根粉水溶液后，马上进行栽植。栽后要压实，马上浇透水，以后根据天气情况及土壤墒情，进行水分调节，干旱天气及时浇水，遇到雨季及时排水。

实生繁殖 山里红实生播种育苗及栽培技术：用温水与种子按 5∶1 比例浸种 48 h，然后混入 2 倍体积的河沙窖藏 1 年，翌年春播前一周取种，检查种子发芽率并筛选种子，日夜晾晒，温度保持在 20℃ 左右。秋季翻耕土壤，翌年旋耕碎土，亩施基肥二铵 10 kg，然后作垄，对土壤进行杀虫、杀菌处理，垄面撒播、覆土、灌水。播种后至出苗，每 1～2 d 灌水 10 mm，保持垄土湿润。苗木出土 6～7 周开始间苗，留苗密度为 25 株 /m。7 月上旬开始中耕。白粉病使用百理通 20% 乳油 2 500 倍液，每次药用量 30 kg/1 000 m；防治蚜虫，叶螨使用双甲脒 20% 乳油 1 500 倍液，每次药用量 30 kg/1 000 m。10 月上旬挖苗，保留主根 18～20 cm，原地假植。11 月上旬入假植沟或苗木窖越冬，完成育苗全过程。

田间管理 选择土层深厚、坡度较缓、北风向阳的沙质地为最佳。立地条件稍差的造林地，可施足基肥。平缓地采用长方形栽植；坡地采用等高线栽植，株行距为 4 m×5 m，如考虑密植可把株行距确定在 3 m×4 m 为宜。苗木分级后，浸水剪根。栽植时，挖 40 cm 左右见方的造林坑，保证坑深在 25 cm 以上，每穴单株，栽后覆土踏实，浇足定根水。根据不同的土壤条件，保证土壤湿度，及时灌水，如出现涝情，及时排水。落叶后至萌芽前，每亩施 1 000 kg 基肥。萌芽前和花前应每亩追施化肥二铵 50 kg、过磷酸钙 40 kg。修剪幼树：2 年生以下幼树，可在其顶端选留 1 个直立并长势强壮的枝条为中心干进行修剪，并剪除距地 60 cm 以内的无用分枝，2～3 年后在主枝上培养侧枝，4～5 年后树冠即可形成。修剪结果树：对过密的枝条进行修剪，主要是疏剪弱枝、徒长枝以及病虫枝，应避免过重的修剪，要分期逐年进行。在早春发芽前喷洒 3°～5° 石硫合剂或含油 5% 柴油乳剂，可防止山楂红蜘蛛或其他病菌。

52. 辽宁山楂

【学名】 *Crataegus sanguinea* Pall.。

【蒙名】 花-道老纳。

【别名】 红果山楂、面果果、白楂子。

【分类地位】 蔷薇科山楂属。

【形态特征】 小乔木，高 2～4 m。枝刺锥形，长 1～2（3）cm；小枝紫褐色、褐色或灰褐色，具光泽；老枝及树皮灰白色；芽宽卵形，紫褐色，无毛。叶宽卵形、菱状卵形、稀近圆形，先端锐尖或渐尖，基部楔形、宽楔形或截形，边缘有 2～3（4）对羽状浅裂，有时基部 1 对裂片较浅，稀深裂，具重锯齿或锯齿，裂片卵形，上面绿色，疏被短柔毛，下面淡绿色，沿叶脉疏被短柔毛，脉腋较密，稀近无毛；托叶卵状披针形或半圆形，褐色，边缘具腺齿；伞房花序，具花4～13朵，花梗长4～14 mm，疏被柔毛或近无毛，苞片条形或倒披针形，具腺齿，褐色，早落，花直径约9 mm；萼片狭三角形，先端渐尖或尾尖，有时3裂，里面被毛；花瓣近圆形，长与宽近相等，白色；雄蕊20，花丝长短不齐，长者与花瓣近等长；花柱2～5。果实近球形或宽卵形，直径1～1.3（1.5）cm，血红色或橘红色；果梗无毛，萼片宿存，反折；有核3，稀4或5。花期5—6月，果期7—9月，果熟期9—10月。

本种果实可分为血红色与橘红色（开始黄色成熟后才为橘红色）两类，血红色果实较小，其直径1～1.2 cm，熟透后稍呈透明状，果肉无酸甜味；橘红色果实较大，直径通常为1.2～1.5 cm，果皮上有少量的灰白色小斑点，果肉有酸甜味。二者果实显然不同，但其植株形态上的变异和生物学特性有待进一步研究。

【分布】 内蒙古分布于呼伦贝尔、乌兰浩特、赤峰、锡林郭勒、乌兰察布、呼和浩特、巴彦淖尔等地。中国分布于东北地区，河北、新疆等地。蒙古国、俄罗斯等也有分布。

【生境】 中生落叶阔叶小乔木。见于森林区和草原区山地，多生长于山地阴坡、半阴坡、河谷，为杂木林的伴生种。

【食用部位及方法】 果实可食。

【栽培管理要点】 尚无人工引种栽培。

53. 花楸树

【学名】 *Sorbus pohuashanensis*（Hance）Hedl.。

【蒙名】 好日图-保日-特斯。

【别名】 山槐子、百华花楸、马加木。

【分类地位】 蔷薇科花楸属。

【形态特征】 乔木，高达8 m。小枝紫褐色或灰褐色，具灰白色皮孔，树皮灰色；芽长卵形，被数片红褐色鳞片，密被灰白色茸毛。单数羽状复叶，小叶通常9～13枚，长椭圆形或椭圆状披针形，先端锐尖，顶端小叶基部常宽楔形，侧生小叶基部近圆形，稍偏斜，边缘在1/4～1/3以上具锯齿，上面深绿色，下面淡绿色，被稀疏柔毛，沿叶脉稍密；托叶宽卵形，具不规则锯齿。顶生大型聚伞圆锥花序，呈伞房状，花多密集；萼筒钟状，萼片近三角形；花瓣宽卵形或近圆形，白色，里面基部稍被柔毛，雄蕊20，与花瓣等长或稍超出；花柱通常4或8。果实宽卵形或球形，橘红色，萼片宿存。花期6月，果熟期9—10月。

【分布】 内蒙古分布于呼伦贝尔、乌兰浩特、锡林郭勒、赤峰、乌兰察布、呼和浩特等地。中国分布于东北地区，河北、山西、甘肃、山东等地。

【生境】 中生落叶阔叶乔木。喜湿润土壤，生长于山地阴坡、溪涧、疏林。

【食用部位及方法】 可栽培供观赏用。木材可做家具。果实、茎、皮入药，能清热止咳、补脾生津，主治肺结核、哮喘、咳嗽、胃痛等症。果实可以制作富含维生素的巧克力和糖果馅。

【营养成分】 花楸树的果实含有多种糖、维生素和柠檬酸等营养成分。

【药用功效】 花楸树的茎皮和果实可以作为药材使用，其果实可以在一定程度上治疗高血压、心脑血管疾病；果实中的黄酮类提取物可以提高人体的抗辐射能力，还具有健胃和滋补的作用，用于治疗胃炎、维生素 A 和维生素 C 缺乏症；果汁能够抑制癌细胞的增生；茎和茎皮可以清除肺热，用于治疗咳嗽、肺结核和哮喘等疾病。

【栽培管理要点】

育苗 种子采集后须先沙藏层积，春天播种。种子处理于播种前 4 个月进行。方法是将种子用 40℃温水浸泡 24 h，再用 0.5% 的高锰酸钾水溶液消毒 3 h 后，捞出种子用清水冲洗数次，按种沙比例 1∶3 混合后置于 0～5℃条件下，种沙湿度为饱和持水量的 80%，70～100 d 种子发芽率达到高峰。播种前 7 d 取出种子，放入室内阴凉处，整地前地用硫酸亚铁粉末 110 kg/hm²、克百威 75 kg/hm² 与腐熟农家肥 7 000 kg/hm² 混匀后，均匀撒在圃地上，然后进行翻耕作床，床高 20 cm，床宽 110 cm，步道宽 50～60 cm。

春播 4 月末至 5 月初，进行床面条播或撒播，条播开沟，宽 5～8 cm，行距 20 cm，播种量 5 g/m² 左右，覆土厚度 0.5 cm 左右，播后镇压，并保持土壤湿润。

秋播 10 月上旬播种，播前将种子放入 0.5% 的高锰酸钾水溶液消毒 3 h，或 0.4% 硫酸铜水溶液中消毒催芽处理，浸泡 4 h 后捞出，控干水分，在床面上开沟条播，开沟深 5 cm，行距 20 cm，理论播种量 5 g/m² 左右，播后覆土 2 cm，然后进行镇压，灌足冬水。

田间管理 翌年 4 月下旬，天还不下雨，要进行浇水，出齐苗后应及时松土、除草，苗木进入速生期，及时清除。适当间苗，在生长期内可追肥 2～3 次，每次每亩追施尿素或磷酸二铵 25 kg，选择雨后或灌水后进行追施，进入 8 月，应喷施 0.2% 的磷酸二氢钾溶液，10 d 1 次，喷 2 次，促使苗木尽快木质化。

54. 秋子梨

【学名】 *Pyrus ussuriensis* Maxim.。

【蒙名】 阿格力格-阿力玛。

【别名】 花盖梨、山梨、野梨。

【分类地位】 蔷薇科梨属。

【形态特征】 乔木，高 10～15 m。树皮粗糙，暗灰色，枝黄灰色或褐色，常具刺，无毛；芽宽卵形，被数片褐色鳞片。叶片近圆形、宽卵形或卵形，长 3～7 cm，宽 2.5～5 cm，先端长尾状渐尖，或锐尖，基部圆形或近心形，边缘具刺芒的尖锐锯齿，托叶条状披针形，早落。伞房花序具花 5～7 朵；萼片三角状披针形，外面无毛，里面密被茸毛；花瓣倒卵形，基部具短爪，白色；雄蕊 20，短于花瓣，花药紫色，花柱 5（4）。果实近球形，黄色或绿黄色，有褐色斑点，果肉含多数石细胞，味酸甜，经后熟果肉变软，有香气；果梗粗短，花萼宿存。花期 5 月，果熟期 9—10 月。

【分布】 内蒙古分布于呼伦贝尔、通辽、赤峰、锡林郭勒东南部山地、呼和浩特等地。中国分布于东北地区，山东、河北、山西、陕西、甘肃等地。亚洲东部、朝鲜等也有分布。

【生境】 中生落叶阔叶乔木。喜潮湿、肥沃、深厚的土壤。生长于山地、溪沟杂木林。

【食用部位及方法】 果实经后熟可鲜食或酿酒。

【营养成分】 果实含有丰富的果胶、有机酸、可溶性固形物和维生素 C 等营养物质。

【药用功效】 能燥湿健脾、和胃止呕、止泻，主治消化不良、呕吐、热泻等症；制成秋梨膏能化痰止咳。果实也入蒙药（蒙药名：阿格力格-阿力玛），能清"巴达干"热、止泻，主治"巴达干宝日"病、耳病、胃灼热、泛酸。

【栽培管理要点】 播前 60～80 d 用 50～70℃温水浸种 1 个昼夜，清水漂洗。再用凉水浸种 1 个昼夜，控干，混湿河沙 3～4 倍，放入室内、窖中或室外开沟沙藏。保持 2～5℃低温及 60% 的湿度和良好通气条件，防虫防鼠。每 10～15 d 用清水浇 1 次，播前 7 d 提高种沙温度至 15～20℃，保持温润，等露白种子占 1/3 时即可播种。选择坡土或沙壤土为育苗地。结合秋翻地施有机肥 7 万 kg/hm^2。深翻 20～30 cm。耙平后打南北垄或作东西床，垄宽 60 cm，床宽 100 cm。5 月上旬播种，撒播或双行点播，种子距离 3～6 cm，撒细土 2～3 cm，适度镇压。亩播 2.5～3.5 kg 即可达到亩保苗 1 万～1.5 万株。当幼苗出土要及时将地膜撤掉。出苗后视土壤墒情适当灌水，嫁接前 7 d 灌透水，便于开皮。幼苗高 10 cm 和 30 cm 左右时，分别追 1 次草木灰和速效氮肥。2～3 片真叶时，间苗。4～5 片真叶时，定苗。7 月上中旬，苗高 30～40 cm 时，摘心，促进加粗生长。

55. 山荆子

【学名】 *Malus baccata*（L.）Borkh.。

【蒙名】 乌日勒。

【别名】 山定子、林荆子。

【分类地位】 蔷薇科苹果属。

【形态特征】 乔木，高达 10 m。树皮灰褐色，枝红褐色或暗褐色，无毛；芽卵形，鳞片边缘微被毛，红褐色。叶片椭圆形、卵形，少卵状披针形或倒卵形，先端渐尖或尾状渐尖，基部楔形或圆形，边缘具细锯齿；托叶披针形，早落。伞形花序或伞房花序，具花 4～8 朵；萼片披针形，外面无毛，里面被毛；花瓣卵形、倒卵形或椭圆形，基部具短爪，白色；雄蕊 15～20；花柱 5（4）。果实近球形，红色或黄色，花萼早落。花期 5 月，果期 9 月。

【分布】 内蒙古分布于呼伦贝尔、乌兰浩特、赤峰、锡林郭勒、乌兰察布、巴彦淖尔、呼和浩特等地。中国分布于东北地区，山东、山西、河北、陕西、甘肃等地。蒙古国、朝鲜东部、俄罗斯等也有分布。

【生境】 中生落叶阔叶小乔木或乔木。喜肥沃、潮湿的土壤，常生长于落叶林区的河流两岸谷地，为河岸杂木林的优势种；见于山地林缘、森林草原带的沙地。

【食用部位及方法】 果实在食品工业中是酿酒和调制纯绿色饮品的原料，果实可酿酒，出酒率10%，用于加工果脯、蜜饯和清凉饮料等。嫩叶可代茶叶用。

【营养成分】 果实含有丰富的微量元素、萜类、酯类、烯烃类、多酚类及黄酮类化合物等成分。

【药用功效】 现代药理学研究表明，山荆子果实可以用于治疗肠疾患和各种感染，具有抗氧化、抗肿瘤等作用。叶的主要成分为多酚类和黄酮类化合物，在很多地区煮茶用于减肥，其减肥作用可能与抑制脂肪酸合酶相关，研究表明，山荆子叶醇提取物具有抗氧化、降糖降脂以及肝保护作用。

【栽培管理要点】 当年种子，在11月末至翌年1月末进行种子层积，先清水浸泡24 h，与细沙按1∶5的比例混拌均匀，水分达到手握成团不散即可，装入编织袋中。平放至室外阴凉处50 cm深的坑中，埋土。3月下旬至4月上旬播种，播种前先作育苗床，深翻耙平，作1 m×10 m畦，畦高10 cm。灌足水，用40%的五氯硝基苯粉剂和65%的代森锌粉剂按1∶1混合，进行床面消毒，按8 g/m² 用药量加细土4 kg拌匀，撒于床面。种子连沙子一起均匀撒在床面上，然后用1∶1的细土和细沙子覆在种子上面，覆土0.5 cm，播种量为100 g/m²。最后用槐树条支拱，上覆盖1.2 m宽的普通地膜。7 d左右出苗，3～6片叶时即可移栽，选沙质壤土或轻黏壤土地段，深翻，每亩施有机肥3 000～5 000 kg，垄行距60 cm，开沟15 cm深，灌水，把幼苗栽于沟两侧，形成大垄双行，株距6～7 cm，苗栽后随即培土封垄，每隔4 d左右灌水1次。移栽10 d后，及时喷1次50%的多菌灵1 000倍液与吡虫啉1 000倍液混合，防治病虫害。及时除草、松土。

56. 西府海棠

【学名】 *Malus* × *micromalus* Makino。

【蒙名】 西府-海棠。

【别名】 红林檎、黄林檎、七匣子。

【分类地位】 蔷薇科苹果属。

【形态特征】 小乔木或乔木，植株高3～10 m。嫩枝被短柔毛，老时脱落，枝褐色或暗褐色；芽卵形，鳞片边缘被毛，紫褐色。叶片卵形、长椭圆形或椭圆形，先端渐尖或锐尖，基部楔形或圆形，边缘具细锯齿，嫩叶被柔毛或卷曲柔毛，下面较密，老时两面无毛；托叶披针形，黄褐色，被毛，早落。伞形花序或伞房花序，具花4～7朵，生于小枝顶端，被茸毛；萼筒外密被白色茸毛，萼片条状披针形，里面密被白色茸毛，外面较少或无毛；花瓣椭圆形，卵形或倒卵形，基部具短爪，粉红色；雄蕊约20；花柱

5（4）。果实近球形或椭圆状球形，通常红色，稀黄色，萼常脱落，稀宿存，萼洼和梗洼均下陷。花期5月，果期9月。

【分布】 在内蒙古常用于果园栽培及作砧木用。中国分布于辽宁、河北、山西、陕西、甘肃等地。

【生境】 中生落叶阔叶小乔木或乔木。生长于山地。

【食用部位及方法】 果味酸甜，可生食或加工用。

【营养成分】 果实含丰富的可溶性固形物，含量平均为10.62 mg/100 g，维生素C含量平均为11.38 mg/100 g。

【药用功效】 具生津止渴、健脾止泻的功效。

【栽培管理要点】 早春萌芽前或初冬落叶后进行多行地栽。出圃时保持苗木完整的根系是成活的关键。一般大苗要带土，小苗要根据情况留宿土。苗木栽植后要加强抚育管理，经常保持疏松肥沃。在落叶后至早春萌芽前修剪1次，保持树冠疏散，通风透光。结果枝、蹭枝则不必修剪。在生长期间，如能及时摘心，早期限制营养生长，效果更为显著。桩景盆栽，取材于野生苍老的树桩，在春季萌芽前采掘，带好宿土，护根保湿。经过1～2年的养护，待树桩初步成型后，可在清明前上盆。初栽时根部要多壅一些泥土，以后再逐步提根，配以拳石，便成具有山林野趣的海棠桩景。新上盆的桩景，要遮阴一段时期后，才可转入正常管理。为使桩景花繁果多，应该加强水肥管理。花前追施1～2次磷氮混合肥，之后每隔半个月追施1次稀薄磷钾肥。还可在隆冬采用加温催花的方法，将盆栽海棠桩景移入温室向阳处，浇水，施肥，以后每天在植株枝干上适当喷水，保持室温20～25℃，经过30～40 d，即可开花，供元旦或春节摆设观赏。

57. 花叶海棠

【学名】 *Malus transitoria*（Batal.）Schneid.。

【蒙名】 哲日力格-海棠。

【别名】 花叶杜梨、马杜梨、涩枣子。

【分类地位】 蔷薇科苹果属。

【形态特征】 灌木或小乔木，高1～5 m。嫩枝被茸毛，老枝紫褐色或暗紫色，无毛。芽卵形，先端钝，被几个鳞片，被茸毛。叶片卵形或宽卵形，先端锐尖，有时钝，基部圆形或宽楔形，边缘具不整齐锯齿，通常1～3深裂，裂片披针状卵形或矩圆状椭圆形，3～5，上面被茸毛或近无毛，下面密或疏被茸毛；托叶卵状披针形，先端锐尖，被茸毛。花序近于伞形，具花8～6朵，花梗长13～18 mm，被茸毛；苞片条状披针形，早落；花直径1～1.5 cm；花萼密被茸毛，萼筒钟形，萼片三角状卵形，先端钝或稍尖，两面均密被茸毛，花瓣白色，近圆形，先端圆形，基部具短爪；雄蕊20～25，长短不齐，比花瓣短，花柱3～5，无毛。梨果近球形，或倒卵形，红色，萼洼下陷，萼片脱落，果梗细长，疏被茸毛，果熟后近无毛。花期6月，果期9月。

【分布】 内蒙古分布于鄂尔多斯、阿拉善等地。中国分布于宁夏、甘肃、陕西、青海、四川等地。

【生境】 生长于山坡、山沟丛林、黄土丘陵。

【食用部位及方法】 可作观赏树。制作茶叶。

【营养成分】 花叶海棠含有多种氨基酸、茶多酚、维生素、微量元素、矿物质元素及黄酮类化合物。

【药用功效】 可用来防癌、生津止渴、提神醒脑、治疗心血管疾病、高血糖、高血压等。

【栽培管理要点】 剪取 8～10 cm 的枝条即可扦插于河沙中，环境温度为 25～28℃时，7～10 d 即可生根，15 d 左右即可分盆另植，或者直接扦插在培养土中，但不如河沙中生根快，且成活率高。扦插后的枝条要保持较高的空气湿度，每天向叶面或周围的环境中喷清水，以增加空气湿度，避免枝条出现脱水的现象。先期（前3天）每天喷 3～4 次为宜，以后喷 1 次即可，7 d 后不要喷水。扦插时浇透水后，河沙不干不浇即可。需要注意的是枝条的下部剪口以海棠的茎节下端 1 cm 处为最佳，易生根，且不易腐烂。

58. 玫瑰

【学名】 *Rosa rugosa* Thunb.。

【蒙名】 萨日钙-其其格。

【别名】 刺玫花、徘徊草、玫瑰花、湖花、笔头花、红玫瑰、红花刺木苔等。

【分类地位】 蔷薇科蔷薇属。

【形态特征】 直立灌木，高 1～2 m。老梗灰褐色或棕褐色，密被皮刺和刺毛，小枝淡灰棕色，密被茸毛和成对的皮刺，皮刺淡黄色，密被长柔毛。羽状复叶，小叶5～9 枚，叶片椭圆形或椭圆状倒卵形，先端锐尖，基部近圆形，边缘具锯齿，上面绿色，沿叶脉凹陷，多皱纹，无毛，下面灰绿色，被柔毛和腺毛；小叶柄和叶柄密被茸毛，具稀疏小皮刺；托叶下部合生于叶柄，先端分离成卵状三角形的裂片，边缘有腺锯齿。花单生或几朵簇生，直径 5～7 cm；花梗长 1～2 cm，被茸毛和腺毛；萼片近披针形，先端长尾尖，外面被柔毛和腺毛，里面被茸毛，花瓣紫红色，宽倒卵形，单瓣或重瓣，芳香。蔷薇果扁球形，直径 2～2.5 cm，红色，平滑无毛，顶端有宿存萼片。花期6—8 月，果期 8—9 月。

【分布】 原产于中国华北等地区以及日本和朝鲜等。中国分布于吉林、辽宁、山东等地。广泛栽培于中国各地。

【食用部位及方法】 花瓣可作糖果糕点的调味品；提取芳香油，并用于煮茶、酿酒等。

【营养成分】 玫瑰的花瓣含芳香油 0.03%，为各种高级香水、香皂及化妆香精的原料；果实含维生素 C，用于食品和医药；种子含油约 14%。

【药用功效】 花入药，能理气活血，主治肝胃痛、胸腹胀满、月经不调。花也入蒙药（蒙药名：扎木日-其其格）。能清"协日"、镇"赫依"，主治消化不良、胃炎。

【栽培管理要点】 主要采用剪枝法和压枝法。定植前深翻土壤，并用氯化苦进行土壤消毒，使土肥完全混合。作畦宽 12 cm，沟宽 40 cm，畦长 5.5～6 m。温室南面留 50 cm 左右。最佳时间为春秋两季。定植时每畦栽 2 行，行距 40 cm，株距 10～12 cm，栽培床的两边间隔 40 cm，平均 7～8 株/m²，每亩保苗 4 200 株左右。不同品种的栽植密度有所差别。定植缓苗后及时中耕松土，并防治红蜘蛛、蚜虫、白粉病。当植株长到 25 cm 左右时，开始压枝，压枝时间在晴天中午进行，否则易折断。

玫瑰定植后一般需要 5 年时间，因此，施肥要多、重，一般每亩施有机肥 4 000 kg、磷酸二铵 50 kg、过磷酸钙 150 kg，有机肥要充分腐熟。栽苗前 7 d 左右浇水，保护床土湿润。定植后及时浇透水，定植水一定要浇足浇透，晴天 12～16 h，每天洒水 1～2 次，保持床面湿润。浇水追肥要根据土壤条件、气候条件和枝叶的生长状态进行。在玫瑰的栽培过程中，如果土壤水分不足，就会引起植株正叶脱落。地表见干时应及时浇水，保持地面湿润。

59. 美蔷薇

【学名】 *Rosa bella* Rehd. et Wils.。

【蒙名】 高要-蔷会。

【别名】 油瓶瓶。

【分类地位】 蔷薇科蔷薇属。

【形态特征】 灌木，直立，高 1～8 m。小枝常带紫色，平滑无毛，脊具稀疏直伸的皮刺。单数羽状复叶，小叶 7～9 枚，稀 5；小叶片椭圆形或卵形，先端稍锐尖或稍钝，基部近圆形，边缘具圆齿状锯齿，齿尖具短小尖头，上面绿色，疏被短柔毛，下面淡绿色，被短柔毛或沿主脉被短柔毛；叶柄与小叶柄被短柔毛和疏生小皮刺。花单生或 2～3 朵簇生，花梗、萼筒与萼片密被腺毛；萼片披针形，先端长尾尖，并稍宽大呈叶状，全缘；花瓣粉红色或紫红色，宽倒卵形，长与宽约 2 cm，先端微凹，芳香。蔷薇果椭圆形或矩圆形，鲜红色，先端收缩成短颈，并有直立的宿存萼片，密被腺状刚毛。花期 6—7 月，果期 8—9 月。

【分布】 内蒙古分布于乌兰察布。中国分布于吉林、河北、山西、河南等地。

【生境】 暖中生灌木。生长于山地林缘、沟谷及黄土丘陵的沟头、沟谷陡崖，为建群种，可形成以美蔷薇为主的灌丛。

【食用部位及方法】 花可提取芳香油，制作玫瑰酱和调味品。

【营养成分】 美蔷薇果实的果肉维生素 B₁、维生素 B₂、维生素 C、胡萝卜素含量很高，分别为 0.72 mg/100 g、1.7 mg/100 g、272 mg/100 g、2.39 mg/100 g，并且含 18 种氨基酸。美蔷薇种子占全果重的 42.7%，蛋白质含量为 29.01 mg/g。

【药用功效】 具有补肾固精、固肠止泻、理气、活血、调经、健脾等功效，是一种滋补、强壮佳品，在山西、河北等地常用它替代金樱子入药。花能理气、活血、调经、健脾，主治消化不良、气滞腹痛、月经不调；果能养血活血，主治脉管炎、高血压、头晕。美蔷薇果肉内含有能软化血管的芦丁等黄酮类化合物（约 29 mg/100 g）和植物超氧化物歧化酶活性及其他一些生物活性物质，对抗氧化、延缓机体衰老、防止动脉硬化十分有益。

【栽培管理要点】　栽植株距不应小于 2 m。从早春萌芽开始至开花期间可根据天气情况酌情浇水 3～4 次，保持土壤湿润。如果此时受旱会使开花数量大大减少，夏季干旱时需再浇水 2～3 次。雨季要注意及时排水防涝。因美蔷薇怕水涝，容易烂根。秋季再酌情浇 2～3 次水。全年浇水都要注意勿使植株根部积水。孕蕾期施 1～2 次稀薄饼肥水，则花色好，花期持久。植株蔓生越长，开花越多，需要的养分也多，每年冬季需培土施肥 1 次，保持嫩枝及花芽繁茂，景色艳丽。培育作盆花，更注意修枝整形。切花因产花量大，产花季每周需施肥 1～2 次，并应注意培育采花母枝，剪去弱枝上的花蕾。

60. 地榆

【学名】　*Sanguisorba officinalis* L.。

【蒙名】　苏都-额布斯。

【别名】　蒙古枣、黄瓜香、山枣子、玉札。

【分类地位】　蔷薇科地榆属。

【形态特征】　多年生草本，高 30～80 cm，全株光滑无毛。根粗壮，圆柱形或纺锤形。茎直立，上部有分枝，具细纵棱和浅沟。单数羽状复叶，基生叶和茎下部叶有小叶 9～15 枚；小叶片卵形、椭圆形、矩圆状卵形或条状披针形，先端圆钝或稍尖，基部心形或截形，边缘具尖圆牙齿，上面绿色，下面淡绿色。穗状花序顶生，多花密集，卵形、椭圆形、近球形或圆柱形；花由顶端向下逐渐开放；每花有苞片 2，披针形，被短柔毛；萼筒暗紫色，萼片紫色，椭圆形，先端具短尖头；雄蕊与萼片近等长，花药黑紫色，花丝红色；瘦果宽卵形或椭圆形，具 4 纵脊棱，被短柔毛，包于宿存的萼筒内。花期 7—8 月，果期 8—9 月。

【分布】　内蒙古分布于呼伦贝尔、乌兰浩特、通辽、赤峰、锡林郭勒、乌兰察布。中国分布于各地。

【生境】　中生植物。为林缘草甸的优势种和建群种，是森林草原地带起重要作用的杂类草，在落叶阔叶林中可生长于林下，在草原区则见于河滩草甸及草甸草原中，但分布最多的是森林草原地带。

【食用部位及方法】　嫩枝叶可食或代替香菜作为调味料。

【营养成分】　地榆中含有丰富的营养物质和生理活性成分，主要为鞣质、皂苷和黄酮类化合物，尤以鞣质含量丰富。

【药用功效】　根入药，能凉血止血、消肿止痛、降血压，主治便血、血痢、尿血、崩漏、疮疡肿毒、烫火伤等。

【栽培管理要点】 秋播在 8 月中下旬，春播在 3—4 月，条播，行距 45 cm，开浅沟，覆土 1 cm 左右，每公顷播种量 15～22.5 kg。土壤干旱需浇水，约 2 周出苗。在早春干旱地区，采用育苗移栽方法。分根繁殖：早春母株萌芽前，将上年的根全部挖出，然后分成 3～4 株，栽植；每穴 1 株，株距 35～45 cm，行距 60 cm；苗高 10 cm 左右，间苗 1 次，株距 35～45 cm，注意松土除草，抽茎期追施氮肥和磷肥，施用人粪尿、豆饼、过磷酸钙、草木灰等；抽花茎时要及时摘除。

61. 东方草莓

【学名】 *Fragaria orientalis* Losinsk.。

【蒙名】 道日纳音-古哲勒哲根纳。

【别名】 野草莓、高丽果。

【分类地位】 蔷薇科草莓属。

【形态特征】 多年生草本，高 10～20 cm。根状茎横走，黑褐色，具多数须根；匍匐茎细长。掌状三出复叶，基生；叶柄密被开展长柔毛；小叶近无柄，宽卵形或菱状卵形，先端稍钝，基部宽楔形或歪宽楔形，边缘自 1/4 到 1/2 以上具粗圆齿状锯齿，上面绿色，疏被贴伏柔毛，下面灰绿色，被茸毛；托叶膜质，条状披针形，被长柔毛。聚伞花序着生花葶顶端，花少数；总花梗与花梗均被开展长柔毛；花白色，花萼被长柔毛；萼片卵状披针形；花瓣近圆形；雄蕊、雌蕊均多数。瘦果宽卵形，多数聚生于肉质花托上。花期 6 月，果期 8 月。

【分布】 内蒙古分布于呼伦贝尔、乌兰浩特、赤峰、锡林郭勒等地。中国分布于东北、华北、西北等地区。朝鲜、蒙古国、俄罗斯等也有分布。

【生境】 森林草甸中生植物。一般生长于林下，也见于林缘、灌丛、林间草甸、河滩草甸。

【食用部位及方法】 果实可食，并可酿酒及制作果酱。

【营养成分】 果实含儿茶素、黄酮类化合物、酚类化合物及甾类化合物等。

【药用功效】 果实入药，能祛痰止咳、除湿止痒，主治咳嗽痰多、湿疹、肾结石。

【栽培管理要点】 9 月上旬移栽幼苗，随起苗随移栽，每畦栽 2 行，行距 27 cm，穴距 20 cm，亩栽 12 000 株。同一行植株的花序朝同一方向，苗心露出畦面，根系平展埋入疏松土层，及时浇定植水。11—12 月浅中耕 3 次。初花期与坐果初期各追肥 1 次。每亩施尿素 10 kg、磷肥 20 kg、氯化钾 10 kg，或三元复合肥 35 kg。加盖遮阳网，网离地面 1.2 m，保持 5～6 片叶。通过揭与盖草苫，人工造成短日照的条件及较低温度，促进顶花序和腋花序分化。开花与浆果生长初期，分别沟灌灌水 1 次至沟高 2/3 处为好。秋季多雨时应及时排水。土壤湿度应为 70%～80%，棚内空气湿度以 60%～70% 为好。气温超过 30℃，应通风。11—12 月应于 10:00—15:00 揭开大棚及中棚两头塑膜通风。棚内湿度超过 70% 也应通风。花期棚内放养蜜蜂，一般亩产草莓 1 500 kg。

62. 西伯利亚杏

【学名】 *Prunus sibirica* L. 。

【蒙名】 西伯日-归勒斯。

【别名】 山杏。

【分类地位】 蔷薇科李属。

【形态特征】 小乔木或灌木，高 1～2（4）m。小枝灰褐色或淡红褐色，无毛或疏被柔毛。单叶互生，叶片宽卵形或近圆形，长 3～7 cm，宽 3～5 cm，先端尾尖，尾部长达 2.5 cm，基部圆形或近心形，边缘具细钝锯齿，两面无毛或下面脉腋间被短柔毛，叶柄长 2～3 cm，有或无小腺体。花单生，近无梗，直径 1.5～2 cm；萼筒钟状，萼片矩圆状椭圆形，先端钝，被短柔毛或无毛，花后反折；花瓣白色或粉红色，宽倒卵形或近圆形，先端圆形，基部具短爪；雄蕊多数，长短不一，比花瓣短；子房椭圆形，被短柔毛；花柱顶生，与雄蕊近等长，下部有时被短柔毛。核果近球形，直径约 2.5 cm，两侧稍扁，黄色面带红晕，被短柔毛，果梗极短，果肉较薄而干燥，离核，成熟时开裂；核扁球形，直径约 2 cm，厚约 1 cm，表面平滑，腹棱增厚有纵沟，沟的边缘形成 2 条平行的锐棱，背棱翅状突出，边缘极锐利呈刀刃状。花期 5 月，果期 7—8 月。

【分布】 内蒙古分布于呼伦贝尔、乌兰浩特、通辽、赤峰、锡林郭勒、乌兰察布等地。中国分布于东北、华北等地区。蒙古国、俄罗斯等也有分布。

【生境】 耐旱落叶灌木。多生长于森林草原及邻近的落叶阔叶林边缘。在陡峻的石质向阳山坡，常成为建群植物，形成山地灌丛；在大兴安岭南麓森林草原，为灌丛草原的优势种和景观植物，也散见于沙地。

【食用部位及方法】 鲜嫩枝叶或干叶可作饲料，杏仁入药，种仁可制皂、润滑油。

【营养成分】 西伯利亚杏仁粕中蛋白质含量为 648 mg/g，17 种氨基酸总含量为 65.86%，其中 8 种人体必需氨基酸的总含量为 20.59%，谷氨酸含量最高为 8.7%，其必需氨基酸与非必需氨基酸的含量比为 0.45，其药用氨基酸含量高达 41.79%。

【药用功效】 杏仁能镇咳平喘、润肠通便、缓泻、抗炎、镇痛、抗肿瘤、降血糖、抑制胃蛋白酶活性、补肺、美容、降低人体内胆固醇的含量、显著降低心脏病和很多慢性病的发病危险。

【栽培管理要点】 尚无人工引种栽培。

63. 山杏

【学名】 *Prunus ansu* Kom.。

【蒙名】 合格仁-归勒斯。

【别名】 野杏。

【分类地位】 蔷薇科李属。

【形态特征】 小乔木，高 1.5～5 m；树冠开展。树皮暗灰色，纵裂；小枝暗紫红色，被短柔毛或近无毛，具光泽，单叶互生，宽卵形至近圆形，先端渐尖或短骤尖，基部截形，近心形，稀宽楔形，边缘具钝浅锯齿，上面被短柔毛，或近无毛；托叶膜质，极微小，条状披针形。花单生，近无柄，萼筒钟状，萼片矩圆状椭圆形；花瓣粉红色，宽倒卵形，雄蕊多数；果近球形，稍扁，密被柔毛，顶端尖；果肉薄，干燥，离核；果核扁球形，平滑，腹棱与背棱相似，腹棱增厚有纵沟，边缘有2平行的锐棱，背棱增厚具锐棱。花期5月，果期7—8月。

【分布】 内蒙古分布于锡林郭勒南部、乌兰察布南部、鄂尔多斯东部、大青山、乌拉山、蛮汉山等地。中国分布于东北（南部）、华北、西北等地区。

【生境】 中生乔木。多散生于向阳石质山坡，栽培或野生。

【食用部位及方法】 同西伯利亚杏。

【营养成分】 同西伯利亚杏。

【药用功效】 同西伯利亚杏。

【栽培管理要点】 选择沙壤土或壤土。播前深翻整地，每公顷施农家肥 $30\sim45\ m^3$ 或相应数量的厩肥作成南北畦，畦宽 2 m，长 10 m，埂宽 0.4 m。春播要提前沙藏 3 个月左右。12 月中旬，将筛选好的杏核用冷水浸种 $1\sim2$ d，坑藏或堆藏。一般封冻前取体积为种子量 3 倍的沙子用清水拌湿，以手握可成团而不滴水、一碰即散为准。将浸泡好的种子与湿沙分层堆积在背阴且排水良好的坑内。播前半个月取出，堆放在背风向阳处催芽。经常上下翻动，夜间用麻袋或草帘盖上，待种子 70% 露白即可播种。幼苗长到 $10\sim15$ cm 时，留优去劣。注意蹲苗，苗长到 25 cm 时，每亩施尿素 20 kg，施肥后浇水，松土起苗时间为秋季苗木落叶后至土壤封冻前，或春季土壤解冻后至苗木发芽前。起苗前 7 d 浇水 1 次，起苗深度为 25 cm，做到随起、随分级、随假植，按株行距要求，先挖好定植穴，表土埋根，提苗踩实，浇水，每株覆盖 1 块 $1\ m^2$ 地膜。秋季造林，修好树盘，树盘大小与树冠相同，坡度大的地方外沿高，里面低，随着管理逐年加强，树盘之间要连通，修成梯田。树上管理主要包括整形修剪和病虫害防治。

64. 欧李

【学名】 *Prunus humilis*（Bge.）Sok.。

【蒙名】 乌拉嘎纳。

【别名】 酸丁、高钙果、乌拉奈。

【分类地位】 蔷薇科李属。

【形态特征】 小灌木，高 $20\sim40$ cm。树皮灰褐色，小枝被短柔毛，腋芽 8 个并生，中间是叶芽，两侧是花芽。单叶互生，叶片矩圆状披针形至条状椭圆形，先端锐尖，基部楔形，边缘具细锯齿，两面均光滑无毛；叶柄短，托叶条形，边缘具腺齿。花单生或 2 朵簇生，与叶同时开放；花萼无毛或疏被柔毛，萼筒钟状，萼片卵状三角形；花瓣白色或粉红色，倒卵形或椭圆形，雄蕊多数，比花瓣短，长短不一。核果近球形，鲜红色，味酸，果核近卵形，顶端有尖头，表面平滑，具 $1\sim3$ 条沟纹。花期 5 月，果期 7—8 月。

【分布】 内蒙古分布于通辽、乌兰浩特中部、赤峰、锡林郭勒、乌兰察布等地。中国分布于东北、华北、华东北部等地区。

【生境】 中生小灌木或灌木。生长于山地灌丛、林缘坡地，也见于固定沙丘，广布于我国落叶阔叶林地区。

【食用部位及方法】 果实可鲜食，也可加工成果汁、果酒、果醋、果奶、罐头、果脯等不同风味的食品。

【营养成分】 果实营养丰富，富含人体所需的多种微量元素和各种维生素，尤其富含钙元素，被誉为"钙果"。

【药用功效】 种仁可作"都李仁"入药，能润燥滑肠、利尿，主治大便燥结、水肿、脚气等症。

【栽培管理要点】 裸根苗可在春、秋两季栽植。春栽，最好在春季芽未膨大前栽植，北方地区一般为 3 月上旬栽。营养钵装的绿体苗，在春、夏、秋三季均可栽植，秋栽最晚时间，应是能使幼苗栽后还可再生长 1 个月，保证幼苗正常越冬。平地可按 0.5 m×0.5 m 的密度定植。在有条件的地方，浇水追肥还是十分必要的。一般每年追肥 3 次就行，分别在开花前、果实膨大期和采收后进行。根施以果树复合肥为好。并在肥料中加入 5～10 kg 硫酸亚铁。一般每次每亩 60 kg 左右，采取顺行沟施比撒施效果好，每次追肥应结合浇水进行。果实膨大后期还应叶面追肥 2 次以上，叶面喷施可选用尿素、磷酸二氢钾、有机铁肥等，以弥补果实发育对养分的急需。浇水时间及次数可视土壤缺水情况而定，春季次数宜少，每次需浇足，这样有利于提高地温，花期最好不要浇水，以防潮湿烂花。土地封冻前要浇好、浇足封冻水，以利根系抗冻和减轻翌年早春干旱胁迫。

65. 柄扁桃

【学名】 *Prunus pe dunculata*（Pall.）Maxim.。

【蒙名】 布衣勒斯。

【别名】 山樱桃、山豆子。

【分类地位】 蔷薇科李属。

【形态特征】 灌木，高 1～1.5 m。多分枝，枝开展，树皮灰褐色，嫩枝浅褐色，常被短柔毛；在短枝上常 3 个芽并生，中间是叶芽，两侧是花芽。单叶互生或簇生于短枝上，叶片倒卵形、椭圆形、近圆形或倒披针形，先端锐尖或圆钝，基部宽楔形，边缘具锯齿，上面绿色，被短柔毛，托叶条裂，边缘具腺体，基部与叶柄合生，被柔毛，下面淡绿色，被短柔毛。花单生于短枝上；萼筒宽钟状，外面近无毛，里面被长柔毛；萼片三角状卵形，比萼筒稍短，先端钝，边缘具疏齿，近无毛，花后反折，花瓣粉红色，圆形，先端圆形，基部具短爪，雄蕊多数。核果近球形，稍扁，成熟时暗紫红色，顶端有小尖头，被毡毛；果肉薄，干燥，离核；核宽卵形，稍扁，直径 7～10 mm，平滑或稍有皱纹，核仁（种子）近宽卵形，稍扁，棕黄色，直径 4～6 mm。花期 5 月，果期

7—8 月。

【分布】 内蒙古分布于锡林郭勒、乌兰察布、鄂尔多斯、呼和浩特、包头等地。中国分布于宁夏等地。蒙古国、俄罗斯等也有分布。

【生境】 中旱生灌木。主要生长于草原、荒漠草原，多见于丘陵地向阳石质斜坡、坡麓。

【食用部位及方法】 种仁可食用。山羊特别喜食其叶、嫩枝、花及果实，在夏秋季节为山区养羊的灌木饲料。

【营养成分】 柄扁桃仁属于高钾、高钙、富铁、富锌，含优质蛋白，不含铅、镉、汞、砷等有害元素的健康食品；同时氨基酸种类齐全，含量丰富。

【药用功效】 种仁可代"郁李仁"入药。

【栽培管理要点】 播种育苗前先进行种子处理，用开水浸种催芽，边倒开水边搅拌种子，直到全部浸泡为止。自然冷却，用 1%～2% 高锰酸钾溶液浸种消毒 1 d，再用水浸泡 7 d，期间每天换 1 次水。经过浸种后，将种子捞出混沙堆积，适时洒水保持湿度，当有 1/3 种子露嘴时，即进行播种育苗。选择有灌溉条件、透气性好的沙壤地作育苗床。播种地每亩施入 4 m³ 腐熟的有机肥，10～20 kg 的磷酸二铵，同时均匀施入多菌灵粉剂 1 kg 和 6% 的甲拌磷 3 kg，灌足底水，深翻。播种方式为条播，每亩播种量为 100 kg，株行距 10 cm×20 cm，管理采用常规育苗的田间管理措施。

66. 毛樱桃

【学名】 *Prunus tomentosa* Thunb.。

【蒙名】 哲日勒格-应陶日。

【别名】 山樱桃、山豆子、梅桃。

【分类地位】 蔷薇科李属。

【形态特征】 灌木，高 1.5～3 m。树皮片状剥裂，嫩枝密被短柔毛，腋芽常 3 个并生，中间是叶芽，两侧是花芽。单叶互生或簇生于短枝上，叶片倒卵形至椭圆形，常 3～5 cm，宽 1.5～2.5 cm，先端锐尖或渐尖，基部宽楔形，边缘具不整齐锯齿，上面有皱纹，被短柔毛，下面被毡毛，叶柄长 2～4 mm，被短柔毛；托叶条状披针形，长 2～4 mm，条状分裂，边缘具腺锯齿。花单生或 2 朵并生，直径 1.5～2 cm，与叶同时开放。花梗甚短，被短柔毛；花萼被短柔毛，萼筒钟状管形，长 4～5 mm，萼片卵状三角形，长 2～8 mm，边缘具细锯齿；花瓣白色或粉红色，宽倒卵形，长 6～9 mm，先端圆形或微凹，基部具爪，雄蕊长 6～7 mm；子房密被短柔毛。核果近球形，直径约 1 cm，红色，稀白色；果核近球形，稍扁，长约 7 mm，直径约 5 mm，顶端有小尖头，表面平滑。花期 5 月，果期 7—8 月。

【分布】 内蒙古分布于赤峰、锡林郭勒、阿拉善等地。中国分布于东北、华北等地区，陕西、甘肃及江苏等地。朝鲜、日本也有分布。

【生境】 中生灌木。生长于山地灌丛。

【食用部位及方法】 果实味酸甜，可食用及酿酒。

【营养成分】 果实可滴定酸含量为 0.88%，类黄酮含量为 3.4 mg/g，总酚含量为 1.63 mg/g，花色苷含量为 23.24 mg/100 g。

【药用功效】 种仁可作"郁李仁"入药，商品名大李仁，能润肠利水。

【栽培管理要点】 尚无人工引种栽培。

67. 委陵菜

【学名】 *Potentilla chinensis* Ser.。

【蒙名】 希林-陶来音-汤乃。

【别名】 翻白草、白头翁、蛤蟆草、天青地白。

【分类地位】 蔷薇科委陵菜属。

【形态特征】 多年生草本。根粗壮，圆柱形，稍木质化。花茎直立或上升，高 20～70 cm，被稀疏短柔毛及白色绢状长柔毛。基生叶为羽状复叶，有小叶 5～15 对，间隔 0.5～0.8 cm，连叶柄长 4～25 cm，叶柄被短柔毛及绢状长柔毛；小叶片对生或互生，上部小叶较长，向下逐渐减小，无柄，长圆形、倒卵形或长圆状披针形，长 1～5 cm，宽 0.5～1.5 cm，边缘羽状中裂，裂片三角卵形、三角状披针形或长圆状披针形，顶端急尖或圆钝，边缘向下反卷，上面绿色，被短柔毛或脱落几无毛，中脉下陷，下面被白色茸毛，沿脉被白色绢状长柔毛，茎生叶与基生叶相似，唯叶片对数较少；基生叶托叶近膜质，褐色，外面被白色绢状长柔毛，茎生叶托叶草质，绿色，边缘锐裂。伞房状聚伞花序，花梗长 0.5～1.5 cm，基部具披针形苞片，外面密被短柔毛；花直径通常 0.8～1 cm，稀达 1.3 cm；萼片三角状卵形，顶端急尖，副萼片带形或披针形，顶端尖，比萼片短约 1 倍且狭窄，外面被短柔毛及少数绢状柔毛；花瓣黄色，宽倒卵形，顶端微凹，比萼片稍长；花柱近顶生，基部微扩大，稍有乳头或不明显，柱头扩大。瘦果卵球形，深褐色，有明显皱纹。花果期 4—10 月。

【分布】 中国分布于黑龙江、吉林、辽宁、内蒙古、河北、山西、陕西、甘肃、山东、河南、江苏、安徽、江西、湖北、湖南、台湾、广东、广西、四川、贵州、云南、西藏等地。俄罗斯、日本、朝鲜等也有分布。

【生境】 生长于山坡草地、沟谷、林缘、灌丛、疏林，海拔 400～3 200 m。

【食用部位及方法】 嫩苗可食。

【营养成分】 含有黄酮类、萜类及鞣质 d-儿茶素-3-O-D-葡萄糖苷，具有抗氧化活性。

【药用功效】 全草入药，能清热解毒、止血、止痢，具有抗炎、抗病毒、抗溃疡、抗高血脂、抗氧化等作用，并且可以祛湿、镇痛，用于治疗皮肤疾病。

【栽培管理要点】 应选土质疏松、土壤肥沃、灌溉便利的地块。选地后先深翻土地，结合翻地每亩施入腐熟有机肥 3 000～4 000 kg，与土壤混匀，翻入土中，将土块打碎整细，作成宽 30 cm、高 20 cm 的垄，垄距 20 cm。播种方式一般采用直播。播种前进行浸种，一般温水浸种 8～12 h，种子充分吸水后即可播种。播种时先在垄顶按 10 cm 株距穴播，每穴播 2～3 粒种子，播后覆土，稍加压实，播后顺垄沟浇水，水量以浸透垄顶土壤为宜。适宜温度下，3～5 d 即可出苗。幼苗 1 片或 2 片真叶时间苗。选生长健壮的植株每穴留 1 株，其余拔掉，然后浅耕，除草保墒，促使幼苗生长。委陵菜发芽期应视土壤墒情浇水，使土壤保持湿润疏松以利于种子发芽，保证苗齐、苗全。幼苗期前促后控，肉质根开始膨大前应控制肥水管理，防止幼苗徒长。肉质根开始膨大时是需肥、需水的关键期，应及时浇水，使土壤保持湿润。若水分供应不足，易使肉质根木质部木栓化，侧根增多；若浇水不均匀，则肉质根容易开裂。收获前 1 周停止供水。栽培委陵菜应多施速效肥，如碳酸氢铵、硫酸铵、尿素等，施肥 2～3 次，肉质根开始膨大时第 1 次追肥，半个月后第 2 次追肥；每次每亩施硫酸铵 10～15 kg，适当配合施用钾肥；再过 15～20 d 进行第 3 次追肥，施用量可比前两次略少。委陵菜开花前 1～2 周进行收获。全株挖出，去掉地上部分老叶，将肉质根洗净，包装上。

十九、景天科

68. 费菜

【学名】 *Phedimus aizoon*（L.）'t Hart。

【蒙名】 矛钙-伊得。

【别名】 土三七、景天三七、见血散。

【分类地位】 景天科费菜属。

【形态特征】 多年生草本，全体无毛。根状茎短而粗。茎高 20～50 cm，具 1～3 条茎，少数茎丛生，直立。叶互生，椭圆状披针形至倒披针形，几无柄。聚伞花序顶生，分枝平展，多花，下托以苞叶，花近无梗，萼片 5，条形，肉质，不等长；花瓣 5，黄色，矩圆形至椭圆状披针形，雄蕊 10，较花瓣短；鳞片 5，近正方形。蓇葖果呈星芒状排列，有直喙；种子椭圆形。花期 6—8 月，果期 8—10 月。

【分布】 内蒙古分布于呼伦贝尔、乌兰浩特、通辽、赤峰、锡林郭勒、乌兰察布。中国分布于东北、华北、西北等地区至长江流域。朝鲜、日本、蒙古国、俄罗斯等也有分布。

【生境】 旱中生植物。生长于石质山地疏林、灌丛、林间草甸、草甸草原，为偶见伴生植物。

【食用部位及方法】 费菜是一种很有前景的保健蔬菜，可以加工保健食品、药品、茶饮料等产品。

【营养成分】 富含蛋白质、脂肪、碳水化合物、胡萝卜素、维生素 B_1、维生素 B_2、维生素 C、钙、磷、铁等营养成分及生物碱、谷甾醇、黄酮类、齐墩果酸、景天庚糖等药用成分。

【药用功效】 根及全草入药，能散瘀止血、安神镇痛，主治血小板减少性紫癜、衄血、吐血、咯血、便血、齿龈出血、子宫出血，心悸、烦躁、失眠；外用治跌打损伤、外伤出血、烧烫伤、疮疖痈肿等症。

【栽培管理要点】 可采用种子繁殖、分株繁殖和扦插繁殖。

种子繁殖 育苗盆中播种，1—2月均匀撒播，轻压，稍覆土，塑料薄膜覆盖，出苗最佳温度 25～28℃，15～20 d 出齐苗，120 d 左右可移栽定植。

分株繁殖 在早春发芽初期或秋季进行，将植株挖起进行分株，2～3 个芽为 1 丛进行栽植，栽后浇透水。

扦插繁殖 嫩枝扦插，插穗长 8～10 cm，留上端 2～3 片叶。扦插深度为插穗的 1/4～1/3。基质选用透气性好、保水排水性皆佳的材料，如珍珠岩、炉渣、沙子。扦插后注意浇水，使基质与插穗充分接触，用全光照喷雾，空气湿度 90%，温度 25℃，7～10 d 可生根，生根率达 98% 以上，20 d 可移栽上钵，或可直接定植于疏松土壤中。整个生长期均可扦插，一株成型费菜一年可繁殖近千株，且成苗时间短。对土壤要求不严，一般土地均可种植，以肥沃和排水良好的沙壤土最佳，株行距 40 cm 为宜。萌芽率高，分枝力较差，多打头，促进株形饱满、紧凑，提高观赏价值。一般三年生苗，冠幅为 50～60 cm，呈球状，生长季节需中耕和施复合肥，促进植株生长旺盛，叶色浓绿。

二十、豆科

69. 紫花苜蓿

【学名】 *Medicago sativa* L.。

【蒙名】 宝日-查日嘎苏。

【别名】 紫苜蓿、苜蓿。

【分类地位】 豆科苜蓿属。

【形态特征】 多年生草本，高 30～100 cm。根系发达，主根粗而长，入土深度达 2 m。茎直立或有时斜升，多分枝，无毛或疏生柔毛。羽状三出复叶，顶生小叶较大；托叶狭披针形或锥形，长渐尖，全缘或稍具齿，下部叶柄合生，小叶矩圆状倒卵形、倒卵形或倒披针形，先端钝或圆，具小刺尖，基部楔形，叶缘上部具锯齿，中下部全缘，上面无毛或近无毛，下面疏被柔毛。短总状花序腋生，具花 5～20 朵，通常较密集，总花梗超出于叶，被毛；花紫色或蓝紫色，花梗短，被毛；苞片小，条状锥形；花萼筒状钟形，被毛，萼齿锥形或狭披针形，渐尖，比萼筒长或与萼筒等长；旗瓣倒卵形，先端微凹，基部渐狭，翼瓣比旗瓣短，基部具较长的耳及爪，龙骨瓣比翼瓣稍短；子房条形，被毛或近无毛，花柱稍向内弯，柱头头状。荚果螺旋形，通常卷曲 1～2.5 圈，密被伏毛，含种子 1～10 粒；种子小，肾形，黄褐色。花期 6—7 月，果期 7—8 月。

【分布】 原产于亚洲西南部的高原地区，2 400 年前已开始引种栽培。内蒙古分布于鄂尔多斯东部和乌兰察布南部。中国主要分布于黄河中下游及西北地区，东北的南部也有少量栽培。阴山山脉以北虽有较广泛的试验栽培，但越冬尚有一定困难，还未能完全成功。

【生境】 生长于田边、路旁、旷野、草原、河岸、沟谷等。

【食用部位及方法】 嫩苗或嫩茎叶洗净，入沸水中焯过，捞出后再过几次清水，沥干，切碎凉拌、炒食、做馅或拌面粉蒸食。

【营养成分】 紫花苜蓿的营养价值很高，粗蛋白质含量为16%～22%，粗纤维含量为17.2%～40.6%，赖氨酸含量1.06%～1.38%，富含叶酸、维生素K、维生素E和维生素B_{12}、磷、钙、铜、铁、锰、锌、苜蓿皂苷、异黄酮类物质及多种未知促生长因子。

【药用功效】 苜蓿皂苷能显著降低胆固醇和血脂含量、消退动脉粥样硬化斑块、调节免疫、抗氧化、防衰老。常年食用苜蓿食品可补充黄酮类化合物，能防癌，预防骨质增生、前列腺炎，降低心血管疾病发生率，减轻妇女更年期不适等。

【栽培管理要点】 紫花苜蓿喜湿、喜光，对土壤要求不严格，但排水良好的沙质壤土最为适宜。每公顷播种量为10～15 kg，如撒播需增加20%的播种量。未种过紫花苜蓿的田地播种前应接种根瘤菌，按种子拌8～10 g/kg根瘤菌剂拌种，拌种后的种子应避免阳光直射，避免与农药、化肥、生石灰等接触；接种后如不马上播种，3个月后应重新接种。紫花苜蓿种子较小，幼苗顶土能力弱，播种前需整平、整细地块，覆土不宜过厚。因紫花苜蓿是深根型植物，播前土壤宜深翻25～30 cm。一年四季均可播种，春季4月中旬至5月末、夏季6—7月播种，秋播在8月中旬以前进行，紫花苜蓿株高5 cm以上可具备一定的抗寒能力，能使幼苗安全越冬，冬季播种在上冻之前1周左右进行。可以条播、撒播，条播产草田行距为15～30 cm，播带宽3 cm；撒播采用人工或机械将种子均匀地撒在土壤表面，然后轻耙覆土镇压，这种方法适于人少地多、杂草不多的情况，山区坡地及果树行间可采用撒播。垄作条播产草田行距为40～50 cm，播带宽3 cm，播种深度以1～2 cm为宜，保证种子能接触到潮湿的土壤破土出苗。沙质土壤宜深，黏土宜浅；土壤墒情差的宜深，墒情好的宜浅；春季宜深，夏季、秋季宜浅。干旱地区可以采取深开沟、浅覆土的办法，播后及时镇压，确保种子与土壤充分接触。追肥在第1茬草收获后进行，以磷钾肥为主，氮肥为辅，氮、磷、钾比例为1:5:5。每年第1次刈割后视土壤墒情灌水1次。早春土壤解冻后，紫花苜蓿未萌发之前浅耙松土，以提高地温、促进发育，这样做将有利于返青。在紫花苜蓿越冬困难的地区，可采用大垄条播，垄沟播种，秋末中耕培土，厚度3～5 cm，以减轻早春冻融变化对紫花苜蓿根茎的伤害。在霜冻前后灌水1次（大水漫灌），以提高紫花苜蓿越冬率。现蕾末期至初花期收割，收割前根据气象预测，须5 d内无降雨，以避免雨淋霉烂损失。采用人工收获或专用牧草压扁收割机收获。割下的紫花苜蓿在田间晾晒使含水量降至18%以下方可打捆储藏。紫花苜蓿留茬高度5～7 cm，秋季最后一茬留茬高度可适当高些，一般为7～9 cm。

70. 黄花苜蓿

【学名】 *Medicago falcata* L.。

【蒙名】 希日-查日嘎苏。

【别名】 野苜蓿、镰荚苜蓿。

【分类地位】 豆科苜蓿属。

【形态特征】 多年生草本。根粗壮，木质化。茎斜升或平卧，长30～60（100）cm。多分枝，被短柔毛。羽状三出复叶；托叶卵状披针形或披针形，长渐尖，下部与叶柄合生；小叶倒披针形、条状倒披针形、稀倒卵形或矩圆状卵形，先端钝圆或微凹，具小刺尖，基部楔形，边缘上部具锯齿，下部全缘，上面近无毛，下面被长柔毛。总状花序密集成头状，腋生，通常具花5～20朵，总花梗长，超出叶；花黄色；花梗被毛；苞片条状锥形；花萼钟状，密被柔毛；萼齿狭三角形，长渐尖，比萼筒稍长或与萼筒近等长；旗瓣倒卵形，翼瓣比旗瓣短，耳较长，龙骨瓣与翼瓣近等长，具短耳及长爪；子房宽条形，稍弯曲或近直立，被毛或近无毛，花柱向内弯曲，柱头头状。荚果稍扁，镰刀形，稀近于直，被伏毛，含种子2～3（4）粒。花期7—8月，果期8—9月。

【分布】 内蒙古主要分布于呼伦贝尔、赤峰、锡林郭勒。中国分布于东北、华北、西北地区。欧洲也有分布。

【生境】 耐寒的旱中生植物。在森林草原及草原带的草原化草甸群落中可形成伴生种或优势种，草甸化羊草草原的亚优势成分。喜生长于沙质或沙壤质土，多见于河滩、海谷等低湿生境。

【食用部位及方法】 青鲜状态或制成干草的黄花苜蓿，各种家畜均可食，以羊、牛、马最喜食，被牧民认为是一种具有催肥作用的牧草。以全草入药。

【营养成分】 含有叶黄素50%～52%、叶黄素-5.6-环氧化物、菊黄质9%～10%、毛茛黄素7%～8%等。

【药用功效】 能降压利尿、消炎解毒。主治浮肿、各种恶疮。

【栽培管理要点】 宜选土层深厚、排水良好、肥沃、疏松的砂质壤土，旋耕、细整，结合整地每公顷一次性施过磷酸钙750 kg。一般要求6月中旬小麦收后抢墒播种，播前1 d晒种，每公顷播量12 kg；按行距30～40 cm开沟，沟深2～3 cm；播后保持土壤墒情，气温在20℃左右时，播后5～8 d出苗，出苗后要及时清除杂草。越冬前要中耕、培土、施肥，中耕要慎防伤根，施肥以腐熟的农家肥为宜，每公顷适当增施硫酸钾300 kg。翌年田间管理主要是清除杂草，有条件的3月下旬至4月上旬灌溉1次。黄花苜蓿怕旱、怕涝，8—10月若遇连阴雨天气要及时排涝防积水，否则易烂根，影响下茬收获产量。药用黄花苜蓿采收部位为地上茎、叶，一般1年采收2次，在播后翌年开始，花蕾期至初花期（5月中旬）收割第1茬，收割后及时灌溉，有利于提高下茬产量，9月中旬可收割第2茬。

71. 野火球

【学名】 *Trifolium lupinaster* L.。

【蒙名】 禾日因-好希扬古日。

【别名】 野车轴草。

【分类地位】 豆科车轴草属。

【形态特征】 多年生草本，高 15～30 cm，通常数茎丛生。根系发达，主根粗而长。茎直立或斜升，多分枝，略呈四棱形，疏被短柔毛或近无毛。掌状复叶，通常具小叶 5 枚，稀为 3～7 枚；托叶膜质鞘状，贴生于叶柄，抱茎，有明显脉纹；小叶长椭圆形或倒披针形，长 1.5～5 cm，宽（3）5～12（16）mm，先端稍尖或圆，基部渐狭，边缘具细锯齿，两面密布隆起的侧脉；下面沿中脉疏被长柔毛。花序呈头状，顶生或腋生，花多数，红紫色或淡红色；花梗短，被毛；花萼钟状，萼齿锥形，比萼筒长，均被柔毛，旗瓣椭圆形，长约 14 mm，顶端钝或圆，基部稍狭，翼瓣短于旗瓣，矩圆形，顶端稍宽而略圆，基部具稍向内弯曲的耳，爪细长，龙骨瓣比翼瓣稍短，耳较短，爪细长，顶端常有 1 小突起；子房条状矩圆形，有柄，通常内部边缘被毛，花柱长，上部弯曲，柱头头状。荚果条状矩圆形，含种子 1～3 粒。花期 7—8 月，果期 8—9 月。

【分布】 内蒙古分布于呼伦贝尔、乌兰浩特、通辽、赤峰、锡林郭勒、乌兰察布、呼和浩特等地。中国分布于东北、华北地区。朝鲜、日本、蒙古国、俄罗斯也有分布。

【生境】 野火球为中生植物，属森林草甸种。在森林草原地带，是林缘草甸的伴生种或次优势种；也见于草甸草原、山地灌丛、沼泽化草甸，多生长于肥沃的壤质黑钙土及黑土上，也可适应于砾石质、粗砾质土。

【食用部位及方法】 整个植株均可食用，各种家畜均喜食，尤其牛特别爱食，草质较硬，茎叶粗糙，质地中等。

【营养成分】 在干草中，钙的含量是磷的 10 倍左右，故为家畜的钙质牧草。营养物质的含量以粗蛋白质较高，粗灰分中矿物质含量高。

【药用功效】 全草入药，具有镇静、止咳、止血的功效。

【栽培管理要点】 野火球适应性广，非盐渍化土壤均能种植，尤喜有机质含量丰富的黑土和黑土层较厚的白浆土，耐贫瘠，不耐盐碱，适宜土壤 pH 值 5～7.5。野火球种子细小、硬实率高、出苗缓慢，播种前应作破除硬实处理。野火球种子发芽的最低温度为 10℃，理想温度是 25℃左右；春夏两季均可播种，春播宜选在 4—5 月抢墒播种，夏播宜在 6—8 月。做商品草或种子田时宜采用条播，行距控制在 30～45 cm 或采用 60～70 cm 双条播，亩播种量 1～1.5 kg；在草地补播或改良时宜采用撒播，亩播种量 1.5～2 kg；野火球适宜与羊草、无芒雀麦等混播，与禾本科牧草混播时，比例要以野火球为主，否则易受禾草抑制而退化，播深 1.5～2 cm，播后镇压确保墒情，播种时施磷钾肥为主的底肥或有机肥。野火球苗期生长缓慢，易受杂草影响，出苗后应及时除草。土壤干旱或缺肥时，要及时追肥或灌溉，追肥以磷钾肥为主。

72. 小叶锦鸡儿

【学名】 *Caragana microphylla* Lam.。

【蒙名】 乌禾目-哈日嘎纳、阿拉他嘎纳。

【别名】 柠条、连针。

【分类地位】 豆科锦鸡儿属。

【形态特征】 灌木，高40～70 cm，最高可达1 m。树皮灰黄色或黄白色；小枝黄白色至黄褐色，直伸或弯曲，具条棱，幼时被短柔毛。长枝上的托叶宿存硬化呈针刺状，常稍弯曲，幼时被伏柔毛，后无毛，脱落。小叶10～20枚，羽状排列，倒卵形或倒卵状矩圆形，近革质，绿色，先端微凹或圆形，少近截形，有刺尖，基部近圆形或宽楔形，幼时两面密被绢状短柔毛，后仅被极疏短柔毛。花单生；花梗密被绢状短柔毛，近中部有关节；花萼钟形或筒状钟形，基部偏斜，密被短柔毛，萼齿宽三角形，边缘密被短柔毛；花冠黄色，旗瓣近圆形，顶端微凹，基部具短爪，翼瓣爪长为瓣片的1/2，耳短，圆齿状，长约为爪的1/5，龙骨瓣顶端钝，爪约与瓣片等长，耳不明显；子房无毛。荚果圆筒形，深红褐色，无毛，顶端斜长渐尖。花期5—6月，果期8—9月。

【分布】 内蒙古分布于呼伦贝尔、乌兰浩特、通辽、赤峰、锡林郭勒、乌兰察布、包头等地。中国主要分布于东北、华北地区，甘肃东部。蒙古国、俄罗斯也有分布。

【生境】 小叶锦鸡儿为典型草原的旱生灌木，可在沙砾质、沙壤质或轻壤质土壤的针茅草原群落中形成灌木层片，并可成为亚优势成分，群落外貌明显，成为草原带景观植物，组成一类独特的灌丛化草原群落。

【食用部位及方法】 小叶锦鸡儿为草原地带良好的饲用灌木。绵羊、山羊及骆驼均乐意采食其嫩枝，尤其于春末喜食其花。家畜喜食叶，其为一年生枝条及嫩梢，至于较粗的枝，则仅采食枝上叶（连同树皮），约有小指粗的枝条则不采食。在小叶锦鸡儿各部位中，以花的适口性最高。

【营养成分】 小叶锦鸡儿开花期粗蛋白含量可高达23%，另外还含有多种生物活性物质，营养价值高。

【药用功效】 全草、根、花、种子皆可入药，功效同中间锦鸡儿。

【栽培管理要点】 育苗地宜选有灌溉条件、排水良好、通透性强的沙壤土，忌选风沙口或涝洼地带，一般采取高床育苗，苗床宽1.2 m，床沟0.4 m，床高0.2 m，床的长度因地势而定。播种前，用1%的高锰酸钾浸种0.5 h，用清水淘洗1遍，加水浸种10 h，捞出把水沥干及时播种，一般7 d左右出苗。播种期一般选择在5月上旬，播种方法为条播，行距25 cm，播种宜浅不宜深，覆土厚度2 cm左右，亩播种量30～40 kg，产苗量10万株以上。土壤不易过湿，地温15～20℃可保证种子发芽，苗木10 cm以上要勤浇水，一般7 d左右或土壤过干时灌1次水；苗木15 cm高时，可结合灌水追施1次氮肥，每亩撒施15～20 kg，可使苗木迅速生长。当年小叶锦鸡生长到30～50 cm，地基径达到0.3 cm以上时，可出圃用于秋季或翌年造林。雨季和秋季整地，苗木根系过长要修根，一般保留根长20 cm左右，并用泥浆浸蘸根20～30 min，采用植苗锹窄缝栽植法，造林后前3年要及时除草松土。小叶锦鸡儿造林在3年内生长缓慢，在风沙危害严重的地区或沙土丘陵地区，易被泥土埋没，新植幼苗若被牲畜啃食，翌年很难发芽，所以要加强幼树保护，严禁放牧和割草。一般在造林后6～8年开始，每隔5年1次，对小叶锦鸡儿林进行平茬更新，增加根系的固着能力和生长范围，促生萌蘖数量，提高植被盖度；平茬时间一般在"立冬"后至早春解冻之前，留茬高度一般离地面10 cm。

73. 中间锦鸡儿

【学名】 *Caragana liouana* Zhao Y. Chang & Yakovlev。

【蒙名】 宝特-哈日嘎纳。

【别名】 柠条、小柠条。

【分类地位】 豆科锦鸡儿属。

【形态特征】 灌木，高70～150 cm，最高可达2 m，多分枝。树皮黄灰色、黄绿色或黄白色；枝条细长，直伸或弯曲，幼时被绢状柔毛。长枝上的托叶宿存并硬化呈针刺状；叶轴密被白色绢状柔毛，脱落；小叶8～18枚，羽状排列，椭圆形或倒卵状椭圆形，先端圆或锐尖，少截形，有刺尖，基部宽楔形，两面密被绢状柔毛，有时上面近无毛。花单生；花梗密被绢状短柔毛，常中部以上具关节，少中部或中部以下具关节；萼筒状钟形，密被短柔毛，萼齿三角形；花冠黄色，旗瓣宽卵形或菱形，基部具短爪，翼瓣的爪长约为瓣片的1/2，耳短，牙齿状，龙骨瓣矩圆形，具长爪，耳极短，因而瓣片基部呈截形；子房披针形，无毛或疏被短柔毛。荚果披针形或矩圆状披针形，厚、革质，腹缝线凸起，顶端短渐尖。花期5月，果期6月。

【分布】 内蒙古主要分布于锡林郭勒、包头、鄂尔多斯、巴彦淖尔、阿拉善。中国分布于宁夏、陕西。

【生境】 中间锦鸡儿为干旱草原及荒漠草原的旱生灌木。在固定和半固定沙丘上可成为建群种，形成沙地灌丛群落；也常散生于沙质荒漠草原群落中，而组成灌丛化草原群落。

【食用部位及方法】 为良好的饲用植物，适口性好，也是抓膘牧草。春季绵羊、山羊均喜食其嫩枝、叶及花，其他季节采食渐减。骆驼一年四季喜食，马和牛不喜食，荒旱年份它的饲用意义提高。全草、根、花、种子均可入药，属补益药类。种子可榨油，花是良好的蜜源。

【营养成分】 营养价值良好，富含蛋白质，粗纤维含量较少，在灰分中钙的含量较高。蛋白质的品质也较好，含有较丰富的必需氨基酸，其含量高于一般禾谷类饲料，也高于苜蓿干草，尤以赖氨酸、异亮氨酸、苏氨酸和缬氨酸为丰富。

【药用功效】 全草、根、花、种子入药；花能降压，主治高血压；根能祛痰止咳，主治慢性支气管炎；全草能活血调经，主治月经不调；种子能祛风止痒、解毒，主治神经性皮炎、牛皮癣、黄水疮等症。种子入蒙药，主治咽喉肿痛、高血压、血热头痛、脉热。

【栽培管理要点】 中间锦鸡儿在丘间低地的沙质壤土和沙漠荒滩都能种植，以先育苗、后移栽为主，也可直接播种。育苗宜选沙质轻壤土，育苗前1年，结合深耕整地施足底肥，并进行冬灌，翌年春季抢墒播种。在黄土丘陵沟壑地区直播时，可视地形情况，于上年秋季采用水平台、水平沟、鱼鳞坑或小穴整地，水平台、沟沿等高线开挖，距离2～3 m，鱼鳞坑、穴距离1～2 m。育苗采用条播，行距30～40 cm，子叶出土顶土力差，需薄覆土，厚度以3 cm左右为宜，每亩直播1～1.5 kg，播后镇压，利于种子吸水出苗，苗高达25 cm时可出圃移栽。春、夏、秋三季都可直播，但以春季或雨后抢墒播种最好；秋播在8月中旬以前，过迟不利于幼苗越冬。移栽期宜选3月下旬到4月初，移栽行距2～3 m、株距1 m；移栽宜选根系发育粗壮的植株，大苗和根系过长的植株要截根、截干；挖坑深度为50～60 cm，移栽前灌足水分；移栽后穴面要用干沙或干碎土覆盖保墒。幼苗期应实行封育，禁止放牧等人畜危害，保证幼苗生长。

74. 甘草

【学名】 *Glycyrrhiza uralensis* Fisch.。

【蒙名】 希禾日-额布斯。

【别名】 甜草苗。

【分类地位】 豆科甘草属。

【形态特征】 多年生草本，高30～70 cm。具粗壮的根茎，常由根茎向四周生出地下匍匐枝，主根圆柱形，粗而长，1～2 m或更长，伸入地中，根皮红褐色至暗褐色，有不规则的纵皱及沟纹，横断面内部呈淡黄色或黄色，有甜味。茎直立，稍带木质，密被白色短毛及鳞片状、点状或小刺状腺体。单数羽状复叶，具小叶7～17枚；被细短毛及腺体；托叶小，长三角形、披针形或披针状锥形，早落；小叶卵形、倒卵形、近圆形或椭圆形，先端锐尖、渐尖或近于钝，稀微凹，基部圆形或宽楔形，全缘，两面密被短毛及腺体。总状花序腋生，花密集；花淡蓝紫色或紫红色；花梗甚短；苞片披针形或条状披针形；花萼筒状，密被短毛及腺点，裂片披针形，比萼筒稍长或近等长；旗瓣椭圆形或近矩圆形，顶端钝圆，基部渐狭成短爪，翼瓣比旗瓣短，而比龙骨瓣长，均具长爪；雄蕊长短不一；子房无柄，矩圆形，具腺状突起。荚果条状矩圆形、镰刀形或弯曲呈环状，密被短毛及褐色刺状腺体；含种子2～8粒，扁圆形或肾形，黑色，光滑。花期6—7月，果期7—9月。

【分布】 内蒙古全区均有分布。中国分布于东北、华北、西北地区。蒙古国、俄罗斯、巴基斯坦、阿富汗也有分布。

【生境】 中旱生植物。生长于碱化沙地、沙质草原、具沙质土的田边、路旁、低地边缘、河岸轻度碱化的草甸。生态幅度较广，在荒漠草原、草原、森林草原以及落叶阔叶林均有生长。在草原沙质土上，有时可成为优势植物，形成片状分布的甘草群落。

【食用部位及方法】 在食品工业上可制作啤酒的泡沫剂或酱油。

【营养成分】 主要活性成分有甘草苷、甘草素、异甘草素、光甘草定、甘草查尔酮A、黄酮类等。

【药用功效】 根入药，能清热解毒、润肺止咳、调和诸药等，主治咽喉肿痛、咳嗽、脾胃虚弱、胃及十二指肠溃疡、肝炎、痔病、痈疖肿毒、药物及食物中毒等症。根及根状茎入蒙药，能止咳润肺、滋补、止吐、止渴、解毒，主治肺痨、肺热咳嗽、吐血、口渴、各种中毒、"白脉"病、咽喉肿痛、血液病。

【栽培管理要点】 甘草有性繁殖和无性繁殖均可，秋季深翻30～45 cm，每公顷施基肥37 500 kg，翻后耙平；种子繁殖在翌年春4月播种，磨破种皮，或者用温水浸泡，沙藏2个月播种，或用60℃温水浸泡4～6 h，捞出种子放在温暖的地方，盖湿布，每天用清水淋2次，出芽即可播种。7—8月播种，不催芽，可条播和穴播，行距30 cm，开1.5 cm深的沟，种子均匀撒入沟内，覆土2～3 cm。穴播：株距5 cm，每穴播5粒，覆土后压实，土干要浇水，每公顷播种量30～37.5 kg。根状茎繁殖：结合春秋两季采挖甘草时进行，粗的根药用，细的根状茎截成4～5 cm的小段，上面有2～3个芽，把根平放入整好的畦内，行距30 cm，开10 cm深的沟，株距15 cm，覆土浇水。出苗前后，保持土壤湿润，苗长出2～3片真叶按株距10～12 cm间苗，根状茎露出地面后培土，拔除杂草，第1～2年可和粮食等作物间套种。种子繁殖3～4年，根状茎繁殖2～3年即可采收，9月下旬至10月初地上茎叶枯萎时深挖，不可刨断或伤根皮，挖出后去掉残茎，忌用水洗，趁鲜分出主根和侧根，去掉芦头、毛须、支杈，晒至半干，捆成小把，再晒至全干，也可在春季茎叶出土前采挖，但秋季采挖质量较好。

75. 胡枝子

【学名】 *Lespedeza bicolor* Turcz.。

【蒙名】 矛仁-呼日布格呼吉斯。

【别名】 横条、横笆子、扫条。

【分类地位】 豆科胡枝子属。

【形态特征】 直立灌木，高达1 m。老枝灰褐色，嫩枝黄褐色或绿褐色，具细棱并疏被短柔毛。羽状三出复叶，互生；托叶2，条形，褐色；叶轴被毛；顶生小叶较大，宽椭圆形、倒卵状椭圆形、矩圆形或卵形，先端圆钝，微凹，少有锐尖，具短刺尖，基部宽楔形或圆形，上面绿色，近无毛，下面淡绿色，疏被平伏柔毛，侧生小叶较小，具短柄。总状花序腋生，全部成为顶生圆锥花序；总花梗较叶长，被毛；小苞片矩圆形或卵状披针形，钝头，多少呈锐尖，棕色，被毛；花萼杯状，紫褐色，被白色平伏柔毛，萼片披针形或卵状披针形，先端渐尖或钝，与萼筒近等长；花冠紫色，旗瓣倒卵形，顶端圆形或微凹，基部具短爪，翼瓣矩圆形，顶端钝，具爪和短耳，龙骨瓣与旗瓣等长或稍长，顶端钝或近圆形，具爪；子房条形，被毛。荚果卵形，两面微凸，顶端有短尖，基部具柄，网脉明显，疏或密被柔毛。花期7—8月，果期9—10月。

【分布】 内蒙古主要分布于呼伦贝尔、乌兰浩特、通辽、赤峰、锡林郭勒、乌兰察布、呼和浩特、包头、鄂尔多斯、巴彦淖尔等地。中国分布于东北、华北地区。朝鲜、日本、俄罗斯也有分布。

【生境】 耐阴中生灌木，属林下植物。在温带落叶阔叶林地区，为栎林灌木层的优势种，见于林缘，常与榛子一起形成林缘灌丛。在内蒙古，多生长于山地森林、灌丛，一般出现在阴坡。

【食用部位及方法】 茎叶可代茶用，子实可食用。

【营养成分】 胡枝子种子是营养丰富的粮食和食用油资源，含油率高达 11%～15%，粗蛋白质含量 22%～28%，并富含矿物质和多种维生素，氨基酸种类齐全，其中赖氨酸 1.11%、蛋氨酸 0.036%，氨基酸总量高达 17.99%。

【药用功效】 全草入药，能润肺解热、利尿、止血，主治感冒发热、咳嗽、眩晕头痛、小便不利、便血、尿血、吐血等症。

【栽培管理要点】 育苗地宜选有灌水条件的中性沙壤土，可大田育苗或作床育苗。4 月下旬至 5 月上旬播种，亩播种量 0.5 kg 左右，条播播幅 4～6 cm，行距 12～15 cm。播前种子破荚壳后用 60～70℃温水浸种，种子部分裂开时播种，5～6 d 即可出苗，苗齐后 20 d 左右间苗，1 次定苗。大田育苗每米留苗 30～35 株，作床育苗留苗 70～85 株/m²，可亩产苗 3～4 万株。可在 7 月中旬以前追肥 2～3 次，培育胡枝子苗宜在 8 月中旬前后"割梢"（在苗高 30～35 cm 处割去枝梢），以利于幼苗木质化。

栽植一年生苗木成活率高，栽植季节以春季为最好，采用垂直主风带状栽植，每隔 0.5 m 掘方形坑（每边 30 cm，坑深 30～35 cm），而后在方形坑的对角各栽苗 1 株，这样栽植后自然形成 2 行的 1 个窄带，带距 3～4 m；待 2～3 年后平茬，形成 1 条宽约 0.5 m、高 1～1.5 m 的绿篱墙。在风沙严重地段，为增强防护作用还可以加倍栽植，把上述"两行一带"加密为"四行一带"，每亩需苗 800～1 600 株。植苗后 2～3 年平茬更新，每隔 2 年平茬 1 次；适宜平茬的季节是 12 月至翌年 1—2 月，留茬口略高于地面 1～2 cm 或与地面平为佳。

76. 兴安胡枝子

【学名】 *Lespedeza davurica*（Laxm.）Schindl.。

【蒙名】 呼日布格。

【别名】 牤牛茶、牛枝子、达呼里胡枝子、达乌里胡枝子、达呼尔胡枝子、达胡里胡枝子、大斑鸠菜、豆豆苗、鸡柳条、牛筋子、牛枝子、掐不齐、铁苕条、枝儿条、达胡里枝子、达里胡枝子、光安胡枝子、毛果胡枝子、瘦牛筋、铁扫帚、铁笤条、乌达里胡枝子。

【分类地位】 豆科胡枝子属。

【形态特征】 多年生草本，高 20～50 cm。茎单一或数个簇生，通常稍斜升。老枝黄褐色或赤褐色，被短柔毛，嫩枝绿褐色，具细棱并被白色短柔毛。羽状三出复叶，互生；托叶 2，刺芒状；叶轴被毛；小叶披针状矩圆形，先端圆钝，有短刺尖，基部圆形，全缘，上面绿毛，无毛或被平伏柔毛，下面淡绿色，被伏柔毛。总状花序腋生，较叶短或与叶等长；总花梗被毛；小苞片披针状条形，先端长渐尖，被毛；萼筒杯状，萼片披针状钻形，先端刺芒状，几与花冠等长；花冠黄白色，旗瓣椭圆形，中央常稍带紫色，下部具短爪；翼瓣矩圆形，先端钝，较短，龙骨瓣长于翼瓣，均具长爪；子房条形，被毛。荚果小，包于宿存萼内，倒卵形或长倒卵形，顶端有宿存花柱，两面凸出，被白色伏柔毛。花期7—8月，果期8—10月。

【分布】 内蒙古主要分布于呼伦贝尔、乌兰浩特、通辽、赤峰、锡林郭勒、呼和浩特及包头等地。中国分布于东北、华北、西北、华中地区，西藏。朝鲜、日本、俄罗斯也有分布。

【生境】 中旱生小半灌木，较喜温暖。生长于森林草原和草原带的山坡、丘陵坡地、沙地、草原，为草原群落的次优势种或伴生种。

【食用部位及方法】 嫩枝可以作为优质青饲料，具有较高的经济价值。

【营养成分】 同胡枝子。

【药用功效】 全草入药，能解表散寒，主治感冒发热、咳嗽。

【栽培管理要点】 正在引种驯化栽培。

77. 尖叶胡枝子

【学名】 *Lespedeza hedysaroides*（Pall.）Kitag.。

【蒙名】 好尼音-呼日布格。

【别名】 尖叶铁扫帚、铁扫帚、黄蒿子。

【分类地位】 豆科胡枝子属。

【形态特征】 草本状半灌木，高30～50 cm，分枝少或上部多分枝呈帚状。小枝灰绿色或黄绿色，基部褐色，具细棱并被白色平伏柔毛。羽状三出复叶；托叶刺芒状，被毛；叶轴甚短；顶生小叶较大，条状矩圆形、短圆状披针形、矩圆状倒披针形或披针形，先端锐尖或钝，有短刺尖，基部楔形，上面灰绿色，近无毛，下面灰色，密被平伏柔毛，侧生小叶较小。总状花序腋生，具花2～5朵，总花梗较叶为长，细弱，被毛；小苞片条状披针形，先端锐尖，与萼筒近等长并贴生于萼筒；花萼杯状，密被柔毛，萼片披针形，顶端渐尖，较萼筒长，花开后有明显3脉；花冠白色，有紫斑，旗瓣近椭圆形，顶端圆形，基部具短爪，翼瓣矩圆形，较旗瓣稍短，顶端圆，基部具爪，爪长约2 mm，龙骨瓣与旗瓣近等长，顶端钝，爪长为瓣片的1/2；子房被毛。无瓣花簇生于叶腋，有短花梗。荚果宽椭圆形或倒卵形，顶端有宿存花柱，被毛。花期8—9月，果期9—10月。

【分布】 内蒙古主要分布于呼伦贝尔、乌兰浩特、通辽、赤峰、锡林郭勒、呼和浩特等地。中国分布于东北、华北地区。朝鲜、日本、俄罗斯等地也有分布。

【生境】 中旱生小半灌木。生长于草甸草原带的丘陵坡地、沙质地，也见于栎林边缘的山坡。在山地草甸草原群落中为次优势种或伴生种。

【食用部位及方法】 同胡枝子。

【营养成分】 同胡枝子。

【药用功效】 同胡枝子。

【栽培管理要点】 尚无人工栽培驯化。

78. 广布野豌豆

【学名】 *Vicia eraoca* L.。

【蒙名】 伊曼给希。

【别名】 草藤、落豆秧。

【分类地位】 豆科野豌豆属。

【形态特征】 多年生草本，高 30～120 cm。茎攀缘或斜升，具棱，被短柔毛。双数羽状复叶，具小叶 10～24 枚，叶轴末端分枝或单一的卷须；托叶为半边箭头形或半戟形，有时狭细呈条形；小叶条形、矩圆状条形或披针状条形，膜质，先端锐尖或圆形，有小刺尖，基部近圆形，全缘，叶脉稀疏，不明显，上面无毛或近无毛，下面疏被短柔毛，稍呈灰绿色。总状花序腋生，总花梗超出叶或与叶近等长，具花 7～20 朵；花紫色或蓝紫色；花萼钟状，被毛，下萼齿比上萼齿长；旗瓣中部缢缩成提琴形，顶端微缺，瓣片与瓣爪近等长，翼瓣稍短于旗瓣或近等长，龙骨瓣显著短于翼瓣，先端钝；子房有柄，无毛，花柱急弯，上部周围被毛，柱头头状。荚果矩圆状菱形，稍膨胀或压扁，无毛，果柄通常比萼筒短，含种子 2～6 粒。花期 6—9 月，果期 7—9 月。

【分布】 内蒙古分布于呼伦贝尔、乌兰浩特、赤峰、锡林郭勒、乌兰察布、呼和浩特。中国分布于东北、华北、西北地区。朝鲜、日本、俄罗斯，欧洲、北美洲也有分布。

【生境】 中生植物，草甸种。生长于草原带的山地和森林草原带的河滩草甸、林缘、灌丛、林间草甸，也生长于林区的撂荒地。

【食用部位及方法】 广布野豌豆为优等饲用植物，品质良好，有抓膘作用，但产草量不高，可补播改良草场或引入与禾本科牧草混播。也为水土保持及绿肥植物。全草可作"透骨草"入药。

【营养成分】 粗蛋白含量为 6.06%～17.5%，粗脂肪含量为 1.25%～3.74%，无氮浸出物含量为 37.13%～42.54%。

【栽培管理要点】 尚无人工栽培驯化。

79. 救荒野豌豆

【学名】 *Vicia sativa* L.。

【蒙名】 给希-额布斯。

【别名】 巢菜、箭筈豌豆、普通苕子。

【分类地位】 豆科野豌豆属。

【形态特征】 一年生草本，高 20～80 cm。茎斜升或借卷须攀缘，单一或分枝，具棱，被短柔毛或近无毛。双数羽状复叶，具小叶 8～16 枚，叶轴末端具分棱的卷须；托叶半边箭头形，通常具 1～3 个披针状的齿裂；小叶椭圆形至矩圆形，或倒卵形至倒卵形矩圆形，先端圆形或微凹，具刺尖，基部楔形；全缘，两面疏被短柔毛。花 1～2 朵腋生，花梗极短；花紫色或红色；花萼筒状，被短柔毛，萼齿披针状锥形至披针状条形，比萼筒稍短或近等长，旗瓣长倒卵形，顶端圆形至微凹，中部微缢缩，中部以下渐狭，翼瓣短于旗瓣，显著长于龙骨瓣；子房被微柔毛；花柱很短，下弯，顶端背部被淡黄色髯毛。荚果条形，稍压扁，含种子 4～8 粒；种子球形，棕色。花期 6—7 月，果期 7—9 月。

【分布】 本种原产于欧洲南部及亚洲西部。

【生境】 中国各地均有栽培，也常生长于平原以至海拔 1 600 m 以下的山脚草地、路旁、灌木林下及麦田中。

【食用部位及方法】 救荒野豌豆为优等饲用植物和绿肥植物，营养价值较高，含有丰富的蛋白质和脂肪。

【营养成分】 花果期及种子有毒，国外曾有用其提取物抗肿瘤的报道。

【栽培管理要点】 尚无人工栽培驯化。

80. 蕨麻

【学名】 *Potentilla anserina* L.。

【蒙名】 陶来音-汤乃。

【别名】 鹅绒委陵菜、莲花菜、蕨麻委陵菜、延寿草、人参果、无毛蕨麻等。

【分类地位】 蔷薇科委陵菜属。

【形态特征】 多年生草本。根向下延长，有时在根的下部长成纺锤形或椭圆形块根；茎匍匐，节处生根，常着地长出新植物，被贴生或半开展疏柔毛或脱落几无毛；基生叶为间断羽状复叶，小叶 6～11 对，最上面 1 对小叶基部下延与叶轴会合；基生小叶渐小呈附片状，连叶柄长 2～20 cm，叶柄被贴生或稍开展疏柔毛，有时脱落几无毛，小叶椭圆形、卵状披针形或长椭圆形，长 1.5～4 cm，先端圆钝，基部楔形或宽楔形，有多数尖锐锯齿或呈裂片状，上面被疏柔毛或脱落近无毛，下面密被紧贴银白色绢毛；茎生叶与基生叶相似，小叶对数较少；单花腋生，花梗长 2.5～8 cm，疏被柔毛；花直径 1.5～2 cm；萼片三角状卵形，先端急尖或渐尖，副萼片椭圆形或椭圆状披针形，常 2～3 裂，稀不裂，与萼片近等长或稍短；花瓣黄色，倒卵形；花柱侧生，小枝状，柱头稍扩大；花果期 4—9 月。

【分布】 蕨麻分布较广，内蒙古主要分布于呼和浩特、包头、赤峰、鄂尔多斯、满洲里、丰镇、乌兰浩特、锡林浩特、阿拉善等地。中国主要分布于黑龙江、吉林、辽宁、内蒙古、河北、山西、陕西、甘肃、宁夏、青海、新疆、四川、云南、西藏。横跨欧、亚、美三大洲北半球温带地区，以及南美洲智利、大洋洲新西兰及塔斯马尼亚岛等地。

【生境】 蕨麻喜潮湿，有极强的适应性，在沙壤土、壤土、黏壤土上均可生长。生长于河岸、路边、山坡草地、草甸，海拔 500～4 100 m。

【食用部位及方法】 蕨麻块根作为食品熬粥，又可供甜制食品及酿酒用；用根做稀饭，甘甜生津，味鲜可口，营养丰富。还可深加工制成果茶、果酒、果粉、罐头、糕点、保健饮料、软胶囊、滴丸等保健品。

【营养成分】 清乾隆年间修撰的《西宁府新志》载："蕨麻产于野，状如麻根而色紫，食之益人，又谓之延寿果。"蕨麻含有大量的淀粉、蛋白质、脂肪、维生素及镁、锌、钾、钙等元素，100 g 蕨麻中含有维生素 C 约 100 mg。

【药用功效】 在甘肃、青海、西藏的高寒地区，根部膨大，含丰富淀粉，常称"蕨麻"或"人参果"，主治贫血和营养不良等；根含鞣质，可提制栲胶，并可入药，作收敛剂；茎、叶可提取黄色染料；又是蜜源植物和饲料植物。藏医学古籍记载，蕨麻可以滋补强身、健脾益胃、生津止渴、益气补血，常用于治疗脾虚泄泻、风湿麻痹、病后贫血、营养不良等。《青藏高原甘南藏药植物志》一书中称，蕨麻味辛、苦，性微寒，无毒，具有清肺祛痰、止咳平喘、滋补清热的功效，用于治疗心肺虚热、咳嗽等，外用可治疗皮肤红赤发炎。此外，在《青藏高原药物图鉴》第一册中也记载，蕨麻，味甘、性温，用于收敛止血、止咳利痰，治诸血及下痢，亦有滋补之效。蕨麻块根中可提取分离出蕨麻素，其具有一定的肝脏解毒作用，可明显抑制乙肝病毒，蕨麻中含有的生物类黄酮的甲醇提取物也具有较强的抗脂质过氧化和抑制自由基作用，是一种安全、高效的天然抗氧化剂。

【栽培管理要点】 蕨麻喜潮湿，有极强的适应性，在沙壤土中生长，块根膨胀率大，产量高，易采收。对土壤肥力无严格要求，应选择整齐一致、个体较大、无霉变、无病虫害的优良品系的蕨麻块根为种植材料；播种可采用条播、点播或撒播的方式。蕨麻田间管理较为粗放，基本属于半野生化栽培方式，不进行灌溉、施肥、人工除草等，播种 1 次可多年收获。为害蕨麻的主要害虫有地下害虫（小云斑金龟甲幼虫、细胸金针虫和沟金针虫等）和地上害虫（蓝跳甲和黑纹茶肖叶甲等），物理防治方法安全有效，对于金龟甲等害虫，根据其趋光性和假死性，利用黑光灯诱杀和人工捕杀；秋末地上植株枯萎后，及时清理田间，避免病虫在植株残体上寄生过冬。蕨麻的采收方式以普挖为主，不同种植地区的蕨麻采收时间不同，当年秋季土壤上冻之前采挖的蕨麻鞣质、总黄酮等成分含量较高，适宜作为药用型产品；翌年春季土壤解冻之后采挖的蕨麻可溶性糖、水分等含量高，鞣质含量低，口感好，适宜作为食用保健型产品使用。

81. 皂角

【学名】 *Gleditsia sinensis* Lam.。

【别名】 皂荚、刀皂、牙皂、猪牙皂、皂荚树、皂角、三刺皂角。

【分类地位】 苏木科皂荚属。

【形态特征】 落叶乔木或小乔木，高可达 30 m。枝灰色至深褐色；刺粗壮，圆柱形，常分枝，多呈圆锥状，长达 16 cm。一回羽状复叶，长 10～18（26）cm；小叶（2）3～9 对，纸质，卵状披针形至长圆形，长 2～8.5（12.5）cm，宽 1～4（6）cm，先端急尖或渐尖，顶端圆钝，具小尖头，基部圆形或楔形，有时稍歪斜，边缘具细锯齿，上面被短柔毛，下面中脉上稍被柔毛；网脉明显，在两面凸起；小叶柄长 1～2（5）mm，被短柔毛。花杂性，黄白色，组成总状花序；花序腋生或顶生，长 5～14 cm，被短柔毛；雄花直径 9～10 mm，花梗长 2～8（10）mm，花托长 2.5～3 mm，深棕色，外面被柔毛，萼片 4，三角状披针形，长 3 mm，两面被柔毛，花瓣 4，长圆形，长 4～5 mm，被微柔毛，雄蕊 8（6），退化雌蕊长 2.5 mm；两性花直径 10～12 mm，花梗长 2～5 mm，萼、花瓣与雄花的相似，萼片长 4～5 mm，花瓣长 5～6 mm，雄蕊 8，子房缝线上及基部被毛（偶有少数湖北标本子房全体被毛），柱头浅 2 裂，胚珠多数。荚果带状，长 12～37 cm，宽 2～4 cm，茎直或扭曲，果肉稍厚，两面鼓起，或有的荚果短小，多少呈柱形，长 5～13 cm，宽 1～1.5 cm，弯曲作新月形，通常称猪牙皂，内无种子；果颈长 1～3.5 cm；果瓣革质，褐棕色或红褐色，常被白色粉霜；种子多粒，长圆形或椭圆形，长 11～13 mm，宽 8～9 mm，棕色，光亮。花期 3—5 月，果期 5—12 月。

【分布】 皂荚在中国分布很广，河北、山东、河南、山西、陕西、甘肃、江苏、安徽、浙江、江西、湖南、湖北、福建、广东、广西、四川、贵州、云南等地都有分布。

【生境】 生长于山坡林中或谷地、路旁，海拔自平地至 2 500 m，常栽培于庭院或住宅旁。

【食用部位及方法】 皂角米富含植物胶质，加热处理后具有明显的增稠效果，常用来做食用粥，既能让粥变得浓稠，又能延长水分在人体黏膜上保留的时间，滋润嗓子，缓解干燥。

【营养成分】 皂荚种仁中含有多种人体所需要的氨基酸、半乳甘露聚糖和微量元素，可以用来制作面包、保健饼干、保健饮料等。滇皂荚的胚乳也称皂角米，可直接食用，含有丰富的蛋白质、多种必需氨基酸和非必需氨基酸，以及钾、磷、钙、镁、钠、铁、锌、锰、铜等多种微量矿质元素，是一种符合高钾、低钠饮食结构，低糖、蛋白质及氨基酸含量丰富的营养保健食物。

【药用功效】 皂荚的荚果、枝刺、种子、根、皮及其木腐菌均具有很高的药用价值，其中以荚果和枝刺在临床用药中应用最为广泛。皂苷是荚果最主要成分，也是其活性成分；皂角刺为皂荚的干燥棘刺；皂荚种子主要含树胶，其胚乳可提炼多糖胶。2015 版《中华人民共和国药典》记载："皂荚荚果具有祛痰开窍、散结消肿的功效，用于治疗中风口噤、昏迷不醒、癫痫痰盛、关窍不通、喉痹痰阻、顽痰喘咳、咳痰不爽、大便燥结，外治痈肿；皂角刺具有消肿托毒、排脓、杀虫等功效，用于治疗痈疽初起或脓成不溃，外治疥癣麻风；从皂角刺中提取的总黄酮可诱导结肠癌细胞 HCT116 凋亡，大皂角提取物对人肝癌细胞 ble-7402 具有非常显著的抑制作用。"

【栽培管理要点】

种子采集与加工　选择生长健壮、树龄 30～100 年的盛果期成年母树，于每年 10 月采种。果实晒干后破碎风选，精选出的种子阴干后装袋干藏。

种子选择与处理　种子可采用湿沙层积处理或热水浸种处理，在秋末冬初浸入水中，每天换 1 次水，7 d 后捞出与湿沙混合进行储藏，经常翻动促其温湿度均匀，翌年春天置于温暖处催芽，3 月 10 日左右，将种子放入瓷缸或塑料大盆等容器内，倒入 100℃ 开水，边倒水边搅拌到不烫手为止，浸泡 1 个昼夜，用淘米法筛选出吸水膨胀的种子催芽。未膨胀的种子，用上述方法连续浸种 10 次左右，种子绝大多数膨胀即可进行混沙催芽。

圃地应选地势平坦、交通便利、排灌条件良好、土壤深厚肥沃的沙质壤土地块。播种前进行整地，每亩均匀施入 4 000 kg 底肥，作成平床或高床，床宽约 1.2 m，床长依地而定。采用条播，条距为 30 cm，每床约播种 4 行，播种沟每米播种 10～15 粒，覆土厚约 3 cm，再用稻草覆盖床面，保持土壤湿润，芽苗出土由黄色变绿色时，分次逐步揭去所盖稻草，以免灼伤嫩苗。幼苗出土后，轻疏表土和锄草，防止损伤幼苗。苗高 10～20 cm 时间苗、定苗，株距保持 15 cm，并结合阴雨或灌溉条件追肥，夏季 2 次追施速效氮肥，同时注意防治蚜虫。一般当年生苗高为 50～100 cm。

82. 葛

【学名】 *Pueraria montana* var. *lobata*（Willd.）Sanjappa & Pradeep。

【别名】 野葛、野山葛、山葛藤、越南葛藤。

【分类地位】 豆科葛属。

【形态特征】 顶生小叶宽卵形，长大于宽，长 9～18 cm，宽 6～12 cm，先端渐尖，基部近圆形，通常全缘，侧生小叶略小而偏斜，两面均被长柔毛，下面毛较密；花冠长 12～15 mm，旗瓣圆形。花期 7—9 月，果期 10—12 月。

【分布】 中国分布于云南、四川、贵州、湖北、浙江、江西、湖南、福建、广西、广东、海南和台湾等地。日本、越南、老挝、泰国和菲律宾等也有分布。

【生境】 生长于旷野灌丛、山地疏林。

【食用部位及方法】 葛根粉是优良食用淀粉，葛藤可用于纺织业、酿酒业，同时也是造纸的优良材料。种子可榨油。

【营养成分】 含葛根素、多种黄酮类化合物等成分。

【药用功效】 葛根具有很高的药用价值，性凉，味甘、辛，具有解表退热、生津、透疹、升阳止泻的功效；药理研究表明，葛根具有改善心血管循环、降糖、降脂、解痉等作用。

【栽培管理要点】

选地整地　选择土壤 pH 值 5.5～7.5，耕作层 30 cm 以上，排水良好，土层深厚、疏松肥沃、向阳的地块栽培。种前深翻 30 cm，结合耕翻每亩施农家肥 1 500～

3 000 kg，将农家肥施入垄中，上面起垄，使其充分腐熟，均匀翻入土，翌年春可再次浅翻，打碎土块，耙细、耙匀，整平，作畦宽 0.8～1.1 m 备用，畦间开沟约 30 cm，宽 60～70 cm。荒山坡地坡改梯要挖出树根，清除灌木和杂草，按以上方法作畦备用。

种子繁殖　选择成熟度一致、饱满、无病虫害的种子，在 4—5 月，室外温度 10℃以上时开始播种，先将种子在 40℃温水中浸泡 1～2 d，并常搅动，取出晾干，在消毒处理好的苗床中均匀撒种，撒播量为 5.5 g/m²。撒播后视苗床干湿情况适当浇水，塑料薄膜覆盖保持苗床湿润，10 d 左右出苗。生产上常用 98% 浓硫酸浸泡种子 2 h，清水冲净，常温晒干后播种，种子发芽率可达 70%。另外，采用机械破壁方法，用枝剪剪取种孔部位也可以促进发芽率，最高出苗可达 94%。

扦插繁殖　选择秋季健壮藤茎，分剪成 8～10 cm 的插穗，每个穗条有 2～3 个茎节，剪掉基部叶片，保留上部 1 片或半片叶以利于光合作用。扦插时，在苗床上开挖沟深 8 cm 左右，沟距 15 cm 左右，按株距 3 cm，60° 左右斜插在苗床上，覆土并保留 1 个节位及叶片露出畦面。扦插前蘸生根剂（萘乙酸等）易于成活。另外，也可采用根头扦插繁殖，即将茎节生长出来的小葛根完整挖出，并保留连接茎节 5～15 cm 的茎条，斜栽于苗床上，发芽茎节基部上覆盖 5～10 cm 厚的土。扦插后浇水，上盖小型塑料薄膜拱棚，以保温、保湿。如遇高温、烈日天气，应揭膜通风、喷水调节和遮阴网隔热，防止烧苗。压条繁殖。在葛快速生长的 5—8 月，利用藤节生长须根的特性进行压藤育苗。其方法是将葛藤理顺，选择健壮葛藤，每 2～3 个藤节挖 10 cm 深左右土沟，藤放沟内用湿润泥土压紧，露出叶柄、叶片。按此方法间隔 3～4 个藤节再埋藤，每根主藤可以压多个藤节，藤尖留 50 cm 左右即可。每个压埋的藤节部位长出小须根，翌年 3—4 月即可剪成多根带须根的压条苗，成活率 90% 以上。

组织培养　目前，葛属作物的组织培养已获得初步成效。周堂英等利用葛叶培养出再生植株，并诱导出粉葛多倍体变异。吴丽芳等将葛茎尖培育出组培苗，生根率达 94%。

合理密植　葛苗株高 30～40 cm 即可移植，葛藤的种植密度根据具体情况而定。移苗前要浇透水以便带土起苗，一般每亩栽植 500～1 300 株，株距 75 cm 左右，行距 110 cm 左右。

田间管理　一是定根保苗，葛苗移植后，要及时浇定根水，最好是施用人畜粪水，雨水过多时也要做好通沟排水工作。二是中耕除草，葛生长较快，早春发芽前除 1 次草，晚秋落叶后再除 1 次草即可，生长期一般不用除草。三是培土追肥，可结合中耕除草进行，追肥以人畜粪尿、土杂肥或者复合肥为宜，用量视苗情而定，一般每亩施入腐熟有机肥 1 500 kg，可适当配施复合肥 45 kg 左右，落叶后施越冬肥，以农家肥为主。每年生长盛期可结合浇水，施少量钾肥有促根生长作用。

病虫害防治　野葛主要病害有叶斑病、霜霉病、锈病等，主要虫害有葛紫茎甲、筛豆龟蝽、小地老虎、潜叶蛾、金龟子及螨类等。可用代森锰锌、瑞毒霉锰锌可湿性粉剂、硫悬浮液、粉锈灵防治病害；用阿维菌素、敌百虫、氯氰菊酯、三氯杀螨醇等防治虫害；对为害严重的葛紫茎甲主要采取人工捕杀成虫、幼虫，以及用辛硫磷乳油、联苯菊酯乳油喷洒防治。

83. 歪头菜

【学名】 *Vicia unijuga* A. Br.。

【蒙名】 好日黑纳格-额布斯。

【别名】 野豌豆、两叶豆苗、歪头草、豆苗菜、豆叶菜、偏头草、鲜豆苗、草豆、三叶、山豌豆。

【分类地位】 豆科野豌豆属。

【形态特征】 多年生草本，高（15）40～100（180）cm。根茎粗壮近木质，主根长 8～9 cm，直径 2.5 cm，须根发达，表皮黑褐色。通常数茎丛生，具棱，疏被柔毛，老时渐脱落，茎基部表皮红褐色或紫褐红色。叶轴末端为细刺尖头；偶见卷须，托叶戟形或近披针形，长 0.8～2 cm，宽 3～5 mm，边缘具不规则齿蚀状；小叶 1 对，卵状披针形或近菱形，长（1.5）3～7（～11）cm，宽 1.5～4（5）cm，先端渐尖，边缘具小齿状，基部楔形，两面均疏被微柔毛。总状花序单一，稀有分支，呈圆锥状复总状花序，明显长于叶，长 4.5～7 cm；花 8～20 朵，密集于花序轴上部；花萼紫色，斜钟状或钟状，长约 0.4 cm，直径 0.2～0.3 cm，无毛或近无毛，萼齿明显短于萼筒；花冠蓝紫色、紫红色或淡蓝色，长 1～1.6 cm，旗瓣倒提琴形，中部缢缩，先端圆有凹，长 1.1～1.5 cm，宽 0.8～1 cm，翼瓣先端钝圆，长 1.3～1.4 cm，宽 0.4 cm，龙骨瓣短于翼瓣，子房线形，无毛，胚珠 2～8 粒，具子房柄，花柱上部四周被毛。荚果扁、长圆形，长 2～3.5 cm，宽 0.5～0.7 cm，无毛，表皮棕黄色，近革质，两端渐尖，先端具喙，成熟时腹背开裂，果瓣扭曲；种子 3～7 粒，扁圆球形，直径 0.2～0.3 cm，种皮黑褐色，革质，种脐长相当于种子周长的 1/4。花期 6—7 月，果期 8—9 月。

【分布】 中国广泛分布于东北、华北地区，陕西、甘肃、青海、江苏、安徽、浙江、江西、河南、湖北、四川、贵州、云南等。朝鲜、日本、蒙古国、俄罗斯均有分布。

【生境】 歪头菜喜阴湿及微酸性砂质土，在棕壤土、灰化土，甚至瘠薄的沙土上也能生长。生长于低海拔至 4 000 m 山地、林缘、草地、沟边、向阳灌丛。

【食用部位及方法】 可焯水断生后凉拌，可氽汤，亦可炒、炖、烧等；可单独食用，也可与豆腐、肉类、蛋类、水产品等荤素料配用，在调味上以咸鲜味为主。

【营养成分】 歪头菜与粮食和大多数动物性原料相比，蛋白质和糖类含量较低，每 100 g 新鲜歪头菜样品中所含营养成分蛋白质 2.5 g、糖类 13.5 g、维生素 B_1 0.03 mg、维生素 B_2 0.94 mg、维生素 C 203 mg。

【药用功效】 歪头菜可作为"透骨草"入药，能解热、利尿、理气、止痛，主治头晕、浮肿、胃痛，外用治疗毒。

【栽培管理要点】 歪头菜一年四季均可播种，以早秋播种为宜。可撒播、条播，条播时行距 30 cm 左右为宜，每公顷播种量 38～53 kg。苗期注意防除杂草，利用时期最好在孕蕾至开花期。种子成熟期不一致，种荚易爆裂，硬实率为 30%～40%，种荚深褐色即可采收。

84. 白车轴草

【学名】 *Trifolium repens* L.。

【蒙名】 查干-好希扬古日。

【别名】 荷兰翘摇、白三叶、三叶草。

【分类地位】 豆科车轴草属。

【形态特征】 短期多年生草本，生长期达 5 年，高 10～30 cm。主根短，侧根和须根发达。茎匍匐蔓生，上部稍上升，节上生根，全株无毛。掌状三出复叶；托叶卵状披针形，膜质，基部抱茎呈鞘状，离生部分锐尖；叶柄较长，长 10～30 cm；小叶倒卵形至近圆形，长 8～20（30）mm，宽 8～16（25）mm，先端凹头至钝圆，基部楔形渐窄至小叶柄，中脉在下面隆起，侧脉约 13 对，与中脉作 50° 角展开，两面均隆起，近叶边分叉并伸达锯齿齿尖；小叶柄长 1.5 mm，微被柔毛。花序球形，顶生，直径 15～40 mm；总花梗甚长，比叶柄长近 1 倍，具花 20～50（80）朵，密集；无总苞；苞片披针形，膜质，锥尖；花长 7～12 mm；花梗比花萼稍长或等长，开花立即下垂；萼钟形，具脉纹 10 条，萼齿 5，披针形，稍不等长，短于萼筒，萼喉开张，无毛；花冠白色、乳黄色或淡红色，具香气；旗瓣椭圆形，比翼瓣和龙骨瓣长近 1 倍，龙骨瓣比翼瓣稍短；子房线状长圆形，花柱比子房略长，胚珠 3～4 粒。荚果长圆形；种子通常 3 粒，种子阔卵形。花果期 5—10 月。

【分布】 原产于欧洲和非洲北部，世界各地均有栽培。

【生境】 我国常见于人工种植，并在湿润草地、河岸、路边呈半自生状态。

【食用部位及方法】 食用部位为嫩茎、叶。采摘未开花的嫩茎、叶，洗净，沸水烫一下，再换清水浸泡，可凉拌、炒食、做汤、拌面蒸食。

【营养成分】 鲜草含有 84% 的水分，干物质中粗蛋白含量 20.8%，赖氨酸含量 0.84%，粗纤维含量 16.7%，钙含量 1.57%，磷含量 0.33%。

【药用功效】 全草皆可入药，具有祛痰止咳、镇痉止痛、抗病毒、抗真菌、免疫调节等功效，其提取物对预防乳腺癌、前列腺癌、结肠癌、改善骨质疏松和改善妇女更年期症状有一定作用。

【栽培管理要点】 种子细小，播前要精细整地，除净杂草。整地同时施足基肥，一般每亩施钙、镁、磷肥 20～25 kg，对有机质十分缺乏的土壤同时还要施厩肥，对酸性过强的土壤每亩补加 50 kg 石灰作为基肥。春、秋两季均可播种。我国南方春播在 3 月中旬前，秋播宜在 10 月中旬前，亩播种量为 0.25～0.5 kg。白车轴草幼苗期生长缓慢，应及时清除杂草，其多用于混播草地，很少单播，应防止混播禾本科牧草生长过于茂盛而抑制白车轴草的生长，可采用割草和放牧的方法控制。在收割后及入冬前或早春追施钙、钾、磷肥或过磷酸钙，每年每亩施用 20～25 kg。白车轴草苗期易受小地老虎、黑蟋蟀、豆芫菁等虫害，可用药剂诱杀。白车轴草具有较好的抗病性，且病后恢复速度很快，但收割不及时有时也有白绢病、褐斑病发生，可先收割利用，再用波尔多液、石硫合剂或多菌灵防治。

85. 槐

【学名】 *Styphnolobium japonicum* L.。

【蒙名】 洪呼日朝格图-木德。

【别名】 国槐、槐树、槐蕊、豆槐、白槐、细叶槐、金药材、护房树、家槐、蝴蝶槐、金药树、槐花树、槐花木、守宫槐、紫花槐、堇花槐、毛叶槐、宜昌槐、早开槐。

【分类地位】 豆科槐属。

【形态特征】 乔木，高达 25 m。树皮灰褐色，具纵裂纹。当年生枝绿色，无毛。羽状复叶长达 25 cm；叶轴初被疏柔毛，旋即脱净；叶柄基部膨大，包裹着芽；托叶形状多变，有时呈卵形、叶状，有时线形或钻状，早落；小叶 4～7 对，对生或近互生，纸质，卵状披针形或卵状长圆形，长 2.5～6 cm，宽 1.5～3 cm，先端渐尖，具小尖头，基部宽楔形或近圆形，稍偏斜，下面灰白色，初被疏短柔毛，后变无毛；小托叶 2 枚，钻状。圆锥花序顶生，常呈金字塔形，长达 30 cm；花梗比花萼短；小苞片 2 枚，形似小托叶；花萼浅钟状，长约 4 mm，萼齿 5，近等大，圆形或钝三角形，被灰白色短柔毛，萼管近无毛；花冠白色或淡黄色，旗瓣近圆形，长和宽约 11 mm，具短柄，有紫色脉纹，先端微缺，基部浅心形，翼瓣卵状长圆形，长 10 mm，宽 4 mm，先端浑圆，基部斜戟形，无皱褶，龙骨瓣阔卵状长圆形，与翼瓣等长，宽达 6 mm；雄蕊近分离，宿存；子房近无毛。荚果串珠状，长 2.5～5 cm 或稍长，径约 10 mm，种子间缢缩不明显，种子排列较紧密，果皮肉质，成熟后不开裂，含种子 1～6 粒；种子卵球形，淡黄绿色，干后黑褐色。花期 7—8 月，果期 8—10 月。

【分布】 原产于中国，现各地广泛栽培，华北和黄土高原地区尤为多见。日本、越南也有分布，朝鲜有野生，欧洲、美洲各国均有引种。

【食用部位及方法】 槐角可泡酒，槐豆荚和槐豆中淀粉和多糖类较多，可酿酒。

【营养成分】 种子中蛋白质含量最高，其次为糖类、脂肪，各种化学成分的分布存在较大差异。叶中含有丰富的营养物质，有蛋白质、氨基酸、粗脂肪、粗纤维以及多种维生素和微量元素等。

【药用功效】 花和荚果入药，能清凉收敛、止血降压；叶和根皮能清热解毒，可治疗疮毒。据《本草纲目》记载："槐实，苦，寒，无毒。主要治疗内邪气热，具有防止涎唾，补绝伤的功效，长期服用后，除可以明目益气，使头发不白外，还可延年益寿。"《神农本草经》中记载，国槐的果实、花、叶、枝、树皮及槐胶均可供药用，民间有被用作治肠炎出血、痔疮出血、血痢、崩漏、高血压等。传统医学认为其具有抗炎、抗菌、抗病毒、抗骨质疏松、抗氧化、止血、抗血管生成、抗动脉粥样硬化的属性。

【栽培管理要点】 待国槐树落叶之后，便可对其种根进行引进，并利用湿润的沙土进行埋藏，保持种根处于良好的湿度范围，选土层深厚、地势较平的肥沃沙性土壤；亩施有机生物肥料 2 500 kg，同时施入二铵及磷肥各 50 kg，施入呋喃丹进行杀虫。深翻土地，搂平，精细整地，种植畦宽 1 m。南方地区育苗多在 3 月上中旬，北方多在 4 月初，选择二年生直径在 5～10 mm 的光滑根段，将根剪成长度 5～7 cm 的树段；沿畦每 50 cm 设置 1 道育苗沟，沟深 5 cm，株距 30 cm，摆放好后，用细砂土进行覆盖，充分灌溉，覆盖地膜。国槐繁殖可采用扦插和种子繁殖 2 种方式，依当地气候条件及土壤情况合理浇水，苗期至雨季浇水 2～3 次，冬季封冻之前浇 1 次水。依照苗木的具体需要合理整形修剪，主要树形包括自然式、杯状式、开心型等。选用 600～800 倍液退菌特可湿性粉剂和 800～1 000 倍液 70% 甲基硫菌灵可湿性粉剂进行喷雾防治腐烂病、溃疡病、白粉病。国槐的主要害虫有美国白蛾、黏虫、槐尺蠖、槐蚜等，可选 3 000～4 000 倍液的 2% 阿维菌素乳油复配剂或者 1 500 倍液 4.5% 高效氯氰菊酯乳油等进行防治。同时还应针对苗木生长的圃地进行有效除草，除草方式可以使用药剂或人工清除。

二十一、酢浆草科

86. 酢浆草

【学名】 *Oxalis corniculata* L.。

【蒙名】 呼其乐-额布苏。

【别名】 酸浆草、酸酸草、斑鸠酸、三叶酸、酸咪咪、钩钩草。

【分类地位】 酢浆草科酢浆草属。

【形态特征】 多年生草本，全株被短柔毛。根茎细长。茎柔弱，常匍匐或斜生，多分枝，掌状三出复叶，小叶倒心形，长 4～9 mm，宽 7～15 mm，近无柄，先端 2 浅裂，基部宽楔形，上面无毛，边缘及下面疏被伏毛；叶柄长 2.5～6.5 cm，基部具关节；托叶矩圆形或卵圆形，长约 0.5 mm，贴生于叶柄基部。花 1 朵或 2～5 朵形成腋生的伞形花序，花序梗与叶柄近等长，顶部具 2 片披针形膜质的小苞片，花梗长 4～10 mm；萼片披针形或矩圆状披针形，长 3～4 mm，被柔毛，果期宿存；花瓣黄色，矩圆状倒卵形，长 6～8 mm，子房短圆柱形，被短柔毛。蒴果近圆柱状，略具 5 棱，长 0.7～1.5 cm，被柔毛，含种子多数；种子矩圆状卵形，扁平，先端尖，成熟时红棕色或褐色，表面具横条棱。花果期 6—9 月。

【分布】 内蒙古主要分布于呼和浩特。中国分布于各地。朝鲜、日本、俄罗斯，欧洲和北美洲、亚洲热带地区也有分布。

【生境】 中生植物，耐阴湿。生长于林下、山坡、河岸、耕地、荒地。

【食用部位及方法】 食用部位为嫩茎、叶，洗净，沸水烫一下，再换清水浸泡，可凉拌、炒食、做汤、拌面、炒食。

【营养成分】 茎、叶含草酸，可用于磨镜或擦铜器，使其具光泽。牛、羊采食过多可中毒致死。

【药用功效】 全草入药，能清热解毒、利尿消肿、散瘀、止痛，主治感冒、尿路感染或结石、白带、黄疸型肝炎、肠炎、跌打损伤、皮肤湿疹、疮疖、烫伤等。

【栽培管理要点】 酢浆草发芽早，落叶迟，栽培以春初秋末为宜。不要在盛花期移栽，栽植间距 15 cm×15 cm。栽后浇透水，成活容易，发芽即开花，当年就能出效果。以喷灌、滴灌为宜，最好不要漫灌，做到土壤潮而不湿，利于酢浆草的生长。酢浆草生长茂密，下部通风透光差，高温高湿易发生白粉病，叶子发黄霉烂，可喷三唑酮、甲基硫菌灵等杀菌剂。另外，5 月初红蜘蛛开始为害。由于酢浆草叶浓密，防治困难，所以必须以预防为主。4 月温度升高时开始喷施杀螨剂，不能在红蜘蛛大面积发生时才防治。

87. 红花酢浆草

【学名】 *Oxalis corymbosa* DC.。

【别名】 大酸味草、南天七、夜合梅、大叶酢浆草、三夹莲、紫花酢浆草。

【分类地位】 酢浆草科酢浆草属。

【形态特征】 多年生直立草本。无地上茎，地下部分有球状鳞茎，外层鳞片膜质，褐色，背具 3 条肋状纵脉，被长缘毛，内层鳞片呈三角形，无毛。叶基生；叶柄长 5～30 cm 或更长，被毛；小叶 3 枚，扁圆状倒心形，长 1～4 cm，宽 1.5～6 cm，顶端凹入，两侧角圆形，基部宽楔形，表面绿色，被毛或近无毛；背面浅绿色，通常两面或有时仅边缘具干后呈棕黑色的小腺体，背面尤甚并被疏毛；托叶长圆形，顶部狭尖，与叶柄基部合生。总花梗基生，二歧聚伞花序，通常排列成伞形花序，总花梗长 10～40 cm 或更长，被毛；花梗、苞片、萼片均被毛；花梗长 5～25 mm，每花梗有披针形干膜质苞片 2 枚；萼片 5，披针形，长 4～7 mm，先端具暗红色长圆形的小腺体 2 枚，顶部腹面疏被柔毛；花瓣 5，倒心形，长 1.5～2 cm，为萼长的 2～4 倍，淡紫色至紫红色，基部颜色较深；雄蕊 10，长的 5 枚超出花柱，另 5 枚长至子房中部，花丝被长柔毛；子房 5 室，花柱 5，被锈色长柔毛，柱头浅 2 裂。花果期 3—12 月。

【分布】 中国分布于华东、华中、华南地区，河北、陕西、四川和云南等地。原产于南美洲热带地区，中国长江以北各地作为观赏植物引入，南方各地已逸为野生，日本亦然。

【生境】 生长于低海拔的山地、路旁、荒地、水田。因其鳞茎极易分离，繁殖迅速，常为田间杂草。

【食用部位及方法】 食用部位为嫩叶、肉质根。春季或夏季采集嫩叶洗净，沸水烫一下，再换清水浸泡，可凉拌、炒食、做汤、拌面。秋季挖掘肉质根可直接食用或者凉拌。

【药用功效】 全草入药，能散瘀消肿，清热解毒，主治跌打损伤、咽喉痛、水肿、淋浊、带下病、泄泻、痢疾、痈疮、烫伤。

【栽培管理要点】 红花酢浆草花期长达 7 个月，生长期间需大量肥水，应在生长季节及时施肥、浇水。在春季红花酢浆草返青前，每亩施复合肥 15～20 kg，可穴施，也可视土壤墒情结合浇水洒施。此后除休眠期外，每 20 d 施肥 1 次，并注意防治病虫。夏季 7—8 月气温升高，红花酢浆草被迫进入休眠状态，基本停止生长。为防止露出土面的新茎产生日灼危害，要进行覆土，覆土厚度应根据红花酢浆草每年新茎上移的高度而定，一般以 2～3 cm 为宜。红花酢浆草喜阴湿环境，要求排水良好、含腐殖质多的砂质壤土，不耐寒，在较寒冷地区，只能温室栽培。

繁殖方法 分球茎繁殖和分株繁殖是主要繁殖方式。红花酢浆草老球茎萌芽后在基部形成新球茎，新球茎旁侧生籽球，可利用新球茎和籽球繁殖。为增加繁殖系数，在分球茎繁殖时，可将大球茎切割数块，每块附 1～2 个芽点，单独栽植。分株繁殖时，每株都应带有地下根状茎，用手掰开栽种即可，一般情况下，分球和分株繁殖以春秋两季为主。也可用播种繁殖，春季、秋季皆可进行，温度 25℃以上，1 周即可出芽，春播当年可生成完好的根茎而开花，秋季播种翌年才能开花。

更新复壮 红花酢浆草经过几年应用后，易出现植株相互拥挤、根部上移、长势衰弱、花量减少、花期缩短等退化现象。种植 5～6 年的红花酢浆草，大部分球茎已跃出地面，长势明显衰弱，易受日灼和冻害，且易感染病虫害。更新复壮可结合分株繁殖周年进行，最佳分株时间为 3 月初至 4 月底。夏季休眠后也是分株复壮的良好时期。将挖取的红花酢浆草去除枯残叶，并摘除约 1/2 的老叶，以减少栽植后蒸腾失水。用刀切除下部老球茎，留新球茎重新栽植，可使其更新复壮。

二十二、牻牛儿苗科

88. 牻牛儿苗

【学名】 *Erodium stephanianum* Willd. 。

【蒙名】 曼久亥。

【别名】 太阳花。

【分类地位】 牻牛儿苗科牻牛儿苗属。

【形态特征】 一年生或二年生草本。根直立，圆柱状。茎平铺地面或稍斜升，高 10～60 cm，多分枝，被开展长柔毛或有时近无毛。叶对生，二回羽状深裂，轮廓长卵形或矩圆状三角形，一回羽片 4～7 对，基部下延至中脉，小羽片条形，全缘或具 1～3 粗齿，两面疏被柔毛；叶柄被开展长柔毛或近无毛，托叶条状披针形，渐尖，边缘膜质，被短柔毛。伞形花序腋生，花序轴通常具花 2～5 朵，萼片矩圆形或近椭圆形，具多数脉，被长硬毛，先端具长芒；花淡紫色或紫蓝色，倒卵形，基部被白毛；

子房被灰色长硬毛。蒴果，顶端有长喙，成熟时 5 个果瓣与中轴分离，喙部呈螺旋状卷曲。

【分布】 内蒙古分布于全区。中国分布于东北、华北、西北、西南等地区和长江流域。朝鲜、蒙古国、俄罗斯、印度等也有分布。

【生境】 旱中生植物，广布种。生长于山坡、干草甸、河岸、沙质草原、沙丘、田间、路旁。

【食用部位及方法】 全草入药。

【营养成分】 全草含挥发油，其主要成分为牻牛儿醇，还含有槲皮素及其他色素。

【药用功效】 全草入药，能祛风湿、活血通络、止泻痢，主治风寒湿痹、筋骨疼痛、肌肉麻木、肠炎痢疾等。

【栽培管理要点】 尚无人工栽培驯化。

二十三、蒺藜科

89. 小果白刺

【学名】 *Nitraria sibirica* Pall.。

【蒙名】 哈日莫格。

【别名】 西伯利亚白刺、哈蟆儿。

【分类地位】 蒺藜科白刺属。

【形态特征】 灌木，高 0.5～1 m。多分枝，弯曲或直立，有时横卧，被沙埋压形成小沙丘，枝上生不定根；小枝灰白色，尖端刺状。叶在嫩枝上多为 4～6 枚簇生，倒卵状匙形，全缘，顶端圆钝，具小突尖，基部窄楔形，无毛或嫩时被柔毛；无柄。花小，黄绿色，排成顶生蝎尾状花序；萼片 5，绿色，三角形；花瓣 5，白色，矩圆形；雄蕊 10～15；子房 3 室。核果近球形或椭圆形，两端钝圆，熟时暗红色，果汁暗蓝紫色；果核卵形，先端尖。花期 5—6 月，果期 7—8 月。

【分布】 内蒙古分布于呼伦贝尔、乌兰浩特、锡林郭勒、乌兰察布、包头、鄂尔多斯、巴彦淖尔、阿拉善、呼和浩特、乌海等地。中国分布于东北、华北、西北地区。蒙古国、俄罗斯也有分布。

【生境】 耐盐旱生植物。生长于轻度盐渍化低地、湖盆边缘、干河床，可成为优势种并形成群落。在荒漠草原及荒漠地带，株丛下常形成小沙堆。

【食用部位及方法】 果实味甜可食用，能酿酒，制作果子露等饮料，鲜果可制糖，每 100 kg 果实可制糖稀 15～20 kg，种子含油率达 12.17%，可榨油，供食用。

【营养成分】 小果白刺的肉质核果中含有 15～20% 的糖，茎枝中含糖 3%。

【药用功效】 果实入药，能健脾胃、滋补强壮、润经活血，主治身体瘦弱、气血两亏、脾胃不和、消化不良、月经不调、腰腿疼痛等。果实也入蒙药，能健脾胃、助消化、安神解表、下乳，主治脾胃虚弱、消化不良、神经衰弱、感冒。

【栽培管理要点】 一般采用种子育苗和扦插育苗。

种子育苗 8月下旬果实成熟后表面失去光泽、表皮出现皱缩时及时采集。经过浸泡将果皮分离出去，放阴凉处把种子晾干。切忌在阳光下暴晒，应反复翻动，防止霉变。

催芽及播种 分离好的种子可在常温或低温条件下进行催芽处理。播种地选择排水良好、向阳背风的沙质土壤。播前深翻、耙平作床，同时每亩施1500 kg农家肥。灌足底水2～3 d后即可播种。条播播幅20～30 cm，条间距20～30 cm，播沟深3.5 cm，种子覆土1～1.5 cm，每亩播种量为15 kg，随播随踩实。播种后适时喷水，防止土壤干裂。出苗15 d后定苗、松土、除草。

扦插育苗 嫩枝扦插：6—7月，选择鲜嫩的当年萌发枝条，剪成长10～15 cm的插穗，带叶，蘸上GGR生根粉溶液后立即扦插。扦插地点选择在塑料棚内或全光喷雾设施内，扦插深度2 cm。保持叶面湿润，生根后可适当减少喷水次数，以促进根系发育，一般12～18 d后开始生根。保证苗床排水透气，不可积水，以免烂根。硬枝扦插：当年4月中旬以后，将木质化健壮枝条剪成长15 cm的插穗，用50 mg/kg的NNA处理后，扦插于沙质土壤中，深度以插穗长度的4/5为宜，地面处露1～2个饱满芽，插后灌足水分，1个月左右长出新根，成活率80%以上。

90. 白刺

【学名】 *Nitraria tangutorum* Bobr.。

【蒙名】 唐古特-哈日奠格。

【别名】 唐古特白刺。

【分类地位】 蒺藜科白刺属。

【形态特征】 灌木，高1～2 m。多分枝，开展或平卧；小枝灰白色，先端常呈刺状。叶通常2～8个簇生，宽倒披针形或长椭圆状匙形，顶端常圆钝，很少锐尖，全缘。花序顶生，花较上种稠密，黄白色，具短梗。核果卵形或椭圆形，熟时深红色，果汁玫瑰色；果核卵形，上部渐尖。花期5—6月，果期7—8月。

【分布】 内蒙古分布于锡林郭勒、巴彦淖尔西部、鄂尔多斯、阿拉善、乌海。中国分布于西藏和西北地区。

【生境】 潜水旱生植物。是荒漠草原到荒漠地带沙地上的重要建群植物之一，经常见于古河床阶地、内陆湖盆边缘、盐化低洼地的芨芨草滩外围等处，常形成中至大型的沙堆。

【食用部位及方法】 白刺和大白刺果实可制作饮料。

【营养成分】 富含碳水化合物和灰分，蛋白质也较丰富，而钙和磷均较少，尤以磷的含量最低。

【药用功效】 白刺及小果白刺果实可药用，味甘酸，性温，能健脾胃、助消化、安神解表、下乳。

【栽培管理要点】 白刺种苗繁育可分为播种繁殖和无性繁殖，无性繁殖可应用扦插繁殖、组培繁殖。扦插繁殖又可应用嫩枝扦插和硬枝扦插。

种子繁殖 以采集颜色呈现暗红或紫黑色果实为好，将采集回来的鲜果放入孔径小于种子横径的铁筛内搓动，揉烂果肉后用流水冲洗，捞去上浮水面的果皮、空粒、烂粒和病虫粒，反复搓冲多次，去掉果肉、果汁，取得干净种子，晾干贮存备用。一般 1 kg 鲜果可得纯净的干种子大于 200 g。种子催芽处理前，可用高锰酸钾 0.5% 溶液或 0.1% 复硝酚钠水剂 6 000 倍液浸种。种子催芽主要为层积处理和雪藏处理。层积处理是前一年的秋季将 3 份的湿沙和 1 份种子混匀后放入窖中进行层积处理。翌年春季播种前将层积处理的种子放在朝阳面堆积催芽。待出现种子露白时即可播种。先选择一处背阴背风的地方，挖储藏坑，其规格为深 80 cm，长、宽视种子多少而定。坑最好在前一年秋季挖好，于 1—2 月，在坑底铺 10～15 cm 厚的雪，再按 1：2 或 1：3 将种子与雪混合，搅拌均匀后放入坑内。装满后，用雪培成丘形，上覆草帘等。储藏到播种季节前 1 周左右将种子取出，混以湿沙，在 15℃ 左右的室温下催芽 4～5 d，沙干时浇水，且每天翻动 1～2 次，当有 20%～30% 的种子裂开时，即可播种。播种前先消毒，经雪藏的种子抗旱和抗病害能力较强。春季气温变化较大，因此，确定白刺播种期以日均温稳定在 10℃ 以上为佳。初冬播种，入冬前即把种子播入圃地，然后灌足水，翌年春季 4 月 20 日左右再灌 1 次水。采用床播、垄播和容器播种。将经过层积处理的种子及时进行播种，播种深度一般为 0.25～0.5 cm，播后镇压或踏实，并立即浇水，以后适时浇水，以土表层经常保持湿润为宜。田间管理主要是浇水、追肥、松土、除草。

田间管理 应在苗木速生期增加灌水和施肥。浇水最好用微喷灌系统，如没有条件，浇水次数要根据圃地的干湿而定，一次要浇透，不能积水。幼苗生长期，一般出苗 20 d 后即 6 月施氮肥，如尿素，硝酸铵，生长期（7—8 月）多施磷钾肥，如磷酸二氢钾。施肥的关键是 7 月下旬以后尽量不施氮肥，为保证苗木木质化，8 月中下旬以后一般再不浇水、施肥。松土锄草是育苗的重要技术措施，锄草要做到除早、除小、除了，人工锄草必须在土壤湿润时连根拔起。次数根据杂草的盖度和长势而定。一般 6—8 月锄草的次数为 3～4 次，其他月为 1～2 次，松土从苗木出齐到苗木停止生长，根据土壤的板结程度而定，要不间断进行，松土深度 1～2 m，做到不伤苗、不压苗。对不能松土的幼苗，在苗床上适度覆盖细沙，以达到减少土壤水分蒸发，促进气体交换和苗木生长。9 月末至 10 月初即可起苗用于造林或假植。起苗时要注意保持苗木有完整的根系。起苗前要适当浇水，使圃地湿润，便于起苗，减少伤根。

91. 大白刺

【学名】 *Nitraria roborowskii* Kom.。

【蒙名】 陶日格-哈日奠格。

【别名】 齿叶白刺、罗氏白刺。

【分类地位】 蒺藜科白刺属。

【形态特征】 灌木，高1～2 m。枝多数，白色，略有光泽，顶端针刺状。叶通常2～3个簇生，倒卵形、宽倒披针形或长椭圆状匙形，先端圆钝，全缘或具不规则的2～8齿裂。花较稀疏。核果近椭圆形或不规则，熟时深红色，果汁紫黑色，果核长卵形，先端钝。花期6月，果期7—8月。

【分布】 内蒙古分布于巴彦淖尔西部、鄂尔多斯西北部、阿拉善、乌海。中国分布于西北地区。蒙古国、俄罗斯也有分布。

【生境】 潜水旱生植物。和白刺的生境分布几乎一致。在绿洲和低地边缘，在农区的渠畔路旁、田边、防护林缘等水位条件较好的地方。

【食用部位及方法】 大白刺的嫩枝、叶是骆驼的好饲料，霜后也是羊的好饲料，果实是本属中最大的，人、畜喜食，酸甜可口，有"沙漠樱桃"之称，营养价值也高，是家畜抓膘的好饲料，又可制作饮料。

【营养成分】 果实营养丰富，含色素、氨基酸、微量元素及维生素等多种成分。

【药用功效】 具有降血糖、调节免疫力、抗氧化和抗疲劳等多种药用功效。

【栽培管理要点】 尚无人工栽培驯化。

二十四、槭树科

92. 元宝槭

【学名】 *Acer truncatum* Bnuge。

【蒙名】 哈图-查干。

【别名】 华北五角槭。

【分类地位】 槭树科槭树属。

【形态特征】 落叶小乔木，高达8 m。树皮灰棕色，深纵裂。小枝淡黄褐色。单叶对生，掌状5裂，有时3裂或中央裂片又分成3裂，裂片长三角形，最下2裂片有时向下开展，全缘，基部截形，上面暗绿色，光滑，下面淡绿色，主脉5条，掌状，出自基部，近基脉腋簇生柔毛；叶柄光滑，上面有槽。花淡绿黄色，杂性同株，6～15朵排成伞房状聚伞花序，顶生；萼片5，花瓣5，黄色或白色，长椭圆形，先端钝，下部狭细，雄蕊8，着生于花盘外侧的裂孔中。果翅与小坚果长度几乎相等，两果开展角度为直角或钝角；小坚果扁平，光滑，果基部多为截形。花期6月上旬，果期9月。

【分布】 内蒙古赤峰、呼和浩特、包头均有栽培。中国分布于东北、华北、华东地区。

【生境】 本种为较耐阴性树种，在山区多见于半阴坡、阴坡及沟谷底部。喜温凉气候和湿润、肥沃土壤，但在干燥山坡砂砾质土壤上也能生长。

【食用部位及方法】 种仁含油46%～48%，可食用，嫩叶可代茶饮，也可做菜吃。

【营养成分】 枝、皮、叶、果中富含油脂、蛋白质、单宁、黄酮、绿原酸等生物活性物质，是食品、医药、化妆品、饲料、工业原料的新资源。用其种子榨取的食用油不饱和脂肪酸比例高达 92%，是良好的食用油。

【药用功效】 元宝枫籽油具有辅助降血脂、降血压的作用。神经酸可以促进神经系统发育，减缓多种神经系统疾病的发病进程。维生素 E 可以调节神经递质水平，改善压力、焦虑模型小鼠的焦虑抑郁状态。元宝枫种子中黄酮及酚类化合物具有抗菌、抗炎、抗氧化作用，且具有抗疲劳、抗氧化、抗衰老、抗癌等作用，是一种极具深入开发和利用价值的优质天然"药食两用"资源。

【栽培管理要点】

种子处理 育苗时间多选在春季，有利于避免虫害的影响。将黄褐色成熟、备用的种子在清水中浸泡 1～2 d，取出后放在背风、向阳、温暖处，用草帘覆盖，适当洒水，保持湿润，每天翻动 1～2 次。注意翻动过程不要过度用力，防止元宝槭外皮脆薄损伤，降低出芽率。当种子有 1/3 左右露白时，即可进行播种。

播种 采用开沟播种法。选择向阳地段，土壤相对较肥沃的苗圃地，经过深翻、冻垡、平整后进行播种，每亩播种量约 5 kg。为增加出苗率可在播种前将苗床洒水浇 1 次透水。播种行距约 35 cm，沟深 2～3 cm，播种后用覆土约 2 cm，每日早晚各进行 1 次洒水，以提高出芽率。

幼苗管理 幼苗出土后长至 7～8 cm 高时间苗，保持株距为 15 cm 左右。同时应注意及时采取施肥、浇水、除草等抚育措施。结合抚育进行施肥，以氮磷钾复合肥为主，每亩施肥量约 10 kg，生长季节每半月至 1 个月施肥 1 次。

幼苗移植管理 元宝槭的移植以春季树木萌芽前为最佳，这时幼苗内有充足的养分，成活率较高。为减少元宝槭幼苗损伤，提高成活率，要求带土球移植。种植地要求土壤肥沃、透气性相对较好、排水通畅。栽植株行距 2 m×4 m，栽植深度 5～10 cm，并在根部覆土 10 cm。栽植深度不宜太深，以防止积水造成根部腐烂。

移植后的幼苗要注意防寒，春季气温变化较大，尤其要防止倒春寒，一旦出现低温，要及时采取覆盖薄膜、草帘等措施，气温回暖后应及时去除覆盖物。春季杂草生长迅速，为了防止其争夺营养和水分，应及时除草，尽量以人工除草为主，避免使用除草剂等。除草后应施肥，以确保苗木生长有足够的营养。

在移植苗生长 2 年后，高度 2 m 以上时即可移栽上山。在移栽的过程中，为保证成活率，需要修剪枝条，并保留较多根系，带土球移栽，土球周围以草绳捆扎，土球直径以苗木主干直径的 6～7 倍为佳。种植穴直径 1 m，深约 30 cm，回填表土，当土填到 1/2 以上近 2/3 时，轻提苗木，防止发生窝根影响生长。之后填土、踩实，使根系与土壤密切接触，最后，浇 1 次透水进行定根。如栽植后雨量不足，还应定期浇水，以确保移栽的树苗成活。

93. 梣叶槭

【学名】 *Acer negundo* L.。

【蒙名】 阿格其。

【别名】 复叶槭、糖槭。

【分类地位】 槭树科槭树属。

【形态特征】 落叶乔木，高达 15 m。树皮暗灰色，浅裂。小枝光滑，被蜡粉。单数羽状复叶，小叶 3～5 枚，稀 7 或 9 枚，卵形至披针状长椭圆形，先端锐尖或渐尖，基部宽楔形或近圆形，叶缘具不整齐疏锯齿，上面绿色，初时边缘及沿脉被柔毛，后渐脱落，下面黄绿色，被柔毛，两侧小叶叶柄被柔毛。花单性，雌雄异株，雄花呈伞房花序，被柔毛，下垂，花萼钟状，顶部 5 裂，被柔毛；雄蕊 5，花丝细长，花药窄矩圆形，无花瓣；雌花为总状花序，下垂。翅果扁平无毛，翅长与小坚果几乎相等，两果开展度成锐角或近直角。花期 5 月，果期 9 月。

【分布】 原产于北美洲。中国各地均有栽培。

【生境】 喜光树种，耐干旱，稍耐水湿，在适宜的气候环境条件下生长较快，抗烟性较强。

【食用部位及方法】 本种早春开花，花蜜很丰富，是很好的蜜源植物。

【栽培管理要点】

种子处理 冬季雪藏可增加苗木抗寒性，提高保苗率。雪藏前用 1‰ 的高锰酸钾溶液浸种 2 h，或 5‰ 的高锰酸钾溶液浸种 30 min 对种子进行消毒，之后捞出用清水漂洗干净。冬季降雪后，选择室外背阴避风处将雪与种子层积堆藏，底层铺 15 cm 厚的雪，面积大小视种子数量确定，然后铺种子 1～2 cm 厚，种子上铺 10 cm 厚的雪再铺种子，如此循环直至种子铺完，然后用雪培成堆，冬季无雪时可用冰藏。春季气温升高冰雪消融后，将种子移至室内与含水量 60% 的湿沙混合堆藏，每天勤翻、勤观察，待有 30% 的种子裂开后就可播种。

播种 春季干旱，土壤墒情不好，容易缺水造成出苗困难。因此，春季育苗前要灌足底水，待水晾干可进地耕作时，每公顷施硫酸亚铁 300 kg，深翻、耙平，打碎土块，清理杂质，按照 10 m×10 m 的大小作水平的畦，大小也可随地形而定。随后就可播种，开沟条播，开沟时沟底要平，撒种要均匀，之后进行镇压，镇压要全面不漏边角。播后耙平，除去杂质，以免影响出苗。播种行距 40 cm，每公顷播种 240 kg。

苗期管理 播种后 15 d 出苗，30 d 苗木出齐。苗木出齐后间苗，株距 3～5 cm，每公顷留苗 22.5 万～37.5 万株，灌溉后间苗，以确保间苗时不伤害保留苗木。间苗后及时浇水，促进间苗后苗木恢复。如果有断苗现象，可在雨天结合间苗带土移栽。

苗圃地修好排洪渠，及时排出积水，防止苗木烂根。及时定期追肥可有效提高合格苗木的数量，追肥在 7—8 月进行。开沟追施尿素，在行间开深约 10 cm 的浅沟，将尿素均匀撒在沟底，然后掩埋，每公顷施 75 kg，每 10 d 追施 1 次。在早晨或下午气温较低时追肥，若缺墒及时灌溉，严防烧苗。苗圃地杂草较多，结合间苗及时松土除草。

8 月后不能追肥，防止苗木徒长。越冬用细土掩埋苗木根部，埋至 10 cm 以上，防止冻害。

二十五、苦木科

94. 臭椿

【学名】 *Alianthus altissma*（Mill.）Swingle。

【蒙名】 乌没黑-尼楚根-好布鲁。

【别名】 樗。

【分类地位】 苦木科臭椿属。

【形态特征】 乔木，高可达 30 m，胸径可达 1 m。树皮平滑，具灰色条纹。小枝赤褐色，粗壮。单数羽状复叶，小叶 13～25（41）枚，具短柄，卵状披针形或披针形。长 7～12 cm，宽 2～4.5 cm，先端长渐尖，基部截形或圆形，长不对称；叶缘波纹状，近基部有 2～4 先端具腺体的粗齿，常挥发恶臭味，上面绿色，下面淡绿色，被白粉或柔毛。花小，白色带绿色，杂性同株或异株，花序直立，长 10～25 cm。翅果扁平，长椭圆形，长 3～5 cm，宽 0.8～1.2 cm，初黄绿色，有时稍带红色，熟时褐黄色或红褐色。花期 6—7 月，果期 8—10 月。

【分布】 内蒙古分布于土默特左旗卓尔沟的大青山南麓，呈野生状态，生长良好，通辽、呼和浩特、包头有栽培。中国各地均有分布。朝鲜、日本也有分布。

【生境】 喜光，深根性树种，抗烟尘、抗病虫害能力很强。

【食用部位及方法】 茎皮含树胶；叶可饲椿蚕。种子可作半干性油，残渣可作肥料。

【营养成分】 茎皮含树胶；叶浸出液可作土农药。种子含脂肪油 30%～35%，为半干性油；根含苦楝素、脂肪油及鞣质。

【药用功效】 根皮及果实入药；根皮（药材名：椿皮）能清热燥湿、涩肠止血，主治泄泻、久痢、肠风下血、遗精、白浊、崩漏带下；果实（药材名：凤眼草）能清热利尿、止痛、止血，主治胃痛、便血、尿血；外用治阴道滴虫。

【栽培管理要点】

采种 8—10 月翅果成熟时，选择 15～30 年生长健壮的母树进行采种，连同小枝一起剪下，翻晒 4～5 d，除去小枝和杂质，播种前先去种翅（不去翅也可），收拾干净，晾晒干燥后用干藏法贮存。种子纯度要求达到 85%～88%、发芽率必须达到 70%以上。臭椿千粒重 28～32 g，7 500～8 500 粒 /kg。

育苗 处理干净的种子首先用 40℃温水浸泡 24 h，然后滤去水分，再用清水浸泡 1 d，捞去上浮的秕种和杂物，把下沉的饱满种子捞出平摊在背风向阳处，使表皮水分蒸发，然后用 5‰的高锰酸钾溶液泡 2 h，再按 1∶1 的比例配细河沙，堆放在背风温暖向阳处，用草帘或湿麻袋覆盖催芽，每天要勤翻种子 1～2 次，同时用清水喷洒，保证种子的湿度适宜，需要 7～8 d 种子裂开，待 30% 的种子裂开时即可播种。作平床或大田育苗均可。春播不宜过早，要使幼苗避开晚霜，播前要施足农家肥、二铵或磷肥等底肥，精细整地，灌足底水。苗圃地要选择地势平坦、土壤肥沃、背风向阳、最好有灌溉条件的土地。播种前要灌足底水，然后深翻，同时要施适量农家肥，整理平整，清理干净杂物，作好畦和苗床，一般畦宽 1～1.2 m，畦长因地形而定，作到畦面水平。同时，作好排洪渠，以防雨季发生洪涝。条播行距 20～40 cm，播种沟深 3～4 cm，每公顷播种量 45～75 kg，覆土厚度 1～1.5 cm，然后稍加镇压。播后顺着畦的方向覆草，以保持地表处于湿润状态，这样有利于苗木顶芽出土。

浇水、除草 播种后 4～6 d 幼苗开始顶土，为了防止土壤板结，此时严禁浇水，出苗期应着重提温保墒，促使早出苗，并且出苗整齐；需要 10～15 d 幼苗能够出齐，当幼苗高度 3～5 cm 时第 1 次浇水。在苗木整个生长过程中，要根据情况适量浇水，但绝不能出现苗圃地积水现象，否则会出现苗木烂根现象，造成不必要的损失。对苗圃地杂草必须遵循除早、除小、除了的原则，苗木附近的杂草要人工拔掉，否则会伤害苗木的根系。苗期中耕除草的次数不少于 6～8 次。

间苗定植 当苗高 3～15 cm 时间苗，当苗高 8～10 cm 时定苗，往稀疏的地方移栽，一般株距为 20 cm 左右；若要培育大规格苗木，株距为 40 cm 左右。6 月下旬至 7 月中旬，苗木处于生长缓慢阶段，在苗木背阴一侧挖 15～18 cm 深坑，将苗木主根截断，然后埋土踏实，同时要浇 1 次透水。

施肥 定苗或移植后，在 5—7 月先后追肥（尿素）2 次，每公顷每次追施 150 kg 左右。

出圃 当年春季的育苗，秋季可产优质壮苗 12 万株 /hm² 左右。如果需要培育大苗，翌年可按 40 cm × 80 cm 的株行距定植，除常规管理外，在 5—7 月每公顷追肥（一般为尿素）150 kg 左右，施 2～3 次，以促进苗木快速生长。

二十六、凤仙花科

95. 凤仙花

【学名】 *Impatiens balsamina* L.。

【蒙名】 好木存-宝都格-其其格。

【别名】 急性子、指甲草、指甲花。

【分类地位】 凤仙花科凤仙花属。

【形态特征】 一年生草本，高 40～60 cm。茎直立，圆柱形，肉质，稍带红色，节部稍膨大。叶互生，披针形，先端长渐尖，基部渐狭，边缘具锐锯齿；花单生与数朵簇生于叶腋；花梗密被短柔毛；花大，粉红色、紫色、白色与杂色，单瓣与重瓣；萼片

3，侧生 2，宽卵形，疏被短柔毛，下面 1 片，舟形，花瓣状，被短柔毛，基部延长成细而内弯的矩。旗瓣近圆形，先端凹，具小尖头；翼瓣宽大，2 裂，基部裂片圆形；上部裂片倒心形，花药先端钝，子房纺锤形，绿色，密被柔毛；蒴果纺锤形与椭圆形，被茸毛，果皮成熟时 5 瓣裂而卷缩，并将种子弹出；种子多数，椭圆形或扁球形，深褐色或棕黄色。花期 7—8 月，果期 8—9 月。

【分布】 内蒙古各地有栽培。

【食用部位及方法】 凤仙花植株可以食用，嫩株可炒食，又可烧、烩、腌、泡，味道鲜美，风味独特。种子又可榨油。凤仙花还被用来制备较有前景的保健饮料。

【营养成分】 凤仙花、叶、茎和根中含有人体必需的微量元素铜、锌、锰、钴、镍、铬和宏量元素钙、铁，9 种元素含量由高到低的顺序依次为叶、茎、花、根。凤仙花中除含以上成分外，还含多糖成分，多糖的提取率可达 3.62%，此外，Clevenger 等从凤仙花的白色花瓣中分离得到杨梅素。凤仙花的籽油中还含有丰富的油脂类物质，脂肪油含量约 17.9%，其中以脂肪酸为主要成分。

【药用功效】 全草入药，能活血通经、祛风止痛，主治跌打损伤、瘀血肿痛、痈疖疔疮、蛇咬伤等。种子也入药，能活血通经、软坚、消积，主治闭经、难产、肿块、积聚、跌打损伤、瘀血肿痛、风湿性关节炎、痈疖疔疮。花作蒙药用，能利尿消肿，主治浮肿、慢性肾炎、膀胱炎等。

【栽培管理要点】

育苗　凤仙花以播种方式繁殖，是典型的春播花卉。每年 3 月下旬至 5 月上旬均可播种，北方地区需在温室或温床中播种，5 月后期即可移植露地栽培。从播种至开花，一般需要 3 个月时间。

播种时用普通床土，地温低时应在电热温床上播种，凤仙花的种子较大，苗床播种量 $40\sim50$ g/m^2，播种后 7 d 出苗，凤仙花出苗后幼苗生长迅速，应及早分苗。育苗时间一般需要 45 d 左右，生长适宜的条件下可育出 $13\sim14$ 片叶的秧苗，定植前 $5\sim7$ d 通大风降温炼苗。

定植　当苗高 8 cm 左右时，可以定植盆栽，或按株距 30 cm 定植于花坛栽培。凤仙花的生长需要充足的阳光，栽培地点选择向阳开阔的地方。

日常管理　开花之前，适度追肥，每隔 10 d 追施 1 次稀薄豆饼水。开花期间，控制施肥，忌施氮肥，以免茎叶生长过于茂盛而影响开花。由于凤仙花的须根发达，生长旺盛，且正值炎夏，水分蒸腾量过大，易干旱，应特别注意浇水，否则会出现植株枯萎、落叶、落花。夏季浇水，应在清晨或傍晚进行，尽量避免中午高温时浇水。

二十七、鼠李科

96. 酸枣（变种）

【学名】 *Zizyphus jujuba* Mill. var. *spinosa*（Bunge）Hu ex H. F. Chow。

【蒙名】 哲日力格-查巴嘎。

【别名】 棘。

【分类地位】 鼠李科枣属。

【形态特征】 灌木或小乔木，高达 4 m。小枝弯曲呈"之"字形，紫褐色，被柔毛，具细长的刺，刺有 2 种：一种是狭长刺，有时可达 3 cm，另一种刺呈弯钩状。单叶互生，长椭圆状卵形至卵状披针形，先端钝或微尖，基部偏斜，有三出脉，边缘具钝锯齿，齿端具腺点，上面暗绿色，无毛，下面浅绿色，沿脉具柔毛；花黄绿色，2～3 朵簇生于叶腋，花梗短；花萼 5 裂；花瓣 5；雄蕊 5，与花瓣对生，比花瓣稍长具明显花盘。核果暗红色，后变黑色，卵形至长圆形，具短梗，核顶端钝。花期 5—6 月，果熟期 9—10 月。

【分布】 内蒙古分布于通辽、乌兰察布、巴彦淖尔、鄂尔多斯、阿拉善等地。中国主要分布于东北、华北等地区。

【生境】 旱中生植物。耐干旱，喜生长于海拔 1 000 m 以下的向阳干燥平原、丘陵、山谷等，常形成灌丛。

【食用部位及方法】 种子可榨油，含油量 50%；果实可酿酒，枣肉也可提取维生素；花富含蜜汁，为良好的蜜源植物。

【营养成分】 酸枣含有钾、钠、铁、锌、磷、硒等多种微量元素，新鲜的酸枣中含有大量的维生素 C，其含量是红枣的 2～3 倍、柑橘的 20～30 倍。

【药用功效】 种子入药，能守心安神、敛汗，主治虚烦不眠、惊悸、健忘、体虚多汗等；树皮、根皮能收敛止血，主治便血、烧烫伤、月经不调、崩漏、白带、遗精、淋浊、高血压等；酸枣仁在兽医上可代替非布林解热用，也可治疗牛、马的痉挛症或燥泻不定症。

【栽培管理要点】 适宜于向阳干燥的山坡、丘陵、平原及路旁的砂石土壤栽培，不宜在低洼水涝地种植。分株繁殖是在春季发芽前和秋季落叶后，将老株根部发出的新株连根劈下栽种，方法同定植。育苗田在苗出齐后浅锄松土除草，冬至前要进行 2～3 次。苗高 6～10 cm 时每亩追施硫酸铵 15 kg，苗高 30 cm 时每亩追施过磷酸钙 12～15 kg。为提高酸枣坐果率，春季进行合理的整形修剪，或进行树形改造，把主干 1 m 以上的部位锯去，使其抽生多个侧枝，形成树冠；也可进行环状剥皮，在盛花期，离地面 10 cm 高的主干上环切 1 圈，深达木质部，隔 0.5～0.6 cm 再环切 1 圈，剥去 2 圈之间树皮即可，20 日左右伤口开始愈合，1 个月后伤口愈合面在 70% 以上。9 月采收成熟果实，堆积、沤烂果肉后洗净。春播的种子进行沙藏层积处理，在解冻后进行。秋播在 10 月中下旬进行，按行距 33 cm 开沟，深 7～10 cm，每隔 7～10 cm 播种 1 粒，覆土 2～3 cm，浇水保湿。育苗 1～2 年即可定植，按（2～3）m×1 m 开穴，穴深、宽各 30 cm，每穴 1 株，培土一半时，边踩边提苗，再培土踩实、浇水。野生酸枣树栽植在秋季落叶后、春季发芽前均可进行，但以秋栽最易成活。若栽植过迟或伤根太多，则会出现当年不发芽，翌年才萌发生长的假死现象。山地进行等高栽植，一般株距 3～5 m，行距 4～6 m；平地宜长方形栽植，株行距为（2～4）m×（4～6）m。每年 9—10 月结合施基肥进行深翻扩穴，具体做法是在树的周围挖深 20～50 cm 的穴，每株施土杂肥 50～100 kg。对土层薄、根系裸露的酸枣树进行培土，加厚土层，使树盘活土层均为 50 cm 以上。肥可分为萌芽肥、花前追肥和壮果肥，基肥以迟效性有机肥为主，适量配合化肥；追肥以速效性化肥为主，配合人粪尿或其他微量元素；萌芽肥一般于 3 月下旬至 4 月上旬施用；花前追肥以速效性氮磷钾复合肥加硼砂土施，或叶面喷施磷酸二氢钾（0.3%）加硼酸盐 300 倍液。叶面肥于始花期（5 月上中旬）开始，先后对叶面喷施 0.2%～0.5% 的尿素、10 mg/L 赤霉素和 0.2% 磷酸二氢钾溶液，每隔 5 d 1 次，共 5～6 次。壮果肥一般于 6 月下旬至 7 月中旬进行，以速效性磷钾肥为主。一般每株施用复合肥 0.5 kg 或磷酸二铵 0.2 kg。多雨季节应注意清沟排水。7—8 月，若出现干旱，要及时灌水以满足果实生长的需要。

选地 酸枣喜温暖干燥的环境，耐旱、耐寒、耐碱、耐贫瘠、不耐涝，不宜在低洼水涝地种植，以选择地势平坦、背风向阳、土层深厚肥沃、排灌方便、地下水位在 1.5 m 以下、地下水矿化度不超过 1 g/L 的沙质壤土或中壤土为好，土壤 pH 值 5.5～8.5 为宜。选好地后全面深翻 20～25 cm，并结合深翻每亩施入腐熟的有机肥 2 000～3 000 kg。

种苗移栽 选择生长健壮、无病虫害苗木，苗木基径 1 cm 以上，株高不低于 60 cm 的幼苗作为栽植苗木。苗木移栽前需要用清水浸泡 2 h 或 1 500 倍生根粉浸泡 1.5 h。按株距 1～2 m，行距 3～4 m，采取沟栽或穴栽方法，沟深或穴深 50～60 cm，将表土与有机肥混匀填入底部，栽植深度与根茎持平，栽后覆土、浇水。春季、夏季、秋季均可移栽，以夏季移栽为佳。

田间管理 移栽后，每年中耕除草 2～3 次，也可间种柴胡、黄芩等中药材，结合间种中耕除草。每年 5 月上下旬追肥 1 次尿素，每株 0.5 kg。结果期用 0.5%～1% 尿素和磷酸二氢钾混合液进行根外追肥，每月 1 次；秋季采果后每株施入过磷酸钙 2 kg、碳酸氢铵 1 kg，在植株根际周围开沟施入。枣树花粉期发芽需要较高的空气湿度，盛花期需要用喷雾器向枣花上均匀喷洒清水；中等大小的树冠，每株喷水 3～4 kg，每隔 5 d 喷 1 次。

当树干直径 3 cm 左右时，以高度 60～80 cm 定干，并逐年逐层修剪，将整个树体控制在 2 m 左右，经 3 年整形修剪可形成圆形主干层。成年树主要于每年冬季及时剪除密生枝、交叉枝、重叠枝和直立性的徒长枝及病虫枝，对衰老的下垂枝要适当回缩。盛花期在离地面 10 cm 的主干环状剥皮 0.5 cm 宽，可显著提高坐果率。

97. 鼠李

【学名】 *Rhamnus dahurica* Pall.。

【蒙名】 牙西拉。

【别名】 老鹳眼。

【分类地位】 鼠李科鼠李属。

【形态特征】 灌木或小乔木，高达 4 m。树皮暗灰褐色，呈环状剥落。小枝近对生，光滑，粗壮，褐色，顶端具大型芽。单叶对生于长枝，丛生于短枝，椭圆状倒卵形至长椭圆形或宽倒披针形，先端渐尖，基部楔形，偏斜、圆形或近心形，边缘具钝锯齿，齿端具黑色腺点，上面绿色，具光泽，初有散生柔毛后无毛，下面浅绿色，无毛，侧脉 4～5 对；叶柄粗，上面有沟，老时紫褐色，无毛。单性花，雌雄异株，2～5 朵着生于叶腋，有时 10 朵着生于短枝上，黄绿色；萼片 4，披针形，直立，锐尖，有退化花瓣；雄蕊 4，与萼片互生。核果球形，熟后呈紫黑色；种子 2 粒，卵圆形，背面有狭长纵沟，不开口。花期 5—6 月，果期 8—9 月。

【分布】 内蒙古分布于赤峰、锡林郭勒、呼和浩特等地。中国分布于黑龙江、吉林、辽宁、河北、山西等地。俄罗斯、朝鲜、日本等也有分布。

【生境】 中生灌木。生长于低山坡、土壤较湿的河谷、林缘、杂木林。

【食用部位及方法】 嫩叶、芽可食用及代茶；种子可榨油。

【营养成分】 果实含黄色染料；种子含脂肪油和蛋白质。

【药用功效】 树皮可治大便秘结；果实可治痈疖、龋齿痛。

【栽培管理要点】 用 1.2% 的硫酸亚铁溶液对种子消毒，0.5 h 后用清水冲洗。7 d 后方可播种。育种苗床要求土壤肥沃，良好的土壤肥力使幼苗生长迅速；对于土壤贫瘠地块，结合深翻整地补充土壤肥力。苗床土壤施肥以复合肥为主，最好施有机肥、腐熟饼肥、厩肥、绿肥、人粪尿等，既有利于改良土壤结构，也有利于小苗吸收。整畦方向一般为东西向，以利种苗采光。在耕地前将肥料均匀散在土壤表面。施用厩肥和堆肥，用量为每亩 2 000～2 500 kg；或施用饼肥，用量为每亩 100～150 kg，同时每亩施入杀虫药甲拌磷 500 kg，然后翻耕，将肥料翻入苗圃耕作层的中下层。采取高床作业，播种床长 30 m，宽 1.1 m，步道沟宽 50 cm。灌足底水，床面待播。可采用高床育苗拌砂散播，高床散播与床面条播相比，更便于作业与集约化管理。秋季播种覆土 1 cm，春季播种覆土厚度不可超过 1 cm。北方地区多采用秋播。秋播育苗，翌春能提早出苗，延长生长期，促进苗木木质化。对苗木生长过程中出现的丛生枝、并生枝、直上枝和内膛横枝进行修剪或及早打芽，使苗木分枝匀称饱满，树形对称美观。

二十八、葡萄科

98. 山葡萄

【学名】 *Vitis amurensis* Rupr.。

【蒙名】 哲日乐格-乌吉母。

【别名】 阿木尔葡萄、阿穆尔葡萄、黑水葡萄、火葡萄、山藤、山藤藤秧、野葡萄。

【分类地位】 葡萄科葡萄属。

【形态特征】 木质藤本，长达 10 m。树皮暗褐色，呈长片状剥离。小枝带红色，具纵棱，嫩时被绵毛，卷须断续性，2～3 分枝。叶 3～5 裂，宽卵形或近圆形，基部心形，边缘具粗牙齿，上面暗绿色，无毛，下面淡绿色，沿叶脉与脉腋间常被毛，秋季叶片变红色，具长叶柄。雌雄异株，花小，黄绿色，组成圆锥花序，总花序轴疏被长曲柔毛；雌花具退化雄蕊 5，子房近球形，雄花具雄蕊 5，无雌蕊。浆果球形，蓝黑色，表面有蓝色的果霜，多液汁；种子倒卵圆形，淡紫褐色，喙短圆锥形，合点位于中央。花期 6 月，果期 8—9 月。

【分布】 内蒙古分布于乌兰浩特、通辽、赤峰、锡林郭勒、乌兰察布、包头、巴彦淖尔、阿拉善。中国分布于东北地区，河北、山西、山东。日本、朝鲜、俄罗斯也有分布。

【生境】 中生植物。生长于落叶阔叶林区，零星见于林缘、湿润山坡。

【食用部位及方法】 果实可生食或酿葡萄酒，酒糟可制醋和染料。

【药用功效】 根、藤和果入药；根、藤能祛风止痛，主治外伤痛、风湿骨痛、胃痛、腹痛、神经性头痛、术后疼痛；果实能清热利尿，主治烦热口渴、尿路感染、小便不利。

【栽培管理要点】

压条繁殖法 将生长中表现较老熟的藤蔓，即枝条表皮呈褐色，把藤条平拉置于地面，在每个节眼压上泥土，待根芽长出后，进行逐个离体培育成幼株。扦插法：同样把老熟的藤蔓切成每节带有 2 个叶节位的小段，让切口自然晾干，再用生根剂加杀菌药剂溶液浸泡后捞起晾干水分，然后进行扦插。苗床应选择土壤盐分低，有机质含量较低的壤土为宜，苗床起成畦状，大小根据实际需要而定。畦面要平展、严实，保持适宜湿度，以雨天不积水为宜。等幼苗长出至 10～15 cm 时即可移栽大田进行栽培。栽培技术：对土壤要求不严格，但土层深厚、耕性佳、土壤疏松、排灌方便的田地更适宜山葡萄的生长。种植规格畦宽 1.5 m 包沟作垄，株行距 0.6 m×1.5 m，每亩栽约 750 株。搭架方式有 2 种，一种是传统的平面棚架式，棚架长宽的大小可根据土地面积大小和实际地形情况而定，但山葡萄生长空间面积最大限度只能与土地面积相等，而采收藤蔓时较为费工；另一种搭架形式即为直立篱笆式，也就是畦的头尾各竖起 1 根粗 10 cm×10 cm 高 2 m 以上的水泥柱，中间以 2～3 m 间隔加竖数根竹木柱，上下平行拉上 3～

4道铁丝固定成立式篱笆。比平面棚式藤蔓生长空间面积可增加30%以上。东西走向架式是高产栽培的一个重要措施。施肥一般在收割藤蔓后进行，第1次施肥约在每年的2月底至3月初施，新芽开始长出，是最佳的施肥时期，可以农家粪肥与复合化肥混用，每次化肥用量约每亩15 kg即可。第2次施肥5月底至6月初进行，施后结合清沟培土。第3次施肥应在7—8月，这时雨量较多，注意排出田间渍水。每年在12月最后一次采割后，将畦面浅锄、晒白、培土，防止根部裸露，利于翌年生长。

挖定植沟　在栽植的前一年秋季挖定植沟。定植沟标准为深60 cm，宽60 cm，行距2.5 m。回填时先回表土，回填20 cm后拌入秸秆、杂草及有机肥等。回填后的定植沟穴要高于行间。

定植　秋季上冻前定植最好，春季萌芽前也可以，株距0.5 m。对根系进行修剪，视植株根系大小挖定植穴。将定植穴灌足底水，可视需求加入生根粉。待水渗下，放入植株培土，踩实提苗使根系舒展，植株最下面的芽切记不要埋在土里。秋季栽植后可随即防寒。

栽后管理　全年中耕除草6～7次，深度10～15 cm较适宜，可保证植株生长旺盛，避免病虫滋生。在春季萌芽期、花期前后、果实膨大期、采收后、上冻前进行灌水，其他时间根据降水量多少及时灌水。注意花期不要浇水。施肥分为基肥和追肥。基肥通常用腐熟的有机肥（厩肥、堆肥等），每株施腐熟有机肥25～50 kg、过磷酸钙250 g、尿素150 g。一般在秋季采收后进行，方法是在距植株50 cm处开沟，标准为宽40 cm，深50 cm，1层肥料1层土依次将沟填满。为了减轻工作量可隔沟施肥，即在第1年在单数行挖沟施肥，翌年在偶数行挖沟施肥。丰产园追肥每年一般2～3次。第1次在春季，芽开始膨大时进行；第2次在坐果初期进行，以氮肥为主，磷钾肥为辅；第3次在果实着色期进行，以磷钾肥为主。

夏剪　山葡萄的叶片及其生长量都较大，容易造成架面的郁闭，因此，应在夏季对山葡萄植株进行反复整形修剪，主干30 cm以下不留芽，30 cm以上的并生芽、病虫芽及细弱芽均抹除，保证剩余的侧枝和芽均匀分布，有利于结果。在花期过后的5～7 d，对新梢进行反复摘心，一般每15 d摘心1次，最后一次摘心在8月中旬。具体方法是在生长健壮的结果枝最前端的果穗以上4～6片叶摘心，延长枝在12～20片叶摘心；结果枝最前端的副梢留1片叶并反复摘心；结果枝果穗下部的副梢自基部全部抹除，去副梢时卷须一并抹除。

冬剪　一般在秋季落叶后1个月左右到翌年萌发前，原则是以短梢修剪为主，每个结果枝留2～3个芽。

越冬防护　在10月末至11月初防寒，随着山葡萄的生长势将植株压倒，拢齐，取行间土将植株全部掩埋，覆盖厚度不少于30 cm，翌年4月末至5月初撤除防寒土。

二十九、锦葵科

99. 野西瓜苗

【学名】 *Hibiscus trionum* L.。

【蒙名】 塔古-诺高。

【别名】 和尚头、香铃草。

【分类地位】 锦葵科木槿属。

【形态特征】 一年生直立或平卧草本，高 25～70 cm。茎柔软，被白色星状粗毛。叶二型，下部叶圆形，不分裂，上部叶掌状 3～5 深裂，直径 3～6 cm，中裂片较长，两侧裂片较短，裂片倒卵形至长圆形，通常羽状全裂，上面疏被粗硬毛或无毛，下面疏被星状粗刺毛；叶柄长 2～4 cm，被星状粗硬毛和星状柔毛；托叶线形，长约 7 mm，被星状粗硬毛。花单生于叶腋，花梗长约 2.5 cm，果时延长达 4 cm，被星状粗硬毛；小苞片 12，线形，长约 8 mm，被粗长硬毛，基部合生；花萼钟形，淡绿色，长 1.5～2 cm，被粗长硬毛或星状粗长硬毛，裂片 5，膜质，三角形，具纵向紫色条纹，中部以上合生；花淡黄色，内面基部紫色，直径 2～3 cm，花瓣 5，倒卵形，长约 2 cm，外面疏被极细柔毛；雄蕊柱长约 5 mm，花丝纤细，长约 3 mm，花药黄色；花柱枝 5，无毛。蒴果长圆状球形，直径约 1 cm，被粗硬毛，果爿 5，果皮薄，黑色；种子肾形，黑色，具腺状突起。花期 7—10 月。

【分布】 内蒙古各地均有分布。中国各地有分布。世界各地也有分布。

【生境】 中生杂草。生长于田野、路旁、村边、山谷等。

【食用部位及方法】 全草和果实、种子药用。嫩叶还可食用。中等饲用植物。适口性较好，马、羊喜食，牛采食，秋季适口性下降，马少量采食；制成青干草后，马、羊、牛一般都喜食。冬季枯草马也采食。

【营养成分】 含有酸高 6.4%，酸中除柠檬酸外，含有果酸、癸酸、咖啡酸、P-香豆酸、阿魏酸和芥子酸等。

【药用功效】 全草能清热解毒、祛风除湿、止咳、利尿，主治急性关节炎、感冒咳嗽、肠炎、痢疾；外用治烧烫伤、疮毒；种子能润肺止咳、补肾主治肺结核、咳嗽、肾虚、头晕、耳鸣、耳聋。

【栽培管理要点】 尚无栽培引种技术。

100. 大花葵

【学名】 *Malva mauritiana* L.。

【蒙名】 额布乐吉乌日-其其格。

【别名】 锦葵。

【分类地位】 锦葵科锦葵属。

【形态特征】 一年生草本，高80～100 cm。茎直立，较粗壮，上部分枝，疏被单毛，下部无毛。叶近圆形或近肾形，通常5浅裂，裂片三角形，顶端圆钝，边缘具圆钝重锯齿，基部近心形，上面近无毛，下面被稀疏单毛及星状毛，托叶披针形，边缘被单毛。花多数，簇生于叶腋，花梗长短不等，被单毛及星状毛；花萼5裂，裂片宽三角形，小苞片（副萼）3，卵形，大小不相等，均被单毛及星状毛。花瓣紫红色，具暗紫色脉纹，倒三角形，先端凹缺，基部具狭窄的瓣爪，爪两边被髯毛；雄蕊筒被倒生毛，基部与瓣爪相连；雌蕊由10～14个心皮组成，分成10～14室，每室1胚珠。分果片背部具蜂窝状突起网纹，侧面具辐射状皱纹，被稀疏的毛；种子肾形，棕黑色。

【分布】 内蒙古各地有栽培。中国各地都有栽培，少有逸生。印度也有分布。

【食用部位及方法】 花入药。

【营养成分】 花含大花葵花色苷。

【药用功效】 果实及花入蒙药（蒙药名：傲母展巴），功能主治同野葵。大花葵花色苷有明显调节血脂的作用。

【栽培管理要点】 种植宜在清明前，选用pH值为5.5～6.5的营养土或腐叶土，盆栽后放置于半天有阳光处，才能叶绿花繁，否则很难开花。因锦葵开花次数比较多，需要足够的营养。5月起进入生长期，施入氮磷结合的肥料1～2次，6月起陆续开花一直到10月，每月应追施以磷为主的肥料1～2次，使花连开不断。盛夏高温季节，盆土应偏干忌湿，防烂根，有时会落叶，翌春会长出新叶。随时剪去枯枝、病枝、弱枝、过密枝和残花残梗，有利于通风透光，单瓣的还应截短徒长枝，使之多生侧枝、多开花。入冬后应及时移入室内，放置于向阳温暖处，保持室内温度3～5℃，可以越冬，盆土应偏干忌湿，防烂根，有时会落叶，翌春会长出新叶。夏季、秋季采收，晒干。繁殖主要利用扦插法、压条法。扦插时选一至二年生健壮枝条，剪成10 cm左右，只留上部叶片和顶芽，削平基部，插入干净的细沙中，浇足水，罩以塑料薄膜，并置荫棚下，月余可生根；压条法有高压法和普通压法，高压法可采取塑料袋两端扎紧的方法，可当年成活。

101.蜀葵

【学名】 *Althaea rosea*（L.）Cavan.。

【蒙名】 哈鲁-其其格。

【别名】 一丈红、大蜀季、戎葵、吴葵、卫足葵、胡葵、斗篷花、秫秸花。

【分类地位】 锦葵科蜀葵属。

【形态特征】 二年生直立草本，高达2 m。茎枝密被刺毛。叶近圆心形，直径6～16 cm，掌状5～7浅裂或波状棱角，裂片三角形或圆形，中裂片长约3 cm，宽4～6 cm，上面疏被星状柔毛，粗糙，下面被星状长硬毛或茸毛；叶柄长5～15 cm，被星状长硬毛；托叶卵形，长约8 mm，先端具3尖。花腋生，单生或近簇生，排列成总状花序式，具叶状苞片，花梗长约5 mm，果时延长至1～2.5 cm，被星状长硬毛；小苞片杯状，常 6～7 裂，裂片卵状披针形，长 10 mm，密被星状粗硬毛，基部合生；萼钟状，直径 2～3 cm，5 齿裂，裂片卵状三角形，长 1.2～1.5 cm，密被星状粗硬毛；花大，直径 6～10 cm，有红色、紫色、白色、粉红色、黄色和黑紫色等，单瓣或重瓣，花瓣倒卵状三角形，长约 4 cm，先端凹缺，基部狭，爪被长髯毛；雄蕊柱无毛，长约 2 cm，花丝纤细，长约 2 mm，花药黄色；花柱分枝多数，微被细毛。果盘状，直径约 2 cm，被短柔毛，分果爿近圆形，多数，背部厚达 1 mm，具纵槽。花期 2—8 月。

【分布】 原产于中国，现各地栽培供观赏用。内蒙古有栽培。

【生境】 喜阳光充足，耐半阴，忌涝。耐盐碱能力强，在含盐 0.6% 的土壤中仍能生长。耐寒冷，在华北地区可以安全露地越冬。在疏松肥沃、排水良好、富含有机质的沙质土壤中生长良好。

【食用部位及方法】 嫩叶及花可食。

【营养成分】 根含黏液质，一年生根的黏液质含戊糖 7.78%、戊聚糖 6.87%、甲基戊聚糖 10.59% 及糖醛酸 20.04%。

【药用功效】 根、种子、花均可入药；根能清热解毒、排脓，主治肠炎、痢疾、尿路感染、小便赤痛、宫颈炎等；种子能利尿通淋，主治尿路结石、小便不利、水肿；花能通利大小便、解毒散结，主治大小便不利、梅核气；花、叶外用又可治疗疖肿、烧伤、烫伤。花也入蒙药（蒙药名：呃里展巴），能利尿通淋，主治淋病、泌尿系统感染、肾炎、膀胱炎等。

【栽培管理要点】 通常采用播种繁殖，也可用分株繁殖和扦插繁殖。分株繁殖在春季进行，扦插繁殖仅用于繁殖某些优良品种。生产中多以播种繁殖为主，在华北地区以春播为主。

播种繁殖 因其发芽快，易成活，大部分采用露地直播，不再移栽。春播，当年不易开花。而北方常以春播为主。8—9 月种子成熟，因蜀葵种子成熟后易散落，应及时采收。蜀葵种子成熟后即可播种，正常情况下种子约 7 d 就可以萌发。南方常采用秋播，通常宜在 9 月秋播于露地苗床，发芽整齐。蜀葵种子的发芽力可保持 4 年，但播种苗 2～3 年后就出现生长衰退现象。露地直接播种，如果适当结合阴雨天移栽，既可间苗，又可一次性种花多年受益。

分株繁殖 在 8—9 月进行，适时挖出多年生蜀葵的丛生根，用快刀切割成数小丛，使每小丛都有两三个芽，分割时选择带须根的茎芽进行更新栽植，后分栽定植即可，翌年可开花。春季分株要加强肥水管理。

扦插繁殖 扦插可在春季选用基部萌蘖的茎条作插穗。插穗长 7～8 cm，沙土作基质，扦插后遮阴至发根。栽植后适时浇水，在开花前结合中耕除草追肥 1～2 次，追肥以磷钾肥为好。当蜀葵叶腋形成花芽后，追施 1 次磷钾肥。为延长花期，应保持充足的水分。花后及时将地上部分剪掉，还可萌发新芽。栽植 3～4 年后，植株易衰老，应及时更新。植株一般 4 年更新 1 次。另外，蜀葵易杂交，为保持品种的纯度，不同品种应保持一定的距离间隔。

三十、堇菜科

102. 堇菜

【学名】 *Viola verecunda* A. Gray。

【蒙名】 尼勒-其其格。

【别名】 堇堇菜。

【分类地位】 堇菜科堇菜属。

【形态特征】 多年生草本，有地上茎，高 8～20 cm。根茎具较密的结节，密生须根。基生叶的托叶为狭披针形，边缘具疏细齿，1/2 以上与叶柄合生，茎生叶托叶离生，为披针形、卵状披针形或匙形，边缘全缘；基生叶叶柄具狭翼，叶片肾形或卵状心形，先端钝圆，基部浅心形至深心形；茎生叶叶柄短，具狭翼，叶片卵状心形、三角状心形或肾状圆形，先端钝或稍尖，基部深心形或浅心形，边缘具圆齿。花小，白色，花梗短，生于叶腋，苞生于花梗中上部，萼片披针形或卵状披针形，无毛，基部附属物小；侧瓣里面被须毛，下瓣具紫红色条纹，矩短，囊状。蒴果小，矩圆形，无毛。花果期 5—8 月。

【分布】 内蒙古分布于呼伦贝尔。中国分布于东北、华北、华东、中南等地区。朝鲜、日本、蒙古国、俄罗斯等也有分布。

【生境】 中生植物。生长于山坡草地、湿草地、灌丛、溪旁林下。

【食用部位及方法】 全草入药。

【营养成分】 堇菜属植物含有黄酮类、香豆素、萜类、有机酸、酚性成分、甾醇、糖类、氨基酸、多肽、黏液质、蜡、挥发油等多种成分。

【药用功效】 主治刀伤、肿毒等。

【栽培管理要点】 宜选排水性佳的栽培介质，可以砂土栽种或是以栽培土混合珍珠石、蛭石后使用。栽培环境全日照或半日照均可，如果是栽种原产于中高海拔的品种，建议炎热的夏季，栽培应移至有遮阴处较佳。生育适温 10～25℃，温度较高时，堇菜易长出没有花瓣的闭锁花，会有闭锁授粉的现象发生（不开花即结实），温度适宜时能开出美丽的花朵；夏季高温时叶色转为全绿色。播种的适期是春季、夏季，发芽适宜温度为 15～18℃，种子需覆土，置于阴凉的地方，发芽需 1～2 个月。如果已栽种成株一段时间，成熟的果荚会将种子弹出，所以常会发现盆面或地表有堇菜小苗萌出，可将这些小苗移至盆中栽种。部分品种有长横走茎的特性，可定时更换较大的盆或将横走茎修剪另外栽种。

103. 紫花地丁

【学名】 *Viola philippica* Cav.。

【蒙名】 宝日-尼勒-其其格。

【别名】 辽堇菜、光瓣堇菜。

【分类地位】 堇菜科堇菜属。

【形态特征】 多年生草本，无地上茎，花期高3～10 cm，果期高可达15 cm。根茎较短，垂直，主根较粗，白色至黄褐色，直伸。托叶膜质，通常1/2～2/3与叶柄合生，上端分离部分条状披针形或披针形，具茸毛，叶柄具窄翅，上部翅较宽，被短柔毛或无毛，果期可达10 cm，叶片矩圆形、卵状矩圆形、矩圆状披针形或卵状披针形，先端钝，基部截形、钝圆形或楔形，边缘具浅圆齿，两面散被或密被短柔毛，或仅脉上被毛或无毛，果期叶大，先端钝或稍尖，基部常呈微心形。花梗超出叶或略等于叶，被短柔毛或近无毛，苞片着生于花梗中部附近；萼片卵状披针形，先端稍尖，边缘具膜质狭边，基部附属器短，末端圆形、截形或不整齐，无毛，少被短毛；花瓣紫堇色或紫色，倒卵形或矩圆状倒卵形，侧瓣无须毛或稍被须毛，下瓣连矩长15～18 mm，矩细，末端微向上弯或直。蒴果椭圆形，无毛。花果期5—9月。

【分布】 内蒙古分布于呼伦贝尔、乌兰浩特、赤峰、乌兰察布、呼和浩特、包头。中国分布于东北、华北、西北、华东、中南地区及云南。朝鲜、日本、俄罗斯也有分布。

【生境】 中生杂草。多生长于庭园、田野、荒地、路旁、灌丛、林缘等。

【食用部位及方法】 将紫花地丁的幼苗或嫩茎采下，用沸水焯一下，换清水浸泡3～5 min，炒食、做汤、和面蒸食或煮菜粥均可。药用，内服，煎汤，15～30 g（鲜品30～60 g）；外用，适量，捣敷。

【营养成分】 紫花地丁每100 g干物质中含蛋白质29.27 g、可溶性糖2.38 g、氨基酸33.95 mg及多种维生素。每1 g干紫花地丁中含铁354.8 μg、锰30.3 μg、铜22.2 μg、锌55.8 μg、钡11.3 μg、锶87.3 μg、铬69.0 μg、钼60.0 μg、钴9.7 μg、钙3.9 μg。

【药用功效】 全草入药，能清热解毒、凉血消肿，主治痈疽发背、疗疮瘰疬、无名肿毒、丹毒、乳腺炎、目赤肿痛、咽炎、黄疸型肝炎、肠炎、毒蛇咬伤等。全草也入蒙药。

【栽培管理要点】

自然繁殖 紫花地丁按分株栽植法在规划区内进行繁殖，一般每隔5 m栽植一片。紫花地丁自然繁殖能力很强，种子成熟后不用采撷，任其随风洒落，就可以达到自然繁殖目的。

分株繁殖 在同种条件下分株移植繁殖见效快，小株的紫花地丁比大株的紫花地丁育苗快，成活率高。紫花地丁的绿色期长，为了提升效益，如果园绿化对绿化效果没有特别要求，则应尽量采用中小植株进行绿化。紫花地丁在生长季节都可进行分株，春季分株会影响开花，夏季分株时要注意遮阴。

播种繁殖 分为穴盘育苗和露地播种。紫花地丁种子细小，一般采用穴盘播种育苗方式。床土一般用1份细沙、2份腐叶土、2份园土。播种前，一般可用0.3%～0.5%的高锰酸钾溶液喷洒床土进行土壤消毒，以达到防治苗期病虫害、培育壮苗的目的。播种时一般采用撒播法。播种时间为春播 3 月上中旬、秋播 8 月上旬。播种后温度控制在 15～25℃，7 d 左右出苗。露地播种一般在 8 月，先平整土地，然后浇水，待水下渗后将种子与细沙土搅拌均匀，撒至土里后用细土将种子遮盖严实，7 d 后即可长出幼苗。

幼苗期管理 为防小苗徒长，特别要加强对温度的控制。白天温度控制在 15℃，夜间温度控制在 8～10℃，光照要充足，要保持土壤稍干燥。促进幼苗生长，可适量施用腐熟的有机肥液。一般来说，当幼苗叶子达到 5 片以上时可以定植，当幼苗长出真叶时便可以开始分苗。

定植 宜采用带土移植，因为带土壤移植较裸根移植缓苗快，成活率高。如果选用中小苗移栽，叶片数量 5～10 个，密度为 50 株 /m^2；如果选用大中苗移栽，叶片数量 15～20 个，密度 40 株 /m^2。

种子采收 在蒴果立起以后，且还没有开裂以前，就必须对种子加以采收。在晾晒期间，为预防种子弹掉，可用窗纱盖住蒴果，之后进行过筛处理，最终干贮。

三十一、胡颓子科

104. 中国沙棘（亚种）

【学名】 *Hippophae rhamnoides* L. subsp. *sinensis* Rousi。

【蒙名】 其查日嘎纳。

【别名】 醋柳、酸刺、黑刺。

【分类地位】 胡颓子科沙棘属。

【形态特征】 灌木或乔木，通常高 1 m。枝灰色，通常具粗壮棘刺；幼枝被褐锈色鳞片。叶通常近对生，条形至条状披针形，两端钝尖，上面被银白色鳞片后渐脱落呈绿色，下面密被淡白色鳞片，中脉明显隆起；叶柄极短。花先叶开放，淡黄色，花小；花萼 2 裂；雄花序轴常脱落，雄蕊 4，雌花比雄花后开放，具短梗，花萼筒囊状，顶端 2 小裂。果实橙黄色或橘红色，包于肉质花萼筒中，近球形；种子卵形，种皮坚硬，黑褐色，有光泽。花期 5 月，果熟期 9—10 月。

【分布】 内蒙古分布于赤峰、锡林郭勒、乌兰察布、鄂尔多斯、呼和浩特。中国分布于河北、山西、陕西、甘肃、青海、四川。

【生境】 比较喜暖的旱中生植物。主要分布于暖湿带落叶阔叶林区或森林草原区。喜阳光，不耐荫。对土壤要求不严，耐干旱、瘠薄及盐碱土壤。有根瘤菌，有肥地之效。为优良水土保持及改良土壤树种。

【食用部位及方法】 可制成果子羹、果酱、软果糖、果冻、果泥、果脯及露汁等多种食品。若将果汁浓缩可制成各种片剂、浸膏，或提取维生素 C，可供医药用，对胃病患者尤其明显。

【营养成分】 果实含有机酸、维生素 C、糖类等，可作浓缩性维生素 C 的制剂和酿酒。

【药用功效】 果汁可解铅中毒。果实入蒙药（蒙药名：其察日嘎纳），能祛痰止咳、活血散瘀、消食化滞，主治咳嗽痰多、胸满不畅、消化不良、胃痛、闭经。

【栽培管理要点】

选地整地 对土壤的适应性较强，较耐贫瘠、干旱。但为了沙棘能够良好生长发育，宜选土质疏松、养分充足、排灌便利、微酸至微碱性的沙质壤土，黏重土壤易引发病害，缓坡地带也可种植。选地后要全面整地，翻耕深度 20 cm 以上，整地时间宜在造林前的 3～6 个月进行。贫瘠土壤要结合整地施加基肥，以保证养分供应。

育苗 播种前将精选的良种进行浸种处理，利于发芽、芽苗破土。条播，行距 10～15 cm 为宜，深度 3 cm，播后覆土，覆土层不宜过厚，以免影响种苗出土，7～8 d 出苗。首次间苗在第 1 对真叶长出后进行，第 2 次间苗在第 4 对真叶长出后进行，间苗后的株距以 5 cm 为宜。及时中耕、除草、松土，为幼苗创造适宜的生长环境，确保幼苗健壮生长。沙棘对磷肥比较敏感，土壤磷肥不足时，及时增施过磷酸钙，以增强幼苗长势。

栽植 宜在春季栽植，要适时早栽，土壤解冻 20～30 cm 即可栽植。栽植的苗木以一至二年生为宜，树坑直径 40 cm，深 35 cm，栽植密度一般为 3 300 株 /hm²，株行距 1.5 m×2 m。栽植时要注意将苗根舒展，使苗根展开并与土壤密切接触，覆土，踏实。

日常管理 当沙棘高 2～2.4 m 时及时剪顶，去旧留新，剪密枝，留旺枝，保持树冠圆满。及时清除病枝、死枝，刮除病皮，并在剪口及刮皮处涂抹防腐膜，促进伤口愈合，减少病菌侵入引发病害。在比较干旱的荒山、荒坡或比较黏重的土壤上，易出现衰老现象，宜在树木休眠期采取"片砍""花砍""带砍"等方法进行剪枝。在花蕾期、幼果期和果实膨大期喷施壮果蒂灵，提高坐果率、结果量，促进果实膨大，增加产量。

105. 沙枣

【学名】 *Elaeagnus angustifolia* L.。

【蒙名】 吉格德。

【别名】 桂香柳、金铃花、银柳、七里香。

【分类地位】 胡颓子科胡颓子属。

【形态特征】 灌木或小乔木，高达 15 m。幼枝被灰白色鳞片及星状毛，老枝栗褐色，具枝刺。叶矩圆状披针形，先端尖或钝，基部宽楔形或楔形，全缘，两面均有银白色鳞片，上面银灰绿色，下面银白色；花银白色，通常 1～3 朵，着生于小枝下部叶腋；花萼筒钟形，内部黄色，外边银白色，有香味，顶端通常 4 裂；两性花的花柱基部被花盘所包围。果实矩圆状椭圆形或近圆形，初密被银白色鳞片，后渐脱落，熟时橙黄色、黄色或红色。花期 5—6 月，果期 9 月。

【分布】 内蒙古分布于巴彦淖尔、鄂尔多斯、阿拉善、呼和浩特、包头等地。中国西北、华北、辽宁南部等地区均有栽培。地中海沿岸、亚洲西部及俄罗斯也有分布。

【生境】 耐盐潜水旱生植物，为荒漠河岸林的建群种之一。在栽培条件下，沙枣最喜通气良好的沙质土壤。

【食用部位及方法】 树皮四季可剥，刮去外层老皮，剥取内皮，晒干备用。果实在秋末冬初成熟时采摘晒干。沙枣果实含脂肪、蛋白质等，营养成分与高粱相近，可食用。沙枣粉还可酿酒、酿醋、制酱油、果酱等，糟粕仍可饲用。沙枣花香，是很好的蜜源植物，含芳香油，可提取香精、香料。

【营养成分】 沙枣可食部分每 100 g 含水分 12 g、蛋白质 4.5 g、脂肪 4.2 g、碳水化合物 74.8 g、钙 46 mg、磷 67 mg、铁 3.3 mg、维生素 B 20.07 mg、烟酸 1.7 mg、维生素 C 7 mg，其中果肉含糖 43%～59%（其中 20% 为果糖）。

【药用功效】 树皮、果实入药；树皮能清热凉血、收敛止痛，主治慢性支气管炎、胃痛、肠炎、白带，外用治烧烫伤；果实能健胃止泻、镇静，主治消化不良、神经衰弱等。

三十二、千屈菜科

106. 千屈菜

【学名】 *Lythrum salicaria* L.。

【蒙名】 西如音-其其格。

【别名】 败毒莲、乌鸡腿、铁菱角、水槟榔、垛子草、败毒草、鸡骨草、对芽草、红筷子、大关门草、蜈蚣草、对叶草、对牙草、毛千屈菜、对叶莲、水柳、茸毛千屈菜、水枝锦、水枝柳、短瓣千屈菜、水芝锦。

【分类地位】 千屈菜科千屈菜属。

【形态特征】 多年生草木，高 40～100 cm。茎直立，多分枝，四棱形，被白色柔毛或仅嫩枝被毛。叶对生，少互生，长椭圆形或矩圆状披针形，先端钝或锐尖，基部近圆形或心形，略抱茎，上面近无毛，下面被细柔毛，边缘被极细毛，无柄。顶生总状花序；花两性，数朵簇生于叶状苞腋内，具短梗，苞片卵状披针形至卵形，顶端长渐尖，两面及边缘密被短柔毛；小苞片狭条形，被柔毛；花萼筒紫色，萼筒外面具 12 条凸起纵脉，沿脉被刚柔毛，顶端具 6 齿裂，萼齿三角状卵形，齿裂间有被柔毛的长尾状附属物；花瓣 6，狭倒卵形，紫红色，着生于萼筒上部；雄蕊 12，6 长，6 短，相间排列，在不同植株中雄蕊有长、中、短三型与此对应，花柱也有短、中、长三型。蒴果椭圆形，包于萼筒内。花期 8 月，果期 9 月。

【分布】 内蒙古分布于呼伦贝尔、乌兰浩特、通辽、赤峰、鄂尔多斯。中国分布于河北、山西、陕西、河南、四川。阿富汗、伊朗、蒙古国、朝鲜、日本、俄罗斯，欧洲、非洲北部也有分布。

【生境】 湿生植物。生长于河边、湿地、沼泽。

【食用部位及方法】 千屈菜为药食兼用野生植物。全草入药；嫩茎、叶可作为野菜食用，在中国民间已有悠久历史。一般于4—5月到野外采摘，从易折断处将千屈菜的嫩茎、叶摘下，洗净，放入沸水中焯一下，凉拌、炒食、做汤均可，或切碎后拌面粉蒸食；有的用鲜菜下面条；还有的作为火锅配料等。此菜有清热凉血的功效，为炎夏蔬菜佳品。

【营养成分】 全草含千屈菜苷、鞣质。灰分中钠为钾的1倍，并含多量铁，胆碱0.026%。鞣质主要为没食子酸鞣质，其含量为根8.5%、茎10.5%、叶12%、花13.7%，种子也含大量鞣质。花含黄酮类化合物牡荆素、荭草素、锦葵花苷、矢车菊素半乳糖苷、没食子酸、并没食子酸和少量绿原酸。

【药用功效】 全草入药，能清热解毒、凉血止血，主治肠炎、痢疾、便血，外用治外伤出血。

【栽培管理要点】 千屈菜可用播种、扦插、分株等方法繁殖。因其种子细小、比较轻，所以以扦插、分株为主。又因为通过播种繁殖，到8月才能开花，而通过扦插繁殖和分株繁殖，则可在6月开花。

播种繁殖 千屈菜的种子特别小，对发芽时的湿度、温度要求较高。9月中旬种子成熟时采集种子，晾干，放入纸袋里，12月中旬在温室里播种。和其他花卉播种方法一样做好准备工作，因种子小一般用播种箱播种，首先浇好底水，播种后用筛子筛土进行覆土，土的厚度为种子的2倍，其次用玻璃盖好，必须用报纸等物品遮光，昼夜温度控制在20～25℃，保持此温度15～20 d出苗。3月分苗，5月末移栽定植，7月初开花。播种繁殖特点是繁殖量大、当年开花较晚、成型较慢。

分株繁殖 分株繁殖的季节应选在春秋两季为最好。春季在4月初，秋季在10月末，选地上茎多的植株，挖出根系，辨明根的分枝点和休眠点，用手或刀分成数株，注意每个新植株上都要有芽点和休眠点。2010年10月引种90株，分成300株，当年全部存活，且长势很好。分株繁殖的特点是繁殖量小、生长速度快、当年开花早、成型快，6月初开花。

扦插 千屈菜的扦插繁殖应在生长旺期的6—8月进行。扦插可在扦插床中进行，也可在无底洞的盆中进行。扦插基质可用沙子也可用塘泥。首先做好准备工作，对扦插床进行整理，然后用0.05%的高锰酸钾消毒杀菌，覆盖薄膜。1个月后剪取嫩枝长7～10 cm，去掉基部1/3的叶子插入扦插床中，扦插株行距10 cm×10 cm，深3～5 cm。如果是塘泥，插后往床内灌5 cm深的水，生根前不能缺水。插好后，要用遮阴网遮光，利于生根，一般6～10 d生根。

扦插繁殖的特点是方法简便、操作容易、繁殖量大、移植成活率低、成型较慢。栽培管理由于千屈菜喜水湿，在浅水中生长良好，可丛植于河岸边、水池中或园林道边作花境。千屈菜生命力强，管理粗放，但要选择光照充足、通风良好的环境。

春季返青时浇1次返青水，可促进植株提早萌发。一般2～3年要分栽1次，庭院可用盆栽。栽培土壤适量施用腐熟的鸡粪或饼肥。生长期及时清除杂草、水苔。开花前及花期内追施磷酸二氢钾 2～3 次。经常保持土壤湿润可促进植株长势。

三十三、锁阳科

107. 锁阳

【学名】 *Cynomorium songaricum* Rupr.。

【蒙名】 乌兰高腰。

【别名】 地毛球、羊锁不托、铁棒锤、锈铁棒。

【分类地位】 锁阳科锁阳属。

【形态特征】 多年生肉质寄生草本，无叶绿素，高 15～100 cm，大部分埋于沙中。寄主根上着生大小不等的锁阳芽体，近球形、椭圆形，直径 6～15 mm，具多数须根与鳞片状叶。茎圆柱状，埋于沙中的茎具有细小须根，基部较多，茎基部略增粗或膨大；茎着生鳞片状叶，中部或基部较密集，呈螺旋状排列，向上渐稀疏，鳞片状叶卵状三角形，先端尖。肉穗状花序着生于茎顶端，伸出地面，棒状矩圆形或狭椭圆形；着生非常密集的小花，花序中散生鳞片状叶；雄花、雌花和两性花相伴杂生，有香气；雄花花被片通常 4，离生或合生，倒披针形或匙形，下部白色，上部紫红色，蜜腺近倒圆锥形，顶端具 4～5 钝牙齿，鲜黄色，半抱花丝，雄蕊 1，花丝粗，深红色，当花盛开时长达 6 mm，花药深紫红色，矩圆状倒卵形；雌花花被片 5～6，条状披针形，花柱上部紫红色，柱头平截，两性花少见，花被片狭披针形，雄蕊 1，花药情况同雄花，雌蕊情况同雌花。小坚果，近球形或椭圆形，顶端有宿存浅黄色花柱，果皮白色；种子近球形，深红色，种皮坚硬而厚。花期 5—7 月，果期 6—7 月。

【分布】 内蒙古分布于乌兰察布、巴彦淖尔、鄂尔多斯、阿拉善、包头、乌海。中国分布于西北地区。蒙古国、俄罗斯也有分布。

【生境】 多寄生在白刺属植物的根上。生长于荒漠草原、草原化荒漠、荒漠。

【食用部位及方法】 可酿酒。

【营养成分】 含花色苷、三萜皂苷和鞣质。全株含鞣质约 21%，另含三萜皂苷、花色苷及脯氨酸等多种氨基酸和糖类。经气-质联用鉴定了 22 个化合物，占总量的 63%，其中主成分为棕榈酸和油酸。

【药用功效】 肉质茎供药用，能补肾、助阳、益精、润肠，主治阳痿遗精、腰膝酸软、肠燥便秘。也入蒙药（蒙药名：乌兰高腰），能止泻健胃，主治肠热、胃炎、消化不良、痢疾等。

【栽培管理要点】

种子的采收　野生锁阳一般 4—5 月花茎露土，5—6 月开花授粉，8—9 月种子成熟。野外采种后，选用籽粒饱满的作为人工种植用种。

　　种子处理　野生锁阳种子需要处理促其萌发。用白刺根及茎浸出液在0～5℃条件下浸泡种子1～2个月，或用300 mg/kg萘乙酸溶液浸泡种子24 h，以打破锁阳种子的休眠期。

　　寄主选择　选择平缓的、含水率较高的固定沙地，选择侧根发达的幼、壮白刺作为寄主。

　　接种时间　最佳的接种时间是4月中旬，于白刺萌发时开始接种，到7月底结束。

　　接种深度　接种的深度以50～60 cm为宜。

　　接种　接种前将野生锁阳种子进行处理。接种时，顺着白刺根系挖深50～60 cm，撒施腐熟的羊粪，将营养土培养基质垫在所要接种的白刺根系的下面，隔段破开根系表皮（不破也行），然后将锁阳种子撒在营养土培养基质上，与白刺根系紧密接触，籽粒50～60粒，覆5～6 cm厚的沙，灌水后将坑埋好、踩实。以后每隔15 d灌1次足水，保持接种部位湿润即可。接种后，有的当年即可萌发与白刺产生寄生关系，有的翌年才能萌发。采用人工种植的锁阳3～4年就能采收。

　　应该注意的问题　所要接种的白刺侧根不能太细，否则在接种过程中容易损伤根系，最终导致根系干枯，使接种失败。白刺侧根也不能太粗，因为粗根系已经老化，活力不强，接种不易成功。应该选择侧根0.1～0.2 cm的白刺为宜。

三十四、五加科

108. 刺五加

【学名】 *Eleutherococcus senticosus*（Rupr. et Maxim.）Maxim.。

【蒙名】 乌日格斯图-塔布拉干纳。

【别名】 刺花棒。

【分类地位】 五加科五加属。

【形态特征】 落叶灌木，高1～3（5）m，分枝多。树皮淡灰色，纵沟裂，具多刺。小枝灰褐色至淡红褐色，通常密具向下的针状刺，通常在老枝或花序附近的枝较稀疏或近无刺。冬芽小，褐色或淡红褐色，具数枚鳞片，边缘被茸毛。掌状复叶，互生小叶5枚，有时为4枚或3枚，椭圆状倒卵形或矩圆形，先端渐尖或短尾状尖，基部楔形或阔楔形，边缘具不规则的锐重锯齿，上面暗绿色，散被短硬毛或有时近无毛，下面淡绿色，被黄褐色硬毛，沿脉尤显；小叶柄被黄褐色短柔毛，较密，伞形花序排列成球形，于枝端顶生一簇或数簇；萼具5小齿或近无齿；花瓣5，紫黄色，卵形，早落；雄蕊5，比花瓣长，花药白色，子房5室，果为浆果状核果，近球形，黑色，具5棱，顶端具宿存花柱。花期6—7月，果期8—9月。

　　【分布】 内蒙古分布于赤峰、通辽。中国分布于东北、华北地区，陕西、河北等。朝鲜、日本等也有分布。

【**生境**】 中生灌木。耐阴、耐寒。喜生长于湿润或较肥沃土坡，散生或丛生于针阔混交林、杂木林。

【**食用部位及方法**】 嫩枝皮及叶可代茶，无苦味。

【**营养成分**】 含刺五加苷和多糖等。

【**药用功效**】 根入药，能益气健脾、补肾安神，主治脾肾阳虚、腰膝酸软、体虚乏力、失眠、多梦、食欲缺乏。

【**栽培管理要点**】

种苗繁育 9月下旬，在健壮植株上采收种子，果实成熟变黑呈紫褐色，变软时采种。采收后，将果实在水中浸泡24 h，搓掉果皮、果肉，反复用清水洗净种子，漂除秕粒、杂物，选择籽粒饱满、无病害种子留种，按种子与清洁的细河沙1∶3的体积比例拌好，湿度60%（以手攥成团不散为宜）。

种子处理 室内埋藏，将拌好的种沙装入木箱等保水透气的容器中，在室内温度20℃左右下保存50 d，而后将室温降至15～18℃，再处理60～80 d，每隔7 d左右翻动1次；而后移至0～4℃的环境中储藏，使胚完成分化，同时完成春化作用，达到生理后熟所需的激素平衡，即可用于播种育苗。

露天埋藏 在向阳背风处，选择排水良好的地点，挖深20 cm、宽40 cm，由种子与沙的多少确定沟槽的长度，在沟底铺厚5 cm湿沙，将拌好的种沙铺平（厚10 cm）放置于槽中，在沟面再放厚5 cm湿沙，槽面高于地面，上面覆盖树叶，以利保湿，用于第3年春季播种，有30%的种子露白时就可播种。

播种育苗 土层深厚的壤土或沙壤土的地块，且附近有浇灌条件，土壤pH值中性偏酸。4月中下旬，种子30%露白以上时，即可播种。条播在床上按15 cm行距开沟，深2～3 cm，均匀播入种子后覆土1～1.5 cm。撒播时将种子均匀撒入床面后覆土1～1.5 cm。播种后镇压覆草保墒。

苗期管理 苗前、苗后应及时人工除草。幼苗生长初期，浇水宜多次少量，保持苗床上层湿润即可。待幼苗基本出齐，并有部分幼苗长出第1片真叶时，加盖遮阴网，于7月下旬将遮阴网撤除。幼苗高3～5 cm时进行间苗，保留150株/m²左右为宜。2年苗龄的刺五加幼苗的株距应扩大1倍。

埋根育苗 春季将刺五加根茎的节间与先端挖出并剪下带有潜伏芽的根段，从茎上部3～5 cm处剪去枝条，留取长度不超过15 cm主根1～2条，在选好的土地上栽培，株行距30 cm×30 cm，将根段平摆在沟内压实，覆土厚度3 cm，同时将苗床表面覆盖一些枯枝落叶、杂草等，以确保土壤湿润。

扦插育苗 6月下旬至7月上旬，剪取生长充实半木质化的枝条，截成长10 cm左右的小段做扦插条，扦插条只留1枚掌状复叶或将叶片剪去一半，将扦插条在100 mg/L吲哚丁酸溶液中速蘸，按行距15 cm，株距8 cm，斜插入苗床土中，入土深达扦插条的2/3，浇水后覆盖薄膜，约20 d生根，去掉薄膜，在插床上搭遮阳棚，生长1年后移栽。

栽植 栽培地应选择疏松肥沃、土层深厚、靠近水源、含有腐殖质的微酸性土壤，壤土、沙壤土均可栽植，林地的坡度应小于25°。最低温度不低于38℃。栽培地选好后，应深耕30 cm，精心整地。清除根茬和杂物，并使土壤疏松。

　　田间栽植　栽培时以不同的栽培用途确定株行距。培育好的幼苗，于翌年春季的4月中下旬移栽定植。平地定植，株行距50 cm×60 cm，保苗33 300株/hm²。刨穴栽植，穴深25 cm，栽时先埋一半土，浇足水后再把树苗埋实，疏林或荒山栽植密度可按行距1 m×1 m，可栽植9 000株/hm²。

三十五、伞形科

109. 峨参

　　【学名】 *Anthriscus sylvestris*（L.）Hoffm. Gen.。

　　【蒙名】 哈希勒吉。

　　【别名】 土田七、金山田七、萝卜七、山胡萝卜缨子。

　　【分类地位】 伞形科峨参属。

　　【形态特征】 二年生或多年生草本植物，高0.6～1.5 m。茎较粗壮，多分枝，近无毛或下部被细柔毛。基生叶有长柄，叶柄长5～20 cm，基部有长约4 cm、宽约1 cm的鞘；叶片呈卵形，二回羽状分裂，长10～30 cm，一回羽片有长柄，卵形至宽卵形，长4～12 cm，宽2～8 cm，有二回羽片3～4对，二回羽片有短柄，卵状披针形，长2～6 cm，宽1.5～4 cm，羽状全裂或深裂，末回裂片卵形或椭圆状卵形，具粗锯齿，长1～3 cm，宽0.5～1.5 cm，背面疏被柔毛；茎上部叶有短柄或无柄，基部呈鞘状，有时边缘被毛。复伞形花序，直径2.5～8 cm，伞幅4～15，不等长；小总苞片5～8，卵形至披针形，顶端锐尖，反折，边缘具睫毛或近无毛；花白色，通常带绿色或黄色；花柱较花柱基长2倍。果实长卵形至线状长圆形，长5～10 mm，宽1～1.5 mm，光滑或疏生小瘤点，顶端渐狭呈喙状，合生面明显收缩，果柄顶端常有1环白色小刚毛，分生果横剖面近圆形，油管不明显，胚乳有深槽。花果期4—5月。

　　【分布】 内蒙古分布于锡林郭勒东部山地、大青山、蛮汉山。中国分布于辽宁、河北、河南、山西、陕西、江苏、安徽、浙江、江西、湖北、四川、云南、内蒙古、甘肃、新疆。

　　【生境】 中生植物。主要生长于从低山丘陵到海拔4 500 m的林区，少见于草原的山地、林缘草甸、山谷灌丛。

　　【食用部位及方法】 鲜嫩茎、叶是良好的山珍野蔬，可拌菜、煲汤、包馅，风味独特。

　　【营养成分】 峨参中富含苯丙素类及黄酮类等成分，主要为木脂素类、苯丙素类、黄酮类、香豆精类、甾醇类、有机胶类、醇类、挥发油类、烃类、甾体及三菇皂苷类、蛋白质、氨基酸类及糖类等。

【药用功效】 根入药，为滋补强壮剂，主治脾虚食胀、肺虚咳喘、水肿等。味甘、辛，性温，入胃经、肺经，能益气健脾、活血止痛，主治脾虚腹胀、乏力食少、肺虚咳嗽、体虚自汗、老人夜尿频数、气虚水肿、劳伤腰痛、头痛、痛经、跌打瘀肿。

【栽培管理要点】

栽培地的选择 适宜在高山寒冷、潮湿环境栽培，以土层深厚、排水良好、富含腐殖质的砂质土壤为好。林中栽培落叶松、红松、油松、樟子松、柞树、曲柳、椴树，郁闭度在 0～0.7 情况下，均可选用；坡度小于 20° 的北坡、东坡、西坡均可；土层厚度应大于 20 cm，土质宜轻壤至轻黏土，表层腐殖质若能大于 5% 最佳；地表常年较潮润但不积水的沟谷、溪旁长势更好；较干旱坡地和全光照条件下，峨参也能生长，但生长偏弱，收获年限需长些。

繁殖方式 种子繁殖。5 月下旬至 6 月上旬，随时观察，当发现果实充分成熟且未散落时，剪断伞形果穗下端的果柄，铺于干净地表，晾晒 2～3 d 后，踩踏并搓揉，清除果柄等杂物，收集种子，装袋，存于干燥处。

若准备翌年早春播种，应将种子于 1 月初用冷水浸泡 24～48 h，然后与 4～5 倍体积的河沙均匀混拌，沙子含水率应为 25% 左右，装在编织袋内，存放在 0～5℃ 的冷凉场所，如山洞、菜窖。翌年 4 月上旬，当种子发芽率 30% 左右时，即可播种。如果准备秋播，不必做上述低温沙藏处理，但应在播前浸于冷水中 24～48 h。

栽培技术 地表匀撒腐殖质土或细碎农家肥，施入量 2～3 kg/m²，翻 20 cm 深，顺坡向作宽、高为（0.2～1）m×（0.05～0.1）m 的土床，长视地面实际情况确定，可以为 2～10 m 或更长，每床的形状、面积因实际地面情况灵活而作，但应不小于 2 m²。整地时期为 10 月或翌年 4 月上中旬。将种子直接播于林地林下床面，以后不再移栽，免去移栽过程。时间分为秋播或春播。秋播时间为 10 月，翌年发芽早，苗大且根粗而多，春播时间为 4 月中下旬至 5 月初，苗生长量小于秋播。顺床面开沟，沟深 1 cm，沟距 20 cm。将种子连同沙子撒入沟内，播种量 2～3 g/m²，盖土厚度 0.8 cm 左右。

平地床上播种 以春季 4 月中下旬至 5 月初为宜期，沟深 1 cm，沟距 15 cm 左右，播种量大于直播，一般为 3～4 g/m²，盖土厚 1 cm 左右。

苗期管理 播后立即向床面覆盖 1 cm 左右厚度的细碎树叶，再向树叶上喷水，使水透过树叶，渗透到床面表土上，浸湿床面表土不少于 8 cm。也可覆盖前喷水，覆叶后再喷水。为防树叶被风刮散，需用适量树枝、木棍适当压住树叶。种芽能自然突破树叶长出，一般不用撤掉。若覆盖过厚，需适当适时撤出一些树叶。留在床面的树叶能保湿、保温，也能减少杂草发生量。6—9 月，床面若有杂草出现，应随时拔掉。当苗高5 cm 左右时，若过密应按 5～10 cm 株距定苗，间掉多余苗。留苗过多，苗茎较细且根量少而细。作为中草药产品经在苗床上 2～3 年生长，于第 3～4 年即可连根采挖。而作为山野菜生产，则一直留床生长。

移栽 在平地、缓坡地苗床播种后，也应在播种后覆盖并喷水和随时拔除杂草。秋播的在翌年秋末移栽，春播的在当年秋末移栽，也可都在早春移栽。顺床面每隔 20 cm

开 1 条深为 10～15 cm 的沟，将 2～3 株苗在一起，按 10～15 cm 距离栽苗，栽植深度 10～12 cm，将苗芯以下的根全埋入土中并压实。向苗床上浇水，然后覆盖厚 3 cm 的树叶，也可覆叶后再浇水，使水浸湿土层 15 cm 深。生长季节的 6—9 月，20～30 d 拔 1 次杂草，确保幼苗健壮生长。6—7 月，若见叶片欠绿，可向床面施撒 1 次尿素或二铵，施入量 20 g/m²，施后 2～3 d 如无降雨，最好喷 1 次水。

田间管理 4 月至 6 月中旬，是峨参长叶、开花、结果生长发育及地下根茎干物质积累的关键时期，这时应加强植株庇荫效果的管理，同时可以按行与株之间 25 cm × 40 cm 的距离进行大豆或紫苏的合理种植从而产生更好的效果。不能使叶片和花蕾灼伤变褐和枯萎，否则地上会停止生长，从而影响产量。进入雨季，此时适当控水，注意排水并及时施以草木灰，满足并促进地下根茎生长发育的需要。林区栽培要注意当树木郁闭度大于 0.7 时，照射到地面的光照减少，会明显影响峨参的生长。应从基部或中部锯掉或砍掉下层长枝，若允许间伐，可适当砍掉一些树木。

移栽后，于 12 月中旬除草松土，同时添加保温肥。翌年 4 月上旬，植株快速生长，这段时间也要注意及时清除杂草以及松土，以防止杂草生长和土壤板结影响植株的生长。第 3 年的管理方式基本和第 2 年一样。也是移栽后的当年 12 月进行腐熟人粪尿浇灌 1 次，第 2 年的上半年施尿素，等开花结果时每亩施腐熟人粪尿 900 kg，同时喷洒磷酸钙 1 kg，最后再施用发酵的饼肥以及厩肥。但同时要注意果实成熟期的排水，防止雨水过多导致根部腐烂，如果遇到干旱天气，及时浇水，保证植株的正常生长发育和果实的成熟。

病虫防治 目前峨参最常见的病害是裂根病、猝倒病。对于峨参种植的土壤，因为峨参经常种植在黏重、干旱的土壤，如果当年的降水量比较集中或人工浇水过多，则会使根部的表皮组织大量吸水膨胀从而纵向开裂，而裂开的部分极易感染病菌从而导致裂根病，时间一长，伤口处就会出现腐烂，最终导致植株死亡。种植时一定要选择合适的土壤，同时也要做好水量的控制，保持合适的土壤湿度。而猝倒病则多发于高温潮湿的季节，那时幼苗容易感染以至茎基折断而死亡，一般都会在播种前将根部或者种子进行抗生素的浸泡，浸泡一段时间后晾干再种植。如果植株在茎叶期遭受病虫侵害，则需要用手工的办法来处理病害，不能使用杀虫剂，从而保证茎叶的无毒以及往后的食用安全。

采收 以中草药为收获目的，第 3～4 年的晚秋或早春，挖掘出达到要求的根，对根较小的，应再留床 1～2 年。以山野菜为收获目的，应每年 5 月当主茎长到 30 cm 左右时，地表留 3～5 cm，采收嫩茎、叶，不可连根拔，来年继续收获。

110. 野胡萝卜

【**学名**】 *Daucus carota* L. var. *carota*。

【**分类地位**】 伞形科胡萝卜属。

【**形态特征**】 二年生草本植物，高 15～120 cm。茎单生，全体被白色粗硬毛。基生叶薄膜质，长圆形，二至三回羽状全裂，末回裂片线形或披针形，长 2～15 mm，宽 0.5～4 mm，顶端尖锐，有小尖头，光滑或被糙硬毛；叶柄长 3～12 cm；茎生叶近无柄，有叶鞘，末回裂片小或细长。复伞形花序，花序梗长 10～55 cm，被糙硬毛；总苞有多数苞片，呈叶状，羽状分裂，少有不裂的，裂片线形，长 3～30 mm；伞幅多数，长 2～7.5 cm，结果时外缘的伞幅向内弯曲；小总苞片 5～7，线形，不分裂或 2～3 裂，边缘膜质，被纤毛；花通常白色，有时带淡红色；花柄不等长，长 3～10 mm。果实圆卵形，长 3～4 mm，宽 2 mm，棱上被白色刺毛。花期 5—7 月。

【分布】 中国分布于四川、贵州、湖北、江西、安徽、江苏、浙江等地。

【生境】 生长于山坡路旁、旷野、田间。

【食用部位及方法】 根作为蔬菜食用。

【营养成分】 含多种维生素、胡萝卜素、挥发油、黄酮类、糖、季铵生物碱、氨基酸、胡萝卜苦苷、甾醇，富含多种氨基酸和维生素，矿物质和粗蛋白质含量也较高，碳水化合物中无氮浸出物较多，粗纤维幼嫩时较少。据测定，粗蛋白质含量一般占干物质的 12%～15%，其中赖氨酸 4.4%，蛋氨酸 1.67%，幼嫩阶段胡萝卜素为 56～60 mg/kg。

【药用功效】 苦、辛，性平，小毒。果实入药，中药名：南鹤虱，能杀虫、消积、止痒，主治蛔虫病、蛲虫病、绦虫病、虫积腹痛、小儿疳积，又可提取芳香油。

【栽培管理要点】

栽培地的选择　最好选择排水良好的潮湿地段。

繁殖方式　种子繁殖。

栽培技术　栽培前整好地，施足底肥。可春播或秋播。春播一般于 4 月中下旬；秋播不宜过早，过早播种植株长大不能过冬，最好在上冻前 25～30 d 播种。一般条播，起垄深 4～6 cm，行距 35～40 cm，点种后，踩格子，可每亩施底肥尿素 10～15 kg，覆土 2～3 cm，镇压 1 次，每亩播种量 0.5 kg 左右。

田间管理　春季播种的注意除草等管理，可除草 2～3 次，苗高 10～15 cm 时及时定苗，每亩保苗 2 万株左右。秋后播种的一般不间苗，翌年春季定苗。每次刈割后要及时中耕施肥并灌透水。有条件者，最好对后播种者在冬季灌上水结冰保苗。

111. 胡萝卜

【学名】 *Daucus carota* var. *sativa* Hoffm.。

【蒙名】 胡-捞邦。

【别名】 赛人参。

【分类地位】 伞形科胡萝卜属。

【形态特征】 二年生草本植物，高达 1 m。主根粗大，肉质，长圆锥形，橙黄色或橙红色。茎直立，节间真空表面具纵棱与沟槽，上部分枝，被倒向或开展硬毛。基生叶具长柄与叶鞘；叶片二至三回羽状全裂，轮廓三角状披针形或矩圆状披针形，长 15～25 cm，宽 11～16 cm；一回羽片 4～6 对，具柄，轮廓卵形；二回羽片无柄，轮廓披针形；最终裂片条形至披针形，长 5～20 mm，宽 1～5 mm，先端尖，具小突尖，上面常无毛，下面沿叶脉与边缘被长硬毛，叶柄与叶轴均被倒向毛；茎生叶与基生叶相似，但较小与简化，叶柄一部分或全部成叶鞘。复伞形花序直径 5～10 cm；伞幅多数，不等长，长 1～5 cm，具细纵棱，被短硬毛；总苞片多数，呈叶状，羽状分裂，裂片细长，先端具长刺尖；小伞形花序直径 6～12 mm，具多数花，花梗长 1～4 mm；小总苞片多数，条形，有时上部 3 裂，边缘白色宽膜质，先端长渐尖；萼齿不明显；花瓣白色或淡红色。果实圆形，长 3～4 mm，宽约 2 mm。花期 6—7 月，果期 7—8 月。

【分布】 内蒙古各地均有栽培。中国分布于四川、贵州、湖北、江西、安徽、江苏、浙江等。

【生境】 生长于山坡路旁、旷野、田间。

【食用部位及方法】 根作为蔬菜食用。

【营养成分】 含多种维生素、胡萝卜素。胡萝卜的水分含量为 86%～89.2%、蛋白质含量 0.6%～1%、脂肪含量在 0.3% 左右、碳水化合物含量为 5.6%～10.6%、粗纤维含量 1.1%～2.4%、钙 19～80 mg/100 g、铁 0.4～2.2 mg/100 g、磷 22～53 mg/100 g、β-胡萝卜素 1.35～4.3 mg/100 g、抗坏血酸 4～16 mg/100 g。

【药用功效】 根可入药。胡萝卜含有一种槲皮素，常吃可增加冠状动脉血流量，促进肾上腺素合成，能降压、消炎。胡萝卜种子含油量达 13%，可驱蛔虫，治长久不愈的痢疾。胡萝卜叶可防治水痘与急性黄疸肝炎。长期饮用胡萝卜汁可预防夜盲症、眼干燥症，使皮肤丰润、皱褶展平、斑点消除及头发健美。特别是对吸烟的人来说，每天吃点胡萝卜更有预防肺癌的作用。

【栽培管理要点】

栽培地的选择 胡萝卜要求土层深厚、肥沃、富含腐殖质且排水良好的砂质土壤。黏重土壤或排水不良，容易发生畸根、裂根，甚至烂根，对长根型品种尤为不利。

繁殖方式 种子繁殖。春季一般 2 月播种，5—7 月收获，秋季一般 7 月播种，11—12 月收获。广东、福建等地 8—10 月可随时播种，冬季随时收获。长江中下游地区 8 月上旬播种，11 月底收获。华北地区 7 月上旬至中旬播种，11 月上中旬收获。高纬度寒冷地区播种期可稍提早。新疆北部地区应于 6 月上旬播种，10 月收获。

北方地区春季播种胡萝卜后，生育初期气温较低，易使植株通过春化阶段在夏季先期抽薹。为了防止先期抽薹现象的发生，播种期不宜过早。而播期过晚，则使肉质根的膨大期处在炎热多雨的 6—7 月。过高的湿度易引起多种病害的发生；过高的气温严重影响肉质根营养的积累，这都会大幅度地降低产量。因而，胡萝卜春播的时间一定要适宜。山东露地栽培一般于 3 月 20 日前后播种，出苗后约 10 d 即度过晚霜期，4 月中下旬长至 3～4 片叶时气温已升高至 10℃以上。这样一般不会发生先期抽薹现象。很多地方利用小拱棚栽培胡萝卜，可于 3 月上旬播种，待 4 月中下旬逐渐撤去塑料薄膜，转入露地栽培。这种栽培方法也不会发生先期抽薹现象。由于播种期提前，肉质根膨大期提早至冷凉的时间，所以产量较高。

栽培技术 耕作层一般不应浅于 30 cm，含水量为 60%～80%。土壤过干，肉质根细小、粗糙、形状不整齐、质地粗硬。土壤湿度过大或干湿变化过大，则肉质根表面多生瘤状物、裂根增多，都会影响产量和品质。胡萝卜要求土壤 pH 值为 5～8，pH 值 5 以下时胡萝卜生长不良。播前要做好大田准备，具富含有机质、松软的砂性土、排水性能好、耕层深等特点。肥料以有机肥为基肥，施后耕细耙匀，施肥最好在播前 3～5 d 进行。起垄要在定植前 3～5 d 准备好。若土壤比较坚硬要再次耕匀耙细后打垄，垄宽 80 cm，高 20 cm，条播 2 行；垄宽 50 cm，高 20 cm，条播 1 行。建议种植条播 2 行。

播种 胡萝卜的播种方法对出苗率和出全苗影响很大。如果粗放播种，就难以保障苗全、苗齐、苗匀。在生产上一般有以下几种播种方法。

机条播法：选用小粒蔬菜种子精量播种机进行条播。机条播的播种量均匀一致，播种深浅一致，覆土一致，又节约种子，而且出苗全、齐、匀。这是一种效率高、效果好的播种方式，实现了胡萝卜播种的半机械化。

流体播种法：将浸种催芽后的胡萝卜种子配制成悬浮液，然后用专用播种机或喷壶等将悬浮液播种下去，这是播种小粒种子采用的新方法，比传统的撒播、条播等效果好。

催芽：先搓去种子上的刺，用 30～40℃ 温水烫种，水温降至室温时再浸泡 4～6 h，漂去空瘪粒后捞出催芽。种子露白后，芽长不超过 2 mm 时即可播种。配制保水剂胶状悬浮液：根据不同保水剂的吸水程度，采用不同用量，原则上以种子均匀悬浮起来为准，再加入 0.1% 的 50% 久效磷、0.1% 的 50% 多菌灵粉剂、0.1% 抗旱剂 1 号及适量的激素。播种方法：首先，把催芽种子置于保水剂胶状悬浮液中，以 10～15 粒 /m³ 为宜；然后用单行或三行流体播种机按 30～35 粒 /m 种子密度播种，无流体播种机时，可把种子的悬浮液倒入铝壶中，流播于事先开好的播种沟内；最后，覆土 0～1.2 cm。

穴点播种法：具有省种、苗匀、规格和省工的优点。按照计划留苗密度确定穴距位置，一般穴距的标准多是 12 cm×12 cm、15 cm×15 cm、18 cm×18 cm、20 cm×20 cm。每穴点播 2～3 粒种子，覆土 1～1.2 cm。

间苗 一般分 3 次进行。第 1 次当真叶长到 2～3 片时间苗，间隔 1～2 cm；第 2 次在 5～6 片时间苗，间隔 2～3 cm；第 3 次视情况而定，最终间隔 3～5 cm。胡萝卜根肥大，与相邻植株的间隙即栽培密度关系很大。如果一次性按定苗间距播种或者仅通过一次间苗就定苗，苗子太小、太细会因风大而倒伏，造成根型不整。另外，栽培密度若突然降低，会引起过量的生育，容易形成心部粗大、表皮粗糙，裂根也会增多。相反间苗过晚密度太大则是形成短根的原因。结合生育进程合理密植，根据生长状况进行 2 次间苗是科学的。

浅水与施肥 胡萝卜播后 60 d 内要防止干旱，注意适度灌水。故有"播后浇三水，保苗齐苗旺"的说法。"三水"即播时浇水，不干时再浇水，幼芽顶土时浇水。特别是真叶 4～7 片时遇到干旱对根系下扎影响较大，裂根率也随之上升。因此，土壤要保持适当的湿度，过湿会促进病害的发生，增加须根率。根据胡萝卜前期以吸入氮为主，初期吸入磷、钾对根膨大影响最大，吸入钙低于钾、氮，高于磷、镁的吸入规律，着重施足基肥，适时追肥。

基肥 每亩施腐熟基肥和人粪尿 4 000～5 000 kg，有机肥、有机无机复混肥 150 kg，施基肥应在播种前结合耕地进行，耕层深度 24～27 cm，然后耙平作畦。施肥对肉质根的形状影响较大，增施腐熟的有机肥作基肥，可以减少畸形肉质根的发生，化肥用量多或施用未腐熟的有机肥，则易增加畸根。

追肥 除施用基肥外，还应根据胡萝卜不同生育期进行 2～3 次追肥。第 1 次在出苗后 25～30 d，真叶 3～4 片时，每亩施硫酸铵 2.5～3 kg、过磷酸钙 3～3.5 kg、钾肥 3～3.5 kg。第 2 次追肥在叶生长盛期，每亩施硫酸铵 7～8 kg、过磷酸钙 3.5～4 kg、钾肥 4～5 kg。生育中后期应结合追肥，进行培土。胡萝卜为半耐寒性作物，对温度的要求与胡萝卜相似，但较萝卜耐寒耐热，可比萝卜提早播种，延后收获。高温对肉质根的膨大和着色不利，土壤温度低于 12℃，也不利于肉质根的膨大和着色。胡萝卜为日照植物，光照不足未引起叶片狭小，叶柄细长，下部叶片营养不良而提早衰亡，降低产量和品质。

田间管理 杂草生命力很强，出苗早、生长快、长势旺，常与胡萝卜争肥、争水、争阳光。据调查，一般草荒胡萝卜要减产 3%～15%。清除杂草的方法有 2 种：其一，化学除草剂除草，此方法简单易行，省工省时。胡萝卜除草，通常可用 25% 除草醚，每亩用量 1～1.5 kg，兑成 120～150 倍水溶液，均匀喷洒在刚种植胡萝卜的土壤表面，就可封住杂草出土；或用 50% 扑草净 100 g，兑水 40 kg，喷洒在土壤表面上除草；也可用 48% 氟乐灵 100～120 g，稀释成 200 倍溶液均匀喷洒在土壤表面除草。其二，人工锄（拔）草，如在田间发现杂草幼苗，及时拔除干净。

采收 种植 3 个月左右，当肉质根充分膨大后即可收获。当肉质根附近的土壤出现裂纹，心叶呈黄绿色而外围的叶子开始枯黄时，说明肉质根充分膨大了。采收前浇透水，等土壤变软时将胡萝卜拔出或用竹片等工具小心地将胡萝卜挖出。

储藏 沟藏：沟藏法操作简便、经济，且能满足直根类对储藏条件的要求，因此仍然是当前最主要的储藏方式。用于沟藏的沟一般宽 1～1.5 m，过宽则增大气温的影响，减小土壤的保温作用，难以维持沟内的稳定低温。沟的深度应当比当地冬季的冻土层稍深些。山西原平的储藏沟深度一般为 1～1.2 m。

窖藏和通风库储藏：窖藏和通风库储藏胡萝卜是北方各地常用的方法，储藏量大，管理方便。胡萝卜在窖内或库内散堆或堆垛，堆高 0.8～1 m。堆不能过高，否则因为堆内温度高而导致腐烂。为了增进通风散热效果，可每隔 1.5～2 m 设一通风塔。储藏中一般不倒垛，立春后视情况检查倒垛，除去病腐胡萝卜。在窖内或库内用湿沙与胡萝卜层积堆放比散堆效果好，这是因为前者比后者保湿性好，并容易积累高浓度的二氧化碳。由于胡萝卜不耐寒，入窖时间应在储藏大白菜之前，以防霜冻。通风库储藏，经常湿度偏低，应采取加湿措施。

薄膜封闭储藏：有的地区采用薄膜半封闭的方法储藏胡萝卜。先在储藏库内将胡萝卜堆成宽 1～1.2 m、高 1.2～1.5 m、长 4～5 m 的长方形堆，到初春萌芽前用薄膜帐子扣上，堆底部不铺薄膜。因此，此法又称为半封闭储藏。适当降低氧的体积分数，增加二氧化碳的体积分数，保持一定湿度，保鲜效果良好，储藏至翌年 6—7 月，胡萝卜仍皮色鲜艳、质地清脆。储藏期间可定期揭帐通风换气，必要时进行检查、挑选，除去感病个体。

112. 山芹

【学名】 *Ostericum sieboldii*（Miq.）Nakai。

【蒙名】 哲日力格-朝古日。

【别名】 山芹独活、山芹当归。

【分类地位】 伞形科山芹属。

【形态特征】 多年生草本植物，高 0.5～1.5 m。主根粗短，有 2～3 分枝，黄褐色至棕褐色。茎直立，中空，有较深的沟纹，光滑或基部稍被短柔毛，上部分枝，开展。基生叶及上部叶均为二至三回三出式羽状分裂；叶片轮廓为三角形，长 20～45 cm，叶柄长 5～20 cm，基部膨大成扁而抱茎的叶鞘；末回裂片菱状卵形至卵状披针形，长 5～10 cm，宽 3～6 cm，急尖至渐尖，边缘具内曲的圆钝齿或缺刻状齿 5～8 对，通常齿端有锐尖头，基部截形，有时中部深裂，表面深绿色，背面灰白色，两面均无毛，最上部的叶常简化成无叶的叶鞘。复伞形花序，伞幅 5～14；花序梗、伞幅和花柄均被短糙毛；花序梗长 3～7 cm；总苞片 1～3，长 3～9.5 mm，线状披针形，顶端近钻形，边缘膜质；小伞形花序具花 8～20 朵，小总苞片 5～10，线形至钻形；萼齿卵状三角形；花瓣白色，长圆形，基部渐狭成短爪，顶端内曲，花柱 2 倍长于扁平的花柱基。果实长圆形至卵形，长 4～5.5 mm，宽 3～4 mm，成熟时金黄色，透明，有光泽，基部凹入，背棱细狭，侧棱宽翅状，与果体近相等，棱槽内有油管 1～3，合生面有油管 4～6，少为 8。花期 8—9 月，果期 9—10 月。

【分布】 内蒙古分布于锡林郭勒。中国分布于东北地区，内蒙古、山东、江苏、安徽、浙江、江西、福建等。

【生境】 中生植物。生长于海拔较高的山坡林缘、林下、山沟溪边草甸。

【食用部位及方法】 山芹是芹菜中的高级珍菜。山芹的营养成分在野菜中也是较高的，幼苗可做春季野菜。

【营养成分】 含多种营养成分，水分含量为 85%，灰分 2.4 g/100 g，粗纤维 1.9 g/100 g，粗蛋白 3.68 g/100 g，粗脂肪 0.5 g/100 g，总糖 1.86 g/100 g，还原糖 0.95 g/100 g，维生素 C 30.1 mg/100 g，总黄酮 29.3 mg/100 g，钙 2 110 mg/100 g，铁 117 mg/100 g，磷 122 mg/100 g。

【药用功效】 江苏省有的地区以山芹的根作为"独活"入药，主治风湿痹痛、腰膝酸痛、感冒头痛、痈疮肿痛等。

【栽培管理要点】

栽培地的选择 选平坦、不积水、土层厚、湿润、有机质含量高的沙质壤土。

繁殖方式 种子直播，一年四季均可播种，夏季最宜。播种前应对种子进行处理，方法是先将种子用 20～25℃ 的温水浸泡 4～6 h，捞出后用纱布包好，悬挂到井底水面上空，或放进冰箱的冷藏室内，3～4 d 大部分露白即可播种。播种后要覆盖遮阳网，出苗后及时揭去遮阳网，苗高 15～18 cm，即可定植。

栽培技术 每公顷施基肥 30 000～45 000 kg，三元复合肥 225 kg。耕翻 20～30 cm，耙平，作长 10～15 m、宽 1 m 的平畦。

定植 山芹以秋季定植为宜。经整地、施肥、起垄后栽植，每垄 2 行，株距 6～10 cm，栽后浇透水，视土壤墒情适当浇水，覆土高出苗生长点 3～4 cm，垄面覆盖厚 1～2 cm 稻草等覆盖物越冬。

田间管理 定植后，及时浇水、除草。如有缺苗，应补齐。在缓苗后 15～20 d，追施 1 次氮肥，促进幼苗生长。春季肥水管理是山芹栽培中的关键。土壤解冻后，将田间枯叶、干植株清除。每公顷施 300～450 kg 尿素。早春地温较低，第 1 次灌水应在株高 10～12 cm 时进行，每隔 7～10 d 灌 1 次水。进入采收期，及时追施速效氮肥。生长中后期应及时中耕除草和补施磷钾肥。

病害防治 主要有软腐病、心腐病、斑枯病、早疫病、菌核病。

采收 当植株高 30 cm 以上，叶片颜色开始变深，折断叶柄有少量纤维时，但脆嫩，即可采收。采收时用手握住叶柄基部向外掰，不要损伤小叶片和生长点。

113. 水芹

【学名】 *Oenanthe javanica*（Bl.）DC.。

【别名】 野芹菜、水芹菜。

【分类地位】 伞形科水芹属。

【形态特征】 多年生草本，高 15～80 cm。茎直立或基部匍匐。基生叶有柄，叶柄长达 10 cm，基部有叶鞘；叶片三角形，一至二回羽状分裂，末回裂片卵形至菱状披针形，长 2～5 cm，宽 1～2 cm，边缘具牙齿或圆齿状锯齿；茎上部叶无柄，裂片和基生叶的裂片相似，较小。复伞形花序，顶生，花序梗长 2～16 cm；无总苞；伞幅 6～16，不等长，长 1～3 cm，直立和展开；小总苞片 2～8，线形，长 2～4 mm；小伞形花序具花 20 余朵，花柄长 2～4 mm；萼齿线状披针形，长与花柱基相等；花瓣白色，倒卵形，长 1 mm，宽 0.7 mm，有 1 长而内折的小舌片；花柱基圆锥形，花柱直立或两侧分开，长 2 mm。果实近于四角状椭圆形或筒状长圆形，长 2.5～3 mm，宽 2 mm，侧棱较背棱和中棱隆起，木栓质，分生果横剖面近于五边状半圆形；每棱槽内有油管 1，合生面有油管 2。花期 6—7 月，果期 8—9 月。

【分布】 中国分布于各地。

【生境】 多生长于浅水低洼地、池沼、水沟旁，农舍附近常见栽培。

【食用部位及方法】 茎、叶可作为蔬菜食用。高产的野生水生蔬菜，以嫩茎和叶柄炒食，其味鲜美，水芹盛产期在春节前后，正值冬季缺菜季节，在蔬菜周年供应上有较大的实用价值。

【营养成分】 每 100 g 水芹可食用部分中含蛋白质 2.5 g、脂肪 0.6 g、碳水化合物 4 g、膳食纤维 3.8 g、维生素 C 39 mg、维生素 A 53.66 mg、维生素 B_2 0.04 mg，还含有挥发油、甾醇类、醇类、脂肪酸、黄酮类、氨基酸等物质。具有较高的药用价值。含多种营养成分，含有 16 种氨基酸，钙 11.653‰，铁 0.247‰，镁 3.83‰。

【药用功效】 全草民间药用，能降血压。味甘、辛，性凉，入肺经、胃经，能清热解毒、润肺利湿，主治发热感冒、呕吐腹泻、尿路感染、崩漏、水肿、高血压等。

【栽培管理要点】

栽培地的选择 水芹适应性较强，洼地、水田和水源充足且地势不高的旱地均可栽植。土壤以土层深厚、富含有机质的黏土为好。

繁殖方式 水芹一般采用无性繁殖。8 月下旬至 9 月中旬进行。在栽植前 15 d 采集老熟种茎。先将母株从基部割下，理齐，捆扎，切割成直径 15 cm，长 20～30 cm 的小把，然后将小把交错堆码。高度以 50～80 cm 为宜。上盖 1 层稻草，用水浇透，每天早晨浇透水 1 次，每隔 2 d 翻堆 1 次，上下调换重新堆码。5～7 d 后，老茎节部长出 5 cm 左右的新芽，并长有新根，即可种入大田。分株栽植时间，长江流域在 8—9 月、华南地区在 9 月至翌年 2 月、华北地区在终霜期以后。

栽培技术 栽前排去洼地、水田积水，施足基肥，深耕细耙，使土壤达到平、光、烂、细，最忌高低不平，因高处易受旱，晒枯植株；低处易积水，萌芽时晒烫，造成热水煮芽而缺棵。水芹可在处暑到白露排种，翌年清明之前采收完毕。

灌溉 灌溉栽前田间放干水，栽种后灌浅水，以母茎一半在水中、一半露出水面为宜，2～3 d 后将水排出，使母茎倒下并陷入泥中，保持湿地四周排水沟里有水，严防积水和干旱。栽种时天气较热，如果田间积水，极易使水芹腐烂和凋萎。如遇暴雨，要及时排水，严防母茎被水冲刷后漂浮；如遇天气干旱，要在晚上灌浅凉水，早晨排出。当苗高 4～5 cm 时，应搁田 4～5 d，使表土稍干，促进根系生长。以后随灌随排，保持土壤湿润。匀苗前后，田中保持水深 2～3 cm。秧苗成活后将水排出，保持表土湿润。秋分到寒露期间，植株生长旺盛，应结合追肥，田中保持水深 3～4 cm。

田间管理 生长前期要及时清除杂草，拔除的杂草可就地掩埋回田作绿肥。水芹封行后，杂草就不易生长，可不再中耕除草。水芹生长期间可追肥 3～4 次，一般第 1 次在株高约 10 cm 时，施用经过处理的人或牲畜粪尿；第 2 次在间苗移栽后；第 3 次在株高约 25 cm 时。以后看植株生长情况来决定是否施肥及肥料的用量。每次追肥时，要在前 1 天晚上将田间的水放干，次日追肥，经过 1 个昼夜，土壤充分吸入肥料后，再进行灌溉。

病虫防治 虫害主要为蚜虫和凤蝶幼虫，最简便的方法是将田间灌溉深水，淹没植株，使害虫漂浮于水面，用粗草绳拉住两端向下风头的地方移动，然后集中将其杀灭。

也可用 40% 的乐果 1 000 倍液防治。

病害一般为锈病和病毒病；锈病可用托布津、代森锌等杀菌剂喷施；病毒病的防治要始于种苗的严格选择，剔除病株。种植后如发现病株应及时拔除，同时注意蚜虫的防治。

水芹也有斑枯病发生。应选用抗病品种栽植，注意氮、磷、钾复合肥配合使用，防止氮肥偏多。发病初期可用 50% 多菌灵可湿性粉剂 600 倍液各喷雾 1 次，间隔 7 d，安全间隔期不少于 10 d。

采收 水芹栽后 80～90 d 后即可陆续采收，可持续到翌年 4 月。采收时应保留根茎，洗净污泥，除去烂叶，捆扎后即可上市。由于鲜菜不耐储藏，宜随收随上市，一般 12 月开始上市，并可延续到翌年 4 月中旬。

三十六、杜鹃花科

114. 越橘

【学名】 *Vaccinium vitis-idaea* L.。

【蒙名】 阿力日苏。

【别名】 红豆、牙疙瘩。

【分类地位】 杜鹃花科越橘属。

【形态特征】 常绿矮小灌木，地下茎匍匐。地上小枝细，高约 10 cm，灰褐色，被短柔毛。叶互生，革质，椭圆形或倒卵形，先端钝圆或微凹，基部宽楔形，边缘具细睫毛，中上部具微波状锯齿或近全缘，稍反卷，上面深绿色，有光泽，下面淡绿色，具散生腺点，有短叶柄。花 2～8 朵组成短总状花序，着生于去年枝顶端，花轴及花梗上密被细毛；小苞片 2，脱落；花萼短钟状，先端 4 裂；花冠钟状，白色或淡粉红色，径约 5 mm，4 裂；雄蕊 8，内藏，花丝有毛。浆果球形，红色。花期 6—7 月，果期 8 月。

【分布】 内蒙古分布于呼伦贝尔、乌兰浩特。中国分布于东北地区。蒙古国、欧洲北部、北美洲也有分布。

【生境】 阴性耐寒中生植物。生长于寒温针叶林带的落叶松林、白桦林，也见于亚高山带。

【食用部位及方法】 叶可入药，经加工也可代茶饮。果实清香多汁，酸甜可口，可鲜食，也可酿酒、制作果酱。

【营养成分】 叶含熊果苷、熊果酸等多种成分。果实含人体所需的多种维生素、葡萄糖、有机酸等。

【药用功效】 入药作尿道消毒剂。

【栽培管理要点】

栽培地选择 适宜于有机质丰富、含水量高、pH 值 4～5 的疏松的泥炭藓中或共生苔藓的土壤。种植方式采用无性繁殖，如扦插、压条、分株等。栽植密度矮丛越橘株行距一般为（0.5～1）m×1 m，高丛越橘为 1.5 m×2 m。栽培时间为春季和秋季。定植苗最好是生根后抚育 2～3 年的大苗。

定植时将苗木从营养钵中取出，挖 20 cm×20 cm 的定植坑，填入一些酸性草炭，然后将苗木移栽。中耕除草，单纯除草可采用西玛津或阿特拉津等化学除草剂，每公顷用 4.5 kg 50～100 倍液喷洒。越橘对氮素要求不高，追肥以氮磷钾复合肥为好。其比例为 1：2：1，追肥宜选用酸性肥料，钾肥不宜用氯化钾。一般越橘园或人工抚育园土壤水分大，若冬季雪少或生长季干旱，应视旱情进行灌水，可在 6—7 月进行，特定地点建园应根据土壤水分含量，在萌芽期、开花期、果实膨大期适量灌水。

三十七、木犀科

115. 连翘

【学名】 *Forsythia suspense*（Thunb.）Vahl.。

【蒙名】 希日苏日-苏灵嘎-其其格。

【别名】 黄绶丹。

【分类地位】 木犀科连翘属。

【形态特征】 灌木，高 1～2 m，最高可达 4 m，直立。枝中空，开展或下垂，老枝黄褐色，具较密而突起的皮孔。单叶或三出复叶（有时为 3 深裂），对生，卵形或卵状椭圆形，先端渐尖或锐尖，基部宽楔形或圆形，中上部边缘具粗锯齿，中下部常全缘，两面无毛或疏被柔毛；花 1～3（6）朵，腋生，先叶开放；萼裂片 4，矩圆形，与花冠筒约相等；花冠黄色，花冠筒内侧有橘红色条纹，先端 4 深裂，裂片椭圆形或倒卵状椭圆形。蒴果卵圆形，先端尖，表面散生瘤状凸起，熟时 2 瓣开裂；果梗长约 1 cm；种子有翅。花期 5 月，秋季果熟。

【分布】 在内蒙古为栽培种。中国分布于东北地区，河北、山西、山东、河南、江苏、湖北、陕西、甘肃等。

【生境】 中生植物。

【食用部位及方法】 食用部位为嫩茎、叶。4—5 月采摘叶柄能折断的嫩茎、叶，洗净，用沸水烫后，再用清水浸泡 1 d，可凉拌、炒食、做汤或玉米粥。

【营养成分】 连翘属于野生植物油料，连翘籽含油率 25%～33%，籽实油含胶质，还富含易被人体吸收、消化的油酸和亚油酸，油味芳香，精炼后是良好的食用油。

【药用功效】 果实入药（药材名：连翘），能清热解毒、散结消肿，主治热病、发热、心烦、咽喉肿痛、发斑发疹、疮疡、丹毒、淋巴结结核、尿路感染；又入蒙药（蒙药名：杜格么宁），能利胆、退黄、止泻，主治热性腹泻、痢疾、发烧。

【栽培管理要点】 尚无人工引种驯化栽培。

三十八、马钱科

116. 互叶醉鱼草

【学名】 *Buddleja alternifolia* Maxim.。

【蒙名】 朝宝嘎-吉嘎存-好日-其其格。

【别名】 白箕稍。

【分类地位】 马钱科醉鱼草属。

【形态特征】 小灌木，最高可达 3 m，多分枝。枝幼时灰绿色，被较密的星状毛，后渐脱落，老枝灰黄色。单叶互生，披针形或条状披针形，先端渐尖或钝，基部楔形，全缘，上面暗绿色，被稀疏的星状毛，下面密被灰白色柔毛及星状毛，具短柄或近无柄。花多出自去年生枝上，数朵花簇生或形成圆锥状花序；花萼筒状，外面密被灰白色柔毛，先端 4 齿裂；花冠紫堇色，外面疏被星状毛或近于光滑，先端 4 裂，裂片卵形或宽椭圆形；雄蕊 4，无花丝，着生于花冠筒中部。蒴果矩圆状卵形，深褐色，熟时 2 瓣开裂；种子多数，有短翅。花期 5—6 月。

【分布】 内蒙古分布于鄂尔多斯。中国分布于山西、陕西、甘肃、宁夏等。

【生境】 山地旱中生灌木。生长于干旱山坡。

【食用部位及方法】 块茎含黏液质和淀粉等，可作糊料，花可提取芳香油。

【营养成分】 块茎含联苄类化合物、二氧菲类化合物、联菲类化合物、双菲醚类化合物、二氢菲并吡喃类化合物、具螺内酯的菲类衍生物、菲类糖苷化合物、其他菲类化合物、苄类化合物、蒽类化合物；含酸类成分、醛类成分。新鲜块茎另含白及甘露聚糖，是由 4 份甘露糖和 1 份葡萄糖组成的葡配甘露聚糖。

【药用功效】 能收敛止血、消肿生肌，主治咳血吐血、外伤出血、疮疡肿毒、皮肤皲裂、肺结核咳血、溃疡病出血。

【栽培管理要点】 尚无人工引种驯化栽培。

三十九、萝藦科

117. 羊角子草

【学名】 *Cynanchum cathayense* Tsiang et Zhang。

【蒙名】 少布给日-特木根-呼呼。

【分类地位】 萝藦科鹅绒藤属。

【形态特征】 草质藤本。根木质，灰黄色。茎缠绕，下部多分枝，疏被短柔毛，节部较密，具纵细棱。叶对生，纸质，矩圆状戟形或三角状戟形，先端渐尖或锐尖，基部心状戟形，两耳近圆形，上面灰绿色，下面浅灰绿色，掌状 5～6 脉在下面隆起，两面被短柔毛；叶柄被短柔毛。聚伞花序伞状或伞房状，腋生。着花数朵至 10 余朵，花梗纤细，长短不一；苞片条状披针形，总花梗、花梗、苞片、花萼均被短柔毛；萼裂片卵形，先端渐尖；花冠淡红色，裂片矩圆形或狭卵形，先端钝；副花冠杯状，具纵皱褶，顶部 5 浅裂，每裂片 3 裂，中央小裂片锐尖或尾尖。蓇葖果披针形或条形，表面被柔毛；种子矩圆状卵形，种缨白色，绢状，长约 2 cm。花期 6—7 月，果期 8—10 月。

【分布】 原产于亚洲、欧洲和非洲。内蒙古分布于巴彦淖尔、阿拉善。中国分布于河北、宁夏、甘肃、新疆等。

【生境】 中生植物。生长于荒漠地带的绿洲芦苇草甸中、干湖盆、沙丘、海拔 900～1 350 m 水边湿地。

【食用部位及方法】 幼嫩茎、叶及幼果可食，为内蒙古西部牧区传统野菜。

【营养成分】 含强心苷，叶和茎含草酸钙晶体、香豆素等毒性物质。

【药用功效】 主治消化不良、紧张性头痛、肠易激综合征、流感、发热、鼻塞、口臭、风湿痛、带状疱疹疼痛、肝脏疾病、尿路感染、胆囊结石、中风康复等。

【栽培管理要点】 尚无人工引种驯化栽培。

118. 地梢瓜

【学名】 *Cynanchum thesioides*（Freyn）K. Schum.。

【蒙名】 特木根-呼呼。

【别名】 沙奶草、地瓜瓢、沙奶奶、老瓜瓢。

【分类地位】 萝藦科鹅绒藤属。

【形态特征】 多年生草本，高 15～30 cm。根细长，褐色，具横行绳状的支根。茎自基部多分枝，直立，圆柱形，具纵细棱，密被短硬毛。叶对生，条形，先端渐尖，全缘，基部楔形，上面绿色，下面淡绿色，中脉明显隆起，两面被短硬毛，边缘常向下反折，近无柄。伞状聚伞花序，腋生，具花 3～7 朵，花梗长短不一；花萼 5 深裂，裂片披针形，外面被短硬毛，先端锐尖；花冠白色，辐射状，5 深裂，裂片矩圆状披针形，外面有时被短硬毛；副花冠杯状，5 深裂，裂片三角形。蓇葖果单生，纺锤形，先端渐尖，表面具纵细纹；种子近矩圆形，扁平，棕色，顶端种缨白色，绢状，长 1～2 cm。花期 6—7 月，果期 7—8 月。

【分布】 内蒙古分布于各地。中国分布于东北、华北、西北等地区，江苏。朝鲜、蒙古国、西伯利亚地区等也有分布。

【生境】 旱生植物。生长于干草原、丘陵坡地、沙丘、撂荒地、田埂。

【食用部位及方法】 幼果可食；种缨可作填充料。

【营养成分】 全株含橡胶 1.5%、树脂 3.6%。

【药用功效】 带果实的全草入药，能益气、通乳、清热降火、消炎止痛、生津止渴，主治乳汁不通、气血两虚、咽喉疼痛；外用治瘊子。种子入蒙药（蒙药名：脱莫根-呼呼-都格木宁），主治同连翘。

【栽培管理要点】 结合耕地，每公顷施优质有机肥37 500～45 000 kg，磷酸二铵375 kg，或尿素150～225 kg、复合肥375～450 kg，均匀混施于土壤，将地整平后覆膜，膜面宽50 m，膜间距为40 cm。播种期为4月上旬（当气温稳定通过10℃时）采用穴播，每穴3粒，播种不宜太深，适宜为1～2 cm，每公顷播种量为40.5 kg，一般株距为15～20 cm，小行距为30 cm，大行距为50 cm，播后覆薄土，稍加镇压，并盖1层薄沙。如果土壤墒情较差，可立即灌水。播种后10 d即可出土，当真叶6片时间苗、10片时定苗，间苗时留大不留小，留强不留弱。幼苗期杂草较多，及时拔除。在分枝旺期时适当追施1次肥料，一般每亩追施尿素75 kg，现蕾期追施尿素150 kg，在开花期每7 d叶面喷施磷酸二氢钾1次。追肥后立即灌水，后期视苗情适量灌水，一般不干不浇，并忌水涝。当地梢瓜生长到8月下旬时，果实长达4 cm、直径约2 cm、翠绿、光泽度好时即可采收，采收过迟，适口性下降。

119. 雀瓢（变种）

【学名】 *Cynanchum thesioides*（Freyn）K. Schum. var. *australe*（Maxim.）Tsiang et P. T. Li。

【蒙名】 奥日义羊图-特木根-呼呼。

【别名】 南地梢瓜、地梢瓜的变种。

【分类地位】 萝藦科鹅绒藤属。

【形态特征】 与地梢瓜的区别在于：茎柔弱，分枝较少，茎端通常伸长而缠绕。叶线形或线状长圆形；花较小、较多。花期3—8月。

【分布】 中国分布于辽宁、内蒙古、河北、河南、山东、陕西、江苏等。

【生境】 生长于水沟旁及河岸边或山坡、路旁的灌丛、草地。

【食用部位及方法】 同地梢瓜。

【营养成分】 叶片中总黄酮含量为2.116 mg/g，蛋白质含量为0.4%，根、茎、叶中均含有矿物质元素钾、钙、钠、镁、铁。

【药用功效】 带果实的全草可入药，能益气、通乳、清热降火、消炎止痛、生津止渴，主治乳汁不通、气血两虚、咽喉疼痛；外用治瘊子。种子入蒙药。

【栽培管理要点】 同地梢瓜。

120. 萝藦

【学名】 *Metaplexis japonica*（Thunb.）makino。

【蒙名】 阿古乐朱日-吉米斯。

【别名】 白环藤、羊婆奶、婆婆针落线包、羊角、天浆壳、蔓藤草、奶合藤、土古藤、浆罐头、奶浆藤、斑风藤、老鸹瓢、哈喇瓢、鹤光飘、洋飘飘、千层须、飞来鹤、乳浆藤、鹤瓢棵、野蕻菜、赖瓜瓢、老人瓢。

【分类地位】 萝藦科萝藦属。

【形态特征】 多年生草质藤本，长达 8 m，具汁液。茎圆柱状，下部木质化，上部较柔韧，表面淡绿色，有纵条纹，幼时密被短柔毛，老时被毛渐脱落。叶膜质，卵状心形，长 5～12 cm，宽 4～7 cm，顶端短渐尖，基部心形，叶耳圆形，长 1～2 cm，叶耳展开或紧接，正面绿色，背面粉绿色，两面无毛，或幼时被微毛，老时被毛脱落；侧脉每边 10～12 条，在背面略明显；叶柄长 3～6 cm，顶端具丛生腺体。总状式聚伞花序，腋生或腋外生，具长总花梗，总花梗长 6～12 cm，被短柔毛；花梗长 8 mm，被短柔毛，具花通常 13～15 朵；小苞片膜质，披针形，长 3 mm，顶端渐尖；花蕾圆锥状，顶端尖；花萼裂片披针形，长 5～7 mm，宽 2 mm，外面被微毛；花冠白色，有淡紫红色斑纹，近辐射状，花冠筒短，花冠裂片披针形，张开，顶端反折，基部向左覆盖，内面被柔毛；副花冠环状，着生于合蕊冠上，短 5 裂，裂片兜状；雄蕊连生呈圆锥状，并包围雌蕊在其中，花药顶端具白色膜片；花粉块卵圆形，下垂；子房无毛，柱头延伸成 1 长喙，顶端 2 裂。蓇葖果叉生，纺锤形，平滑无毛，长 8～9 cm，直径 2 cm，顶端急尖，基部膨大；种子扁平，卵圆形，长 5 mm，宽 3 mm，有膜质边缘，褐色，顶端具白色绢质种毛，种毛长 1.5 cm。花期 7—8 月，果期 9—12 月。

【分布】 内蒙古分布于乌兰浩特、通辽。中国分布于东北、华北、华东地区，甘肃、陕西、贵州、河南、湖北等。日本、朝鲜、俄罗斯等也有分布。

【生境】 中生植物。生长于林边荒地、山脚、河边、路旁灌丛。喜微潮偏干的土壤环境，稍耐干旱；喜充足的日光直射，稍耐阴；喜温暖，耐低温。

【食用部位及方法】 萝藦果实成熟以后可以直接食用，也可以炒制以后再食用。

【营养成分】 叶、茎、根和种子均含多种 C21 甾体苷类化合物，有肉珊瑚苷元、7β- 甲氧基肉珊瑚苷元、萝摩醇甲醚、7α-羟基-12-O-苯酰去乙酰基萝摩苷元、萝摩米、林里奥酮、二苯甲酰日萝苷元、普果拉灵、苯甲酰门来酮、萝摩苷元和康德郎酯 F，还分出洋地黄毒糖。

【药用功效】 全株可药用；果可治劳伤、虚弱、腰腿疼痛、缺奶、白带、咳嗽等；根可治跌打、蛇咬、疔疮、瘰疬、阳痿；茎、叶可治小儿疳积、疔肿；种毛可止血；乳汁可除瘊子。

【栽培管理要点】 对土壤适应性较强。如果有条件，宜选用排水良好、富含腐殖质的壤土。萝藦的定植多于每年 3—4 月，采用直播的方式。应选择地势较高、开阔向阳的地方，注意避开风口。为了便于以后操作，最好先按东西走向设立好支架。然后在它的旁边，保持 40 cm 的株距挖穴，直径约为 30 cm，深度约为 30 cm。通常先往穴中浇透水，再播种 6～10 粒，然后覆上 1.2 cm 厚的细土即可。待齐苗后，每穴保留 1 株，其余拔去。

萝藦生长前期应该适当控水，以促进根系发育。高温季节及时浇水，这样植株才能长出更肥厚的叶片。萝藦耐瘠薄，在定植时不施用基肥也能很好生长，夏季、秋季可以每隔 2～3 周追肥 1 次。在栽培过程中，应该保证植株每天接受不少于 4 h 的直射日光。萝藦在温度 16～30℃生长良好。入冬后，植株地上部分枯死，这时可将其剪去，集中深埋。在良好的管理条件下，萝藦不易患病，也很少受到有害动物侵袭。当果实成熟后且尚未开裂时采收，再把它们晒干，剥出种子精选，将所获种子储藏于干燥、避光、通风良好的地方备用。该种植物为多年生，自繁殖至成形较快。如有持续的植株长势减弱、叶片渐小等现象发生时，则应考虑更新植株。

121. 白首乌

【学名】 *Cynanchum bungei* Decne.。

【蒙名】 查于-特木根-呼呼。

【别名】 泰山何首乌、地葫芦、山葫芦、野山药。

【分类地位】 萝藦科鹅绒藤属。

【形态特征】 攀缘性半灌木。块根粗壮。茎纤细而韧，被微毛。叶对生，戟形，长3～8 cm，基部宽1～5 cm，顶端渐尖，基部心形，两面被粗硬毛，以叶面较密，侧脉约6对。伞形聚伞花序，腋生，比叶短；花萼裂片披针形，基部内面腺体通常没有或少数；花冠白色，裂片长圆形；副花冠5深裂，裂片呈披针形，内面中间有舌状片；花粉块每室1个，下垂；柱头基部5角状，顶端全缘。蓇葖果单生或双生，披针形，无毛，向顶部渐尖，长9 cm，直径1 cm；种子卵形，长1 cm，直径5 mm，种毛白色绢质，长4 cm。花期6—7月，果期7—10月。

【分布】 内蒙古分布于乌兰浩特、包头、阿拉善。中国分布于辽宁、内蒙古、河北、河南、山东、山西、甘肃等。朝鲜也有分布。

【生境】 中生植物。生长于海拔1 500 m以下的山坡、山谷或河坝、路边的灌丛、岩石隙缝。

【食用部位及方法】 块根入药。

【营养成分】 白首乌含总苷、维生素A、维生素F、维生素G、B族维生素、磷脂、微量硒、酮及其羟基化合物。

【药用功效】 块根肉质多浆，栓皮层层剥落，质坚色白，味苦甘涩，为山东泰山一带四大名药之一，为滋补珍品。白首乌具有保护免疫器官结构完整，调节和增强体液免疫和细胞免疫的作用，可提高末梢血AEAE（＋）淋巴细胞的比值和绝对数，对因环磷酰胺引起的免疫抑制现象有一定的预防和治疗作用，可以降低血清、肝、脑、心、肺等组织中过氧化脂质的含量，保护机体免受自由基的侵害，防止动脉粥样斑点的形成，明显降低MAO-B活性，调节单胺能系统，对减少大脑的化学损害有一定的意义。

【栽培管理要点】

选地与整地 选择地势高爽、排水畅通、土壤有机质含量较高的沙壤土种植。耕翻前每亩施2 000～3 000 kg的有机粪肥和尿素20 kg、过磷酸钙10 kg、磷酸钾3 kg作基肥。

繁殖方法 种子直播、藤茎扦插、压条繁殖、根茎繁殖等繁殖方式。

种子繁殖：3月上旬至7月下旬播种。播前作苗床，以行距15～20 cm顺畦开深3 cm

的沟，将种子均匀撒入沟内，覆土1cm，镇压，浇水，约15d出苗，当苗高10～12cm时移栽。每亩播种量1.5～2kg。

扦插繁殖：早春，选生长粗壮、半年生的藤蔓作扦插条。剪成有3个节的小段，按行距15～18cm，开沟深10cm，以株距3cm将扦插条摆入沟中，覆土压实，扦插条有2个芽埋入土中，注意要顺芽生长的方向插，畦面上盖草。为了确保成活率，可以将剪下的白首乌藤条20～30棵为1扎捆扎好，浸入用生根粉配成的溶液中遮阴24h，然后插入事先整理好的与种子繁殖一样的田块即可。插后应及时灌水，保持土壤湿润，促进插条生根，确保成活率，20d左右可生根正常生长。

压条繁殖：可用波状条法，即在植株生长旺盛季节，选近地面的健壮枝条连续弯曲呈波状，然后将其着地部分埋在土中，深3cm左右，保持土壤湿润。待生根后，与母株分离，分别剪断定植。

根茎繁殖：选带有茎的小块根或大块根分切成几块，每块带有2～3个芽眼，用草木灰涂上伤口，或放在阴凉通风处晾1～2d，等伤口形成1层愈合层后种植。

定植 定植时间：白首乌可以春种或秋种。春季种植3—4月，发根快，成活率高，但须根多，产量低，质量差。秋季种植10月至11月中旬，栽植时留茎部20cm左右的基段，其余剪掉，并将不定根和薯块一起除掉，这是高产的关键。

定植规格：先在畦上按行距、株距20cm×20cm开种植穴，每穴种1株，种后覆土压实，淋足定根水，以保持土壤湿润。一般在晴天或雨后阴天移栽。

管理 浇水、排水：定植初期，要经常浇水，保持土壤湿润，前10d每天早晚各淋1次；待成活后，视天气情况适当淋水；苗高1m后一般不淋水；雨季加强排水，防止苗被淹没。除草、追肥：白首乌在种植前需施足基肥，种植后需多次追肥；追肥采用前期施氮肥，中期磷钾肥，后期不施肥；定植后15d，每亩施腐熟的人粪尿1000～1500kg，开浅沟施于行间，然后视植株生长情况追肥，一般每隔15d追肥1次，施肥浓度可逐次提高；当苗高1m以上时，一般不施氮肥；后期，块根开始形成和生长时重施磷钾肥；开花后追施2%的食盐水和石灰，可提高产量；每次追肥均结合中耕培土，清除杂草，防止土壤板结。搭架、剪蔓、打顶：栽植苗长到30cm时，要用细竹竿等搭架并缚蔓，一般在2株白首乌间插入1根长约2m的细竹竿，把竹竿根部坎肩插入土中，顶部1/3处用铁丝捆住，3根竹竿连接搭成"人"字形，呈锥形架；每株只留1藤，剪掉多余的分叶苗和基部分枝，长到1m以上才保留分枝，利于下层的通风透光；如肥水太多，地上部生长过旺，要适当打顶，5—6月摘除花蕾，以免养分分散，影响块根生长；大田生产每年修剪5～6次。摘花、培土：除留种株外，在5—6月或8—9月摘除已现花蕾的花，以免养分损失，影响块根生长。南方产区在12月底根际培土，增加繁殖材料，促进块根生长；北方入冬前培土，利于越冬。

四十、旋花科

122. 打碗花

【学名】 *Calystegia haderacea* Wall.。

【蒙名】 阿牙根-其其格。

【别名】 燕覆子、蒲地参、兔耳草、富苗秧、傅斯劳草、兔儿苗、扶七秧子、扶秧、喇叭花等。

【分类地位】 旋花科打碗花属。

【形态特征】 一年生缠绕或平卧草本，全体无毛，具细长白色的根茎。茎具细棱，通常由基部分枝。叶片三角状卵形、戟形或箭形，侧裂片锐尖，近三角形，或 2～3 裂，中裂片矩圆形或矩圆状披针形，基部（最宽处）宽（1.7）3.5～4.8 cm，先端渐尖，基部微心形，全缘，两面通常无毛。花单生于叶腋，花梗长于叶柄，有细棱；苞片宽卵形；花冠漏斗状，淡粉红色或淡紫色；雄蕊花丝基部扩大，被细鳞毛。蒴果卵圆形，微尖，光滑无毛。花期 7—9 月，果期 8—10 月。

【分布】 内蒙古分布于各地（除阿拉善）。中国分布于各地。非洲东部、亚洲南部、东南部等也有分布。

【生境】 常见的中生杂草。生长于耕地、撂荒地、路旁，在溪边或潮湿生境中生长最好，并可聚生成丛。

【食用部位及方法】 根茎含淀粉，可酿酒，也可制作饴糖。

【营养成分】 每 100 g 嫩茎、叶含水分 81 g、脂肪 0.5 g、碳水化合物 5 g、钙 422 mg、磷 40 mg、铁 10.1 mg、胡萝卜素 5.28 mg、维生素 B_1 0.02 mg、维生素 B_2 0.59 mg、烟酸 2 mg、维生素 C 54 mg。根含有淀粉 17%，可食用及药用，但有毒，不可多食。

【药用功效】 根茎及花入药，根茎能健脾益气、利尿、调经活血，主治消化不良、月经不调、白带、乳汁稀少、促进骨折和创伤的愈合；花外用治牙痛。

【栽培管理要点】 尚无人工引种驯化栽培。

123. 田旋花

【学名】 *Convolvulus arvensis* L.。

【蒙名】 塔拉音-色得日根讷。

【别名】 中国旋花、箭叶旋花、扶田秧、扶秧苗、白花藤、面根藤、三齿草藤、小旋花、燕子草、田福花。

【分类地位】 旋花科旋花属。

【形态特征】 细弱蔓生或微缠绕的多年生草本，常形成缠结的密丛。茎具条纹及棱角，无毛或上部被疏柔毛。叶形变化很大，三角状卵形至卵状矩圆形，或为狭披针形，先端微圆，具小尖头，基部戟形、心形或箭形；花序腋生，具花 1～3 朵，花梗细弱，苞片 2，细小，条形；萼片被毛，稍不等，外萼片稍短，矩圆状椭圆形，钝，被短缘毛，内萼片椭圆形或近圆形，钝或微凹，或多少具小短尖头，边缘膜质；花冠宽漏斗状，白色或粉红色，或白色具粉红或红色的瓣中带，或粉红色具红色或白色的瓣中带；雄蕊花丝基部扩大，被小鳞毛；子房被毛。蒴果卵状球形或圆锥形，无毛。花期 6—8 月，果期 7—9 月。

【分布】 内蒙古分布于西部、中部等地区。中国分布于吉林、黑龙江、河北、河南、陕西、山西、甘肃、宁夏、新疆、内蒙古、山东、四川、西藏等地。法国、希腊、德国、波兰、俄罗斯、蒙古国、美国、加拿大、阿根廷、澳大利亚、新西兰、巴基斯坦、伊朗、黎巴嫩、日本等也有分布。

【生境】 原产于欧洲南部，多年生根蘖杂草，喜潮湿肥沃的黑色土壤，可通过根茎繁殖和种子繁殖、传播。常见的中生农田杂草。生长于田间、撂荒地、村舍、路旁，并可见于轻度盐化的草甸、耕地、荒坡草地。广布于温带地区，稀在亚热带及热带地区有分布。

【食用部位及方法】 低等饲用植物。绵羊、骆驼甚至牛、马在枯黄后都采食。秋季调制干草或青贮，鲜嫩时发酵后喂猪均可节省精饲料。

【营养成分】 蛋白质含量较高，粗纤维低，氨基酸含量也较全面、均衡。

【药用功效】 全草、花和根入药，能活血调红、止痒、祛风，全草主治神经性皮炎，花主治牙痛，根主治风湿性关节痛。

【栽培管理要点】 尚无人工引种驯化栽培。

四十一、唇形科

124. 亚洲百里香（变种）

【学名】 *Thymus serpyllum* L. var. *asiaticus* Kitag.。

【蒙名】 阿紫音-岗嘎-额布斯。

【别名】 地椒。

【分类地位】 唇形科百里香属。

【形态特征】 小半灌木。茎木质化，多分枝，匍匐或斜升。花枝高（0.5）2～8（18）cm，在花序下密被向下弯曲的柔毛，基部有脱落的先出叶；不育枝从茎的末端或基部生出。叶条状披针形、披针形、条状倒披针形或倒披针形，先端钝或尖，基部楔形或渐狭，全缘，近基部边缘被少数睫毛，侧脉 2～3 对，在下面不明显凸起，有腺点，具短柄，下部叶变小，苞叶与叶同形。轮伞花序紧密排成头状，密被微柔毛；花萼狭钟形，具 10～11 脉，疏被柔毛或近无毛，具黄色腺点，上唇与下唇通常近相等，上唇有 3 齿，齿三角形，被睫毛或近无毛，下唇 2 裂片钻形，被硬睫毛；花冠紫红色、紫色或粉红色，被短疏柔毛。小坚果近圆形，光滑。花期 7—8 月，果期 9 月。

本变种与正种的不同点在于：叶较狭窄，叶下面侧脉不明显凸起，而正种叶较宽，叶下面侧脉明显凸起。

【分布】 内蒙古分布于呼伦贝尔、乌兰浩特、锡林郭勒、通辽、赤峰、乌兰察布、呼和浩特、鄂尔多斯。中国分布于东北、华北及黄土高原等地区。西伯利亚地区等也有分布。

【生境】 草原旱生植物。广泛生长于典型草原带的平原沙壤土上，常为草原群落的伴生种，在表土常态侵蚀较强烈的区域和地段上，形成亚洲百里香建群的草原群落演替变型。

【食用部位及方法】 可用作调料。

【营养成分】 茎、叶含芳香油 0.5% 左右，也可分离芳香醇、龙脑等香料。

【药用功效】 全草入药（药材名：地椒），有小毒，能祛风解表、行气止痛，主治感冒、头痛、牙痛、遍身疼痛、腹胀冷痛，外用防腐杀虫。

【栽培管理要点】 尚无人工栽培。

125. 百里香（变种）

【学名】 *Thymus serpyllum* L. var. *mongolicus* Ronn.。

【蒙名】 岗嘎-额布斯。

【别名】 地椒、地花椒、山椒、山胡椒、麝香草。

【分类地位】 唇形科百里香属。

【形态特征】 本变种与前变种的不同点在于：茎、枝较粗壮，较短，叶椭圆形。

【分布】 内蒙古分布于呼伦贝尔、锡林郭勒、赤峰、乌兰察布、阿拉善。中国分布于河北、山西、陕西、甘肃、青海等地。西伯利亚地区、蒙古国等也有分布。

【生境】 草原旱生至中旱生植物。生长于典型草原带、森林草原带的砂砾质平原、石质丘陵、山地阳坡，也见于荒漠区的山地砾石质坡地。一般多散生长于草原群落，也常在石质丘顶与其他砾石生植物聚生成小片群落，百里香可成为群落优势种。

【食用部位及方法】 以全草入药。夏季枝叶茂盛时采收，拔起全株，洗净，剪去根部（可供栽培繁殖），切段，鲜用或晒干。

【营养成分】 百里香中碳水化合物、蛋白质、维生素 C、硒、铁、钙、锌含量均高于普通蔬菜，尤其含有大量的单萜等挥发性成分，对人体具有极高的食用营养价值。百里香蜜浓度较高，香气浓郁，浅琥珀色。研究发现，百里香蜂蜜中氨基酸含量较高，对人体有益。

【药用功效】 能祛风解表、行气止痛、止咳、降压主治感冒、咳嗽、头痛、牙痛、消化不良、急性胃肠炎、高血压。

【栽培管理要点】 繁殖方法主要有播种、扦插、压条及分株，播种期在秋季至春季，选用泥炭为基质，并加入 20% 便于排水的细砂，搅拌均匀。加入 5%～10% 的腐熟有机肥，将配好的基质充分浇湿之后，撒播，播种后放在阴凉的地方，温度

23～25℃，保证充足的水分，发芽后长出2～3片叶时，先移植在直径为2 cm的纸筒苗盘中，充分发育后即长到4～5片叶时，再换至9 cm盆定植。切取3～5节并带顶芽的枝条进行扦插，插在直径为2 cm的纸筒苗盘中，便于成活后移植。压条及分株都使枝条接触地面，自动长出根系，直接切取就是独立的植株，较适合家庭园艺种植者采用。适宜在冷凉地区栽培，或是放在阴凉的地方越夏，进入秋季转凉之后，再放在日照充足的地方。浇水时间应掌握基质稍干后再浇的原则。植株长大后，剪取枝条即可利用，待新芽开始生长时，酌情每7～10 d浇灌1次1 000倍液30%磷酸二氢氨和70%尿素，夏季生长衰弱，应停止施肥。适期修剪不仅能促使长出的枝条长度一致，便于采收，而且还能提高枝条的采收数量和质量，但要注意不要为顾及收获量而从基部剪断，至少应在保留4～5片叶的地方剪取。

126. 薄荷

【学名】 *Mentha haplocalyx* Briq.。

【蒙名】 巴得日阿西。

【别名】 银丹草、夜息香。

【分类地位】 唇形科薄荷属。

【形态特征】 多年生草本，高30～60 cm。茎直立，具长根状茎，四棱形，被疏或密的柔毛，分枝或不分枝。叶矩圆状披针形、椭圆形、椭圆状披针形或卵状披针形，先端渐尖或锐尖，基部楔形，边缘具锯齿或浅锯齿。轮伞花序，腋生，轮廓球形，总花梗极短；苞片条形；花萼管状钟形，萼齿狭三角状钻形，外面被疏或密的微柔毛与黄色腺点；花冠淡紫色或淡红紫色，外面略被微柔毛或长疏柔毛，里面在喉部以下被微柔毛，冠檐4裂，上裂片先端微凹或2裂，较大，其余3裂片近等大，矩圆形，先端钝；雄蕊4，前对较长，伸出花冠之外或与花冠近等长。小坚果卵球形，黄褐色。花期7—8月，果期9月。

【分布】 内蒙古分布于呼伦贝尔、乌兰浩特、通辽、赤峰、锡林郭勒、乌兰察布、呼和浩特、包头、鄂尔多斯、巴彦淖尔等地。中国分布于各地。日本等也有分布。

【生境】 湿中生植物。生长于水旁低湿地，如湖滨草甸、河滩沼泽草甸。

【食用部位及方法】 可作蔬菜及香料。薄荷脑用于糖果饮料、牙膏、牙粉以及皮肤黏膜局部镇痛剂的医药制品（如仁丹、清凉油、一心油），提取薄荷脑后的油叫薄荷素油，也大量用于牙膏、牙粉、漱口剂、喷雾香精及医药制品等。

【营养成分】 新鲜茎、叶含油量为0.8%～1%，干品含油量为1.3%～2%，油称薄荷油或薄荷原油，原油主要用于提取薄荷脑（含量77%～87%）。

【药用功效】 地上部分入药（药材名：薄荷），能祛风热、清头目，主治热感冒、头痛、目赤、咽喉肿痛、口舌生疮、牙痛、荨麻疹、风疹、麻疹初起。

【栽培管理要点】 作为蔬菜和香料作物大面积大地栽培，作为观赏植物进行盆栽。

田间栽培 选择向阳平坦、肥沃、排灌方便的沙壤土种植。每公顷施入农家肥

60 000 kg，配施 900 kg 复合肥作基肥。翻耕、整细，作成 1～1.2 m 宽的畦。根茎繁殖，也可扦插繁殖和种子繁殖。一年四季均可播种，但一般在 10 月下旬至 11 月上旬进行。挖出地下根茎后，选择节间短、色白、粗壮、无病虫害的作为种根。然后在整好的畦面上，按行距 25 cm 开沟，深 6～10 cm，将种根放入沟内，可整条排放，也可切成 6～10 cm 长的小段撒入。密度以根茎首尾相接为好。播种后覆土，耙平压实，每公顷用根茎 1 500 kg，出苗后，保持田间湿润无杂草，小水常浇，如有积水，及时排出。苗高 5 cm 左右和每次收割后，应及时追肥，每次每公顷追施 225 kg 尿素并辅以少量磷钾肥，或人畜粪水 45 000 kg，施后浇大水。薄荷在江苏和浙江，每年可收割 2 次，华北地区 1～2 次。第 1 次一般在 7 月的初花期，第 2 次在 10 月的盛花期。选晴天于中午前后，用镰刀贴地将植株割下，摊晒 2 d，注意翻晒，七八成干时，扎成小把。

盆栽 根茎繁殖于每年 3—4 月，挖取地下粗壮呈白色的根状茎，切成 8～10 cm 为 1 段，然后埋入盆中，浇透水，约 2 周即可发芽。在生长季也可以用其枝条扦插，扦插时取茎 2～3 节，保留最上部位 2 片叶，插入沙中，置半阴处，注意喷水保湿。当拔插条稍费力时说明已生根，要及时移植。扦插苗可用口径 15～20 cm 的瓦盆或塑料盆，盆底垫 1 层粗砂利于排水保湿，土壤用园土和砂按 3∶1 的比例混合，另加少量腐熟饼肥或磷酸拌匀即可使用。盆栽为了控制株高，并促进分枝使植株丰满，在新梢长出后，要进行摘心打头 2～3 次，每次仅保留新萌发的新梢 1～2 节，其余的剪去。每次摘心打头后，要追施 1～2 次有机肥或无机肥，以促进新梢生长，经摘心处理，株高可控制在 30～40 cm，保持较高的观赏效果。保持盆土湿润为主。盛夏时还应注意防止高温和曝晒。入冬后，薄荷的地上部分枯黄后，可连盆放在花架底层等角落处，稍保持土壤湿润，翌年春季，要注意翻盆或重新扦插繁殖新株，否则，老株会生长不佳。

127. 兴安薄荷

【学名】 *Mentha dahurica* Fisch. ex Benth.。

【蒙名】 兴安-巴得日阿西。

【分类地位】 唇形科薄荷属。

【形态特征】 多年生草本，高 30～60 cm。茎直立，稀分枝，沿棱被倒向微柔毛，四棱形。叶卵形或卵状披针形，长 2～4 cm，宽 8～14 mm，先端锐尖，基部宽楔形，边缘在基部以上具浅圆齿状锯齿；叶柄长 7～10 mm。轮伞花序，具花 5～13 朵，具长 2～10 mm 的总花梗，通常茎顶端 2 个轮伞花序聚集成头状花序，其下方的 1～2 节的轮伞花序稍远离；小苞片条形，被微柔毛；花梗长 1～3 mm，被微柔毛；花萼管状钟形，长约 2.5 mm，外面沿脉上被微柔毛，里面无毛，10～13 脉明显，萼齿 5，宽三角形；花冠浅红色或粉紫色，长 4～5 mm，外面无毛，里面在喉部被微柔毛，冠檐 4 裂，上裂片 2 浅裂，其余 3 裂，矩圆形；雄蕊 4，前对较长。小坚果卵球形，长约 0.75 mm，光滑。花期 7—8 月。

【分布】 内蒙古分布于呼伦贝尔、乌兰浩特等地。中国分布于黑龙江、吉林等地。

日本、西伯利亚地区等也有分布。

【生境】 湿中生植物。生长于山地森林地带、森林草原带河滩湿地、草甸。

【食用部位及方法】 同薄荷。

【营养成分】 同薄荷。

【药用功效】 薄荷能祛诸热、散风发汗、清头目、利咽喉，主治伤风头痛、失音、咽喉不利、小儿惊风隐疼等。

【栽培管理要点】 喜阳光、耐湿。选择土地肥沃、土质疏松、透性好、含水量高、排水良好的低湿林缘，或者水沟旁及湿草地，见缝插针刨穴，行穴距 60 cm×20 cm，整地、碎土、耙平、镇压。根茎繁殖或种子繁殖，一般用根茎繁殖，春季化冻后，挖出根茎截成 5～7 cm 的段，埋在穴内，覆土 3 cm，轻镇压；也可用种子繁殖，种子成熟时收集种子，上冻前撒播在穴内覆土，以埋上种子为宜，镇压、盖上杂草，出苗后，除草、通风、透光，7月和9月各收割1次，阴干、备用。

128. 香薷

【学名】 *Elsholtzia ciliata*（Thunb.）Hyland.。

【蒙名】 昂给鲁木-其其格。

【别名】 山苏子。

【分类地位】 唇形科香薷属。

【形态特征】 多年生草本，高 30～50 cm。侧根密集。茎通常自中部以上分枝，疏被柔毛。叶卵形或椭圆状披针形，先端渐尖，基部楔形，边缘具钝锯齿，上面疏被柔毛，下面沿脉疏被柔毛，密被腺点。轮伞花序，具多数花，并组成偏向一侧的穗状花序；苞片卵圆形，先端具芒状突尖，被缘毛，上面近无毛，但具腺点，下面无毛；花萼钟状，外面被柔毛，里面无毛，萼齿5，三角形，前2齿较长，先端具针状尖头，被缘毛；花冠淡紫色，外面被柔毛及腺点，里面无毛，二唇形，上唇直立，先端微缺，下唇开展，3裂，中裂片半圆形，侧裂片较短；雄蕊4，前对较后对长1倍，外伸，花药黑紫色。小坚果矩圆形，棕黄色，光滑。花果期 7—10 月。

【分布】 内蒙古分布于呼伦贝尔、乌兰浩特、赤峰、锡林郭勒、乌兰察布、巴彦淖尔、呼和浩特等。中国分布于各地（青海、新疆除外）。印度、日本、朝鲜、蒙古国等也有分布。

【生境】 中生植物。生长于山地阔叶林林下、林缘、灌丛、山地草甸，也见于较湿润的田野、路边。

【食用部位及方法】 可作香料。

【营养成分】 挥发油：以百里香酚和（或）香荆芥酚为主；黄酮类；矿物质：锰、锌、铁、铜；脂肪酸：香薷籽油脂肪酸组成中 α- 亚麻酸的含量为 58.06%、亚油酸为 20.7%、油酸为 11.7%、棕榈酸为 6.93%、硬脂酸为 2.6%。

【药用功效】 全草药用，能解暑、发汗、利尿，主治夏季感冒、中暑、急性胃炎、胸闷、口臭、小便不利。

【栽培管理要点】 以排水良好的沙壤土为宜，疏松的红壤也能种植。每公顷施入1.51～2.23 kg 的有机肥作基肥，土地深翻 15～20 cm，然后作成宽 120～150 cm、高12～15 cm 的畦，畦沟宽 25～30 cm，畦面呈龟背形，每公顷钙镁磷肥 370～440 kg，撒于畦面，再将畦沟泥盖没肥料。播种方式有条播和撒播，播种时间春播 4 月上中旬，夏播可在 5 月下旬至 6 月上旬。播种时将种子与草木灰拌匀，选择晴天或阴天将种子均匀撒播于畦面，播后稍加压紧，使种子与泥土紧贴，每公顷播种量 22～30.5 kg。待苗高 5～9 cm 时第 1 次施肥，每公顷用尿素 80 kg，第 2 次抽穗前每公顷用尿素125～160 kg，撒于畦面，或将尿素溶于水中浇施，每 100 kg 水放尿素 1～1.2 kg，适当追施肥料。夏末秋初开花时采整草，当香薷生长到半花半籽，大部分植株变成淡黄色时，将全株拔起，抖净泥土，晒至全干，扎成小捆，放通风干燥处，一般每公顷产2 800～4 600 kg。

129. 罗勒

【学名】 *Ocimum basilicum* L.。

【蒙名】 乌努日特-额布斯。

【别名】 千层塔、家佩蓝、苏薄荷、省头草。

【分类地位】 唇形科罗勒属。

【形态特征】 一年生草本，高 20～70 cm。茎直立，钝四棱形，具槽，被倒向微柔毛，常呈紫色，多分枝。叶卵形或卵状矩圆形，先端钝尖，基部楔形，边缘近全缘或具不规则微齿，两面无毛，下面具腺点。轮伞花序顶生于茎枝上部；苞片倒披针形，边缘被纤毛，常有色泽。花萼宽钟状，外面被短柔毛，里面在喉部疏被柔毛，萼齿 5，二唇形，上唇 3 齿，中齿最宽大，近圆形，侧齿宽卵圆形，先端锐尖，下唇 2 齿，披针形，具刺尖头，果时花萼宿存，增大；花冠淡紫色，冠檐二唇形，上唇长 4 裂，裂片近相等，近圆形，下唇矩圆形，下倾，全缘；雄蕊 4，略超出花冠，插生于花冠筒中部，后对花丝基部具齿状附属物，其上被微柔毛。小坚果卵球形，黑褐色。花期 7—8 月。

【分布】 内蒙古分布于呼和浩特。中国多地均有栽培。亚洲至非洲的温暖地带等也有分布。

【食用部位及方法】 嫩叶可食用，也可泡茶饮用。

【营养成分】 每 100 g 罗勒中含蛋白质 3.8 g、碳水化合物 4.6 g、不溶性膳食纤维3.9 g、钠 6 mg、镁 106 mg、磷 65 mg、钾 576 mg、钙 285 mg、锰 0.68 mg、铁 4.4 mg、铜 0.91 mg、锌 0.52 mg、维生素 A 410 μg、维生素 C（抗坏血酸）5 mg。

【药用功效】 全草入药，能疏风行气、化湿消食、活血、解毒，主治外感头痛、食胀气滞、脘痛、泄泻、月经不调、跌打损伤、蛇虫咬伤、皮肤生疮、皮疹瘙痒等。

【栽培管理要点】 一是播种育苗。在南方无霜冻地区一年四季均可采用播种育苗，温度以 20～30℃为宜，高温季节采用遮阴等方式降温。可用无土基质播种于穴盘，也可播种于苗床，待苗长至约 10 cm、有 5～6 片叶时即可移栽大田。采用穴盘育苗，使用专用无土基质，浇透水，每穴播约 3 粒种子，覆盖基质厚 0.5 cm，保持基质湿润，3 d 左右即可出芽。采用苗床育苗，可直接撒播，覆土厚 0.5 cm，保持苗床湿润，可搭拱棚并覆盖薄膜，既可保温、保湿又可满足光照，温度过高时通风。移栽前撤掉薄膜炼苗约 7 d 即可。二是扦插育苗。一般在夏季扦插，使用保水透气性好的基质，浇透水后扦插。截取约 10 cm 长、带 4～5 片叶的枝条，去掉下部叶片，顶部保留 1～2 片叶，扦插深度为 3～4 cm。扦插后保持基质湿润并遮阴，2～3 周后即可生根。选择平坦、肥沃疏松、排水良好的土地，每公顷施蘑菇土或充分腐熟的有机肥 15 kg 作为基肥，深翻土壤，整平耙细，并作宽 90 cm、高 20 cm 的畦，畦间保留约 30 cm 宽的排水沟，利于排水和灌溉。移栽时尽量减少根系损伤，按 35 cm×40 cm 株行距种植，浇足定根水，缓苗后定期浇水保持土壤湿润，约 7 d 成活。在生长前期及时中耕除草，当植株长至 20 cm 高时摘心，侧枝萌发至 10 cm 左右时即可采摘，并保留侧枝有 1 对叶片，使植株呈半球形。每次采摘后及时浇水追肥，每公顷施复合肥 750 kg 或施有机肥 1 500 kg。当植株长至 20～30 cm 时即可陆续采收嫩梢和嫩叶，全年可多次采收，生长旺期每 7 d 可采收 1 次，采收后及时出售。

130. 紫苏

【学名】 *Perilla frutescens*（L.）Britt.。

【蒙名】 哈日-麻嘎吉。

【别名】 荏子、赤苏、红勾苏、苏麻。

【分类地位】 唇形科紫苏属。

【形态特征】 一年生直立草本，高 0.3～2 m。茎绿色或紫色，钝四棱形，具四槽，密被长柔毛。叶阔卵形或圆形，长 7～13 cm，宽 4.5～10 cm，先端短尖或突尖，基部圆形或阔楔形，边缘在基部以上具粗锯齿，膜质或革质，两面绿色或紫色，或仅下面紫色，上面疏被柔毛，下面被贴柔毛，侧脉 7～8 对，位于下部者稍靠近，斜上升，与中脉在上面微突起下面明显突起，色稍淡；叶柄长 3～5 cm，背腹扁平，密被长柔毛。轮伞花序，具花 2 朵，组成长 1.5～15 cm、密被长柔毛、偏向一侧的顶生及腋生总状花序；苞片宽卵圆形或近圆形，长、宽约 4 mm，先端具短尖，外被红褐色腺点，无毛，边缘膜质；花梗长 1.5 mm，密被柔毛。花萼钟形，10 脉，长约 3 mm，直伸，下部被长柔毛，夹有黄色腺点，内面喉部疏被柔毛环，结果时增大，长至 1.1 cm，平伸或下垂，基部一边肿胀，萼檐二唇形，上唇宽大，3 齿，中齿较小，下唇比上唇稍长，2 齿，齿披针形。花冠白色至紫红色，长 3～4 mm，外面略被微柔毛，内面在下唇片基部略被微柔毛，冠筒短，长 2～2.5 mm，喉部斜钟形，冠檐近二唇形，上唇微缺，下唇 3 裂，中裂片较大，侧裂片与上唇相近似；雄蕊 4，几不伸出，前对稍长，离生，插生喉部，花丝扁平，花药 2 室，室平行，其后略叉开或极叉开；花柱先端相等 2 浅裂，花盘前方呈指状膨大。小坚果近球形，灰褐色，直径约 1.5 mm，具网纹。花期 8—11 月，果期 8—12 月。

【分布】 中生栽培植物，原产于中国。内蒙古分布于赤峰、乌兰浩特、呼和浩特等地。中国分布于华北、华中、华南、西南等地区及台湾，长江以南各地有野生，见于村边或路旁。印度、缅甸、日本、朝鲜、韩国、印度尼西亚、俄罗斯等也有分布。

【食用部位及方法】 紫苏在中国常入中药，而日本多用于料理，尤其在吃生鱼片时是必不可少的陪伴物，在中国少数地区也有用它作蔬菜或泡茶。种子也称苏子，能镇咳平喘、祛痰。全草可蒸馏紫苏油，种子出的油也称苏子油，长期食用苏子油对冠心病、高血脂有明显疗效。

【营养成分】 全株均有很高的营养价值，低糖、高纤维、高胡萝卜素、高矿质元素等。在嫩叶中，抗衰老素 SOD 在每毫克苏叶中含量高达 106.2 μg。种子中含大量油脂，出油率高达 45%，油中含亚麻酸 62.73%、亚油酸 15.43%、油酸 12.01%。种子中蛋白质含量占 25%，含 18 种氨基酸，其中赖氨酸、蛋氨酸的含量均高于高蛋白植物籽粒苋，此外还有谷维素、维生素 E、维生素 B_1、甾醇、磷脂等。

【药用功效】 叶（药材名：紫苏叶）、梗（药材名：紫苏梗）和种子（药材名：紫苏子）入药；叶能解表散寒、行气和胃，主治风寒感冒、咳嗽、胸腹胀满、恶心呕吐；梗能理气宽中，主治胸脘胀闷、嗳气呕吐、胎动不安；种子能降气、消痰，主治咳逆上气、痰多喘急。地上部分（药材名：紫苏）功能主治同叶，但发散力稍缓。

【栽培管理要点】

选地整地 紫苏对气候、土壤适应性都很强，最好选择阳光充足、排水良好、疏松肥沃的沙质壤土、壤土，重黏土生长较差。土壤耕翻深 15 cm，耙平、整细、作畦，畦和沟宽 200 cm，沟深 15～20 cm。

松土 植株生长封垄前要勤除草，直播地要注意间苗和除草，条播地苗高 15 cm 时，按 30 cm 定苗，多余的苗用来移栽。直播地的植株生长快，如果密度高，造成植株徒长，不分枝或分枝的很少。虽然植株高度能达到，但植株下边的叶片较少，光和空气不足都脱落了，影响叶产量和紫苏油的产量。同时，茎多叶少，也影响全草的规格，故不早间苗。育苗田从定植至封垄，松土除草 2 次。

温度 喜温暖湿润的气候。种子在地温 5℃ 以上时即可萌发，适宜的发芽温度 18～23℃。苗期可耐 1～2℃ 的低温。植株在较低的温度下生长缓慢。夏季生长旺盛。开花期适宜温度是 22～28℃，相对湿度 75%～80%。较耐湿，耐涝性较强，不耐干旱，尤其是在产品器官形成期，如空气过于干燥，茎、叶粗硬、纤维多、品质差。对土壤的适应性较广，在较阴的地方也能生长。

追肥 紫苏生长时间比较短，定植后 2.5 个月即可收获全草，又以全草入药，施肥以氮肥为主。在封垄前集中施肥。直播和育苗地，苗高 30 cm 时追肥，在行间开沟每公顷施人粪尿 15 000～22 500 kg 或硫酸铵 112.5 kg，过磷酸钙 150 kg，松土培土把肥料埋好。第 2 次在封垄前再施 1 次肥，方法同上。但此次施肥注意不要碰到叶片。

灌溉 播种或移栽后，如遇干旱无雨，及时浇水。雨季注意排水，疏通作业道，防止积水乱根和脱叶。

采收加工 采收紫苏要选择晴天收割，香气足，方便干燥；采收叶入药应在 7 月下旬至 8 月上旬，紫苏未开花时进行。采收梗应在 9 月上旬开花前，花序刚长出时，用镰刀从根部割下，把植株倒挂在通风背阴的地方晾干，干后把叶子打下药用。采收种子应在 9 月下旬至 10 月中旬种子果实成熟时，割下果穗或全株，扎成小把，晒数天后，脱下种子晒干，每公顷产 1 125～1 500 kg。在采种子的同时注意选留良种，选择生长健壮的、产量高的植株，等到种子充分成熟后再收割，晒干脱粒，作为种用。

131. 藿香

【学名】 *Agastache rugosa*（Fisch. & C. A. Mey.）Kuntze。

【蒙名】 乌努日根。

【别名】 合香、藿香、苍告、山茴香、山灰香、红花小茴香、家茴香。

【分类地位】 唇形科藿香属。

【形态特征】 多年生草本，高约 1 m。茎直立，四棱形，上部分枝。叶卵形至披针状卵形，长 4～10 cm，宽 2～6 cm，先端尾状长渐尖，基部浅心形或近截形，边缘具粗牙齿，上面被微毛，下面被微柔毛及腺点。轮伞花序，具多数花，在主茎或分枝上组成顶生密集的圆柱形穗状花序；花萼管状钟形，长 5～7 mm，被微柔毛及黄色小腺体，多少呈浅紫色，萼齿三角状披针形，花冠浅紫蓝色，长 8～9 mm，外面被微柔毛，二唇形，上直立，先端微缺，下唇 3 裂，中裂片较大，平展，边缘波状；雄蕊伸出花冠；花柱与雄蕊近等长，先端 2 裂相等。小坚果卵状矩圆形，腹面具棱，先端被短硬毛，褐色。花期 6—9 月，果期 9—11 月。

【分布】 内蒙古有栽培。中国广泛分布于各地，常见栽培，供药用。俄罗斯、朝鲜、日本及北美洲等也有分布。

【生境】 为森林中生性植物。

【食用部位及方法】 藿香的食用部位一般为嫩茎、叶，为野味之佳品，可凉拌、炒食、炸食，也可做粥，还可作为烹饪佐料或材料。因其具有健脾益气的功效，是一种既是食品又是药品的烹饪原料，某些比较生僻的菜肴和民间小吃中利用其丰富口味，增加营养价值。

【营养成分】 藿香是高钙、高胡萝卜素食品，每 100 g 嫩叶含蛋白质 8.6 g、脂肪 1.7 g、碳水化合物 10 g、胡萝卜素 6.38 mg、维生素 B_1 0.1 mg、维生素 B_2 0.38 mg、烟酸 1.2 mg、维生素 C 23 mg、钙 580 mg、磷 104 mg、铁 28.5 mg，全草含芳香挥发油 0.5%，油中主要为甲基胡椒酚（约占 80%）、柠檬烯、α-蒎烯和 β-蒎烯、对伞花烃、芳樟醇、I-丁香烯等，对多种致病性真菌都有一定的抑制作用，芳香挥发油是制造多种中成药的原料。

【药用功效】 全草入药，能止呕吐、清暑，主治霍乱腹痛，驱逐肠胃充气；果可作香料；叶、茎均富含挥发性芳香油，有浓郁的香味，为芳香油原料。

【栽培管理要点】

整地播种 苗床以选择排灌、管理方便、肥力中上的壤土或沙壤土地块为好；结合翻耕每公顷施腐熟粪 22.5 t 作基肥；然后开沟敲细土堡，整成边宽 1.5 m 宽的龟背形苗床，用腐熟人粪尿 7.5 t 浇湿畦面，将种子拌细沙或草木灰均匀撒于畦面，用细泥：草木灰＝1∶0.5 的肥土覆盖厚约 1 cm；最后用竹片或小树枝在畦面上间隔约 80 cm 架成小拱形盖上薄膜保温育苗。一般每公顷需要苗床 120～150 m²、种子 2.25～2.7 kg。

田间管理 温度管理，气温保持在 20～25℃时，10～15 d 出苗，出苗率达 70% 时，揭去薄膜，适宜生长温度 18～25℃，当年春播的藿香在苗高 12 cm，主茎有 5 对叶子时，基部的叶腋开始发生分枝，6 月以后，气温升高，雨季来临，藿香进入生长旺盛期。水肥管理，藿香茎、叶均作药用，施肥以"全肥"为好（包括氮、磷、钾）如人畜粪、油饼等。第 1 次追肥在苗高 3 cm 松土后每平方米施腐熟稀薄人畜粪水 1.5～2 kg，以后分别在苗高 7～10 cm、15～20 cm、25～30 cm 时，中耕除草后，每次每亩施腐熟人畜粪水 1 500 kg，或每亩施磷酸二铵 10～12 kg，施肥后应浇水，封垄后不再追肥。旱季要及时浇水，抗旱保苗，雨季及时疏沟排水，防止积水引起植株烂根。中耕除草间苗，当苗高 3 cm，及时间去过密苗，使幼苗营养面积 4 cm²，或进行分苗，分苗株距 6～8 cm。穴播的藿香每穴留 3～4 株，条播可按株距 10～12 cm 间苗，2 行错开定苗；缺苗要在阴天补栽，栽后浇 1 次稀薄人畜粪水，利于成活。第 1 次收获前中耕除草 2～3 次，分别在苗高 3 cm、12～15 cm、21～24 cm 时进行。苗高 25～30 cm 时第 2 次收割后培土 6 cm 护根。排水抗旱，藿香喜微潮土壤环境，在播种、移栽后，如遇干旱无雨，及时浇（灌）水抗旱护苗；多雨天气及灌水后，及时清沟排水，防止积水烂根。

132. 益母草

【学名】 *Leonurus artemisia*（Laur.）S. Y. Hu。

【蒙名】 都日伯乐吉-额布斯。

【别名】 野麻、九重楼、野天麻、益母花、童子益母草。

【分类地位】 唇形科益母草属。

【形态特征】 一年生或二年生草本，高 30～80 cm。茎直立，钝四棱形，微具槽，被倒向糙伏毛，棱上尤密，基部近于无毛，分枝。叶形变化较大，茎下部叶轮廓为卵形，基部宽楔形，掌状 3 裂，裂片矩圆状卵形，长 2.6～6 cm，宽 5～12 mm，叶柄长 2～3 cm，中部叶轮廓为菱形，基部狭楔形，掌状 3 半裂或 3 深裂，裂片矩圆状披针形；花序上部的苞叶呈条形或条状披针形，长 2～7 cm，宽 2～8 mm，全缘或具稀少缺刻；轮伞花序，腋生，多花密集，轮廓为圆球形，直径 2 cm，多数远离而组成长穗状花序；小苞片刺状，比萼筒短；无花梗；花萼管状钟形，长 4～8 mm，外面贴生微柔毛，里面在离基部 1/3 处以上被微柔毛，齿 5，前 2 齿靠合，较长，后 3 齿等长，较短；花冠粉红色至淡紫红色，长 7～10 mm，伸出于萼筒部分的外面被柔毛，冠檐二唇形，上唇直伸，下唇与上唇等长，3裂；雄蕊4，前对较长，花丝丝状；花柱丝状，无毛。小坚果矩圆状三棱形，长2.5 mm。花期6—9月，果期9—10月。

【分布】 内蒙古分布于东部、中部、南部等地区。中国分布于各地。俄罗斯、朝鲜、日本，亚洲、非洲、美洲等也有分布。

【生境】 中生杂草。生长于田野、沙地、灌丛、疏林、草甸草原、山地草甸等。

【食用部位及方法】 新鲜的益母草可腌制、炒菜和煲汤。

【营养成分】 嫩茎、叶含蛋白质、碳水化合物等多种营养成分。

【药用功效】 全草入药，有效成分为益母草素，内服可扩张血管而使血压下降，并有拮抗肾上腺素的作用，可治动脉硬化性和神经性的高血压，又能增加子宫运动的频度，为产后促进子宫收缩药，并对长期子宫出血而引起衰弱者有效，主治妇女闭经、痛经、月经不调、产后出血过多、恶露不尽、产后子宫收缩不全、胎动不安、子宫脱垂、赤白带下等症。近年来，益母草用于肾炎水肿、尿血、便血、牙龈肿痛、乳腺炎、丹毒、痈肿疔疮均有效。嫩苗入药，称童子益母草，功效同益母草，并有补血作用。花主治贫血体弱。种子称茺蔚、三角胡麻、小胡麻，能利尿、治眼疾，也可用于治疗肾炎水肿、子宫脱垂。

【栽培管理要点】 益母草分早熟益母草和冬性益母草，均采用种子繁殖，以直播方法种植，育苗移栽者也有，但产量较低，仅为直播的60%，多不采用。播种期因品种习性不同而异，冬性益母草必须秋季播种，均可开花结果，播种按行距27 cm，穴距20 cm，深3～5 cm，开浅穴。

种植方法　播种前将种子混入火灰或细土杂肥，再用人畜粪尿和新高脂膜拌种，驱避地下病虫，隔离病毒感染，加强呼吸强度，提高种子发芽率。选当年新鲜的、发芽率一般在80%以上的种子。穴播者每亩一般备种400～450 g，条播者每亩备种500～600 g。

整地　播种前整地，每亩施堆肥或腐熟厩肥1 500～2 000 kg作底肥，施后耕翻，耙细、整平。条播作130 cm宽的高畦，穴播者可不作畦，但均要根据地势，因地制宜开好大小排水沟。

播种　整地下种后，再用新高脂膜600～800倍液喷土壤表面，可保墒、防水分蒸发、防晒抗旱、防土层板结、窒息和隔离病虫源、提高出苗率。及时间苗、补苗，中耕除草，追肥浇水，雨季雨水集中时，要防止积水，适时排水。并在植物表面喷施新高脂膜，增强肥效，防止病菌侵染，提高抗自然灾害能力，提高光合作用效能，保护幼苗苗壮成长。并适时喷施蔬菜壮茎灵使茎粗壮、植株茂盛。同时可提升抗灾害能力，减少农药化肥用量，降低残毒。同时要加强对病虫害的综合防治，应遵循有病治病、有虫杀虫、无者则防的原则并喷施新高脂膜增强防治效果。早熟益母草秋播、春播、夏播均可，冬性益母草必须秋播。春播以雨水至惊蛰期间（2月下旬至3月上旬）为宜；北方为利用夏季休闲地，采用夏播，在芒种收麦以后种植，产量不高；低温地区多采取秋播，以秋分至寒露期间（9月下旬至10月上旬）土壤湿润时最好。秋播播种期的选择，直接关系到产品的产量和质量，过早，易受蚜虫侵害；过迟，则受气温低和土壤干燥等影响，当年不能发芽，翌年春分至清明才能发芽，且发芽不整、不齐，多不能抽薹开花。播种分条播、穴播和撒播。平原地区多采用条播，坡地多采用穴播，撒播管理不方便，多不采用。播种前，将种子混入火灰或细土杂肥，再用人畜粪尿拌种，湿度以能够散开为度，一般每亩用火灰或土杂肥 250～300 kg、人畜粪尿 35～40 kg。条播者在畦内开横沟，沟心距约 25 cm，播幅 10 cm 左右，深 4～7 cm，沟底要平，播前在沟中施人畜粪尿 2 500～3 000 kg，然后将种子灰均匀撒入，不必盖土。穴播者，按穴行距各约 25 cm 开穴，穴直径 10 cm 左右，深 3～7 cm，穴底要平，先在穴内每亩施1 000～1 200 kg 人畜粪尿后，再均匀撒入种子灰，不必盖土。

田间管理 苗高 5 cm 左右间苗，陆续进行 2～3 次；苗高 15～20 cm 定苗。条播采取错株留苗，株距在 10 cm 左右；穴播每穴留苗 2～3 株。间苗时发现缺苗，及时移栽补植。中耕除草：春播者，中耕除草 3 次，分别在苗高 5 cm、15 cm、30 cm 左右时进行；夏播者，按植株生长情况适时进行；秋播者，在当年以幼苗长出 3～4 片真叶时进行第 1 次中耕除草，翌年再中耕除草 3 次，方法与春播相同。中耕除草时，耕翻不要过深，以免伤根；幼苗期中耕，要保护好幼苗，防止被土块压迫，更不可碰伤苗茎；最后一次中耕后，要培土护根。追肥：每次中耕除草后浇水，要追肥 1 次，以施氮肥为佳，用尿素、硫酸铵、饼肥或人畜粪尿均可，追肥时要注意浇水，切忌肥料过浓，以免伤苗。尤其是在施饼肥时，强调打碎后，用水腐熟透加水稀释后再施用。雨季雨水集中时，防止积水，适时排水。

133. 地笋

【学名】 *Lycopus lucidus* Turcz.。

【蒙名】 给拉嘎日-额布斯。

【别名】 提娄、地参。

【分类地位】 唇形科地笋属。

【形态特征】 多年生草本，高 0.6～1.7 m。根茎横走，具节，节上密生须根，先端肥大呈圆柱形，此时于节上具鳞叶及少数须根，或侧生有肥大的具鳞叶的地下枝。茎直立，通常不分枝，四棱形，具槽，绿色，常于节上多少带紫红色，无毛，或在节上疏被小硬毛。叶具极短柄或近无柄，长圆状披针形，多少弧弯，通常长 4～8 cm，宽1.2～2.5 cm，先端渐尖，基部渐狭，边缘具锐尖粗牙齿状锯齿，两面或上面具光泽，亮绿色，两面均无毛，下面具凹陷的腺点，侧脉 6～7 对，中脉在上面不显著下面突出。轮伞花序无梗，轮廓圆球形，花时直径 1.2～1.5 cm，多花密集，其下承以小苞片；小苞片卵圆形至披针形，先端刺尖，位于外方者超过花萼，长达 5 mm，具 3 脉，位于内方者，长 2～3 mm，短于或等于花萼，具 1 脉，边缘均被小纤毛；花萼钟形，长3 mm，两面无毛，外面具腺点，萼齿 5，披针状三角形，长 2 mm，具刺尖头，边缘被小缘毛；花冠白色，长 5 mm，外面在冠檐上具腺点，内面在喉部被白色短柔毛，冠筒长约 3 mm，冠檐不明显二唇形，上唇近圆形，下唇 3 裂，中裂片较大；雄蕊仅前对能育，超出花冠，先端略下弯，花丝丝状，无毛，花药卵圆形，2室，室略叉开，后对雄蕊退化，丝状，先端棍棒状；花柱伸出花冠，先端相等2浅裂，裂片线形；花盘平顶。小坚果倒卵圆状四边形，基部略狭，长1.6 mm，宽1.2 mm，褐色，边缘加厚，背面平，腹面具棱，有腺点。花期6—9月，果期8—11月。

【分布】 内蒙古分布于呼伦贝尔、通辽。中国分布于黑龙江、吉林、辽宁、河北、陕西、四川、贵州、云南等地。俄罗斯、日本等也有分布。

【生境】 湿中生植物。生长于森林区、森林草原带的河滩草甸、沼泽化草甸、其他低湿地。

【食用部位及方法】 春季、夏季可采摘嫩茎、叶凉拌、炒食、做汤。晚秋以后采挖出的地下膨大的白色匍匐茎鲜食或炒食，或做酱菜等，口味堪称野菜珍品。

【营养成分】 含有丰富的淀粉、蛋白质、矿物质，还含有泽兰糖、葡萄糖、丰乳糖、蔗糖、水苏糖等，可为人体提供丰富的能量。地笋每100 g鲜品中含蛋白质4.3 g、脂肪0.7 g、碳水化合物9 g、粗纤维4.7 g、胡萝卜素6.33 mg、烟酸1.4 mg、还含有维生素B_1、B_2、C以及各种矿质元素、挥发油、鞣酸、酚类、泽兰糖、水苏糖、半乳糖、氨基酸等。

【药用功效】 能降血脂、通九窍、利关节、养气血、活血化瘀、行水消肿，主治月经不调、经闭、痛经、产后瘀血腹痛、水肿等症。

【栽培管理要点】 在采挖根茎时，选白色、粗壮、幼嫩的根茎，切成长10～15 cm的小段，按行距30～45 cm、株距15～20 cm，立即栽种，每穴栽2～3段，覆土厚5 cm，稍镇压后浇水。冬种的于翌年春季出苗，春种10 d左右出苗。每公顷用种量750～900 kg。种子采收后，于3—4月条播，行距30 cm，播后覆土，稍加镇压。种子发芽率50%～60%。土壤温度17～20℃，有足够的温度播种后，约10 d出苗。每公顷播种量3.75 kg。幼苗期注意除草、松土。当苗高30 cm，封垄以后，可以不干地除草，但此时应注意浇水，保持土壤湿润。苗高10～15 cm及第1次收割以后，都应追肥，施用腐熟人畜粪水，或每公顷施用硫酸铵2 225～3 000 kg。种植2～3年后，植株丛生，翻栽。夏秋季间，茎、叶生长繁茂。在开花前，收地上全草。南方在4月上中旬开始收获，1年可收2～3次。但对挖根状茎入药以及作种茎用的留种地，生长期中不可收割地上部分。收后，切段晒平。根状茎采挖后，洗净、晒干。

134. 草石蚕

【学名】 *Stachys siebol* Diimiquel。

【别名】 地蚕、甘露子、甘露儿、土蛹、宝塔菜、土虫草。

【分类地位】 唇形科。

【形态特征】 多年生草本。根状茎匍匐，其上密集须根及在顶端有患球状肥大块茎的横走小根状茎。茎高30～120 m，在棱及节上被硬毛。叶对生；叶柄长1～3 cm；叶片卵形或长椭圆状卵形，长3～12 cm，宽1.5～6 cm，先端微锐尖或渐尖，基部平截至浅心形，边缘具规则的圆齿状锯齿，两面被贴生短硬毛；轮伞花序通常具花6朵，多数远离排列成长5～15 cm的顶生假穗状花序；小苞片条形，被微柔毛；花萼狭钟状，连齿长约9 mm，外被具腺柔毛，10脉，齿5，三角形，具刺尖头；花冠粉红色至紫红色，长约1.2 cm，筒内被毛环，上唇直立，下唇3裂，中裂片近圆形。小坚果卵球形，黑褐色，具小瘤。花期7—8月，果期9月。

【分布】 原产于亚洲东部。中国分布于河北、山西、江苏、安徽、四川、浙江等地，野生或栽培。

【食用部位及方法】 5月，挖地下茎蒸食或煮食，味道像百合；或者用萝卜卤和盐水处理、收藏，使它的地下茎不至变黑；也可用酱汁浸泡或掺入蜜后储藏。既可做菜，又可充当果品。

【营养成分】 含水苏碱、水苏糖、蛋白质、氨基酸、脂肪、葫芦巴碱等成分。

【药用功效】 主治风热感冒、虚劳咳嗽、黄疸、淋症、疮毒肿痛、毒蛇咬伤。

【栽培管理要点】 喜温暖，忌高温潮湿，生长适宜温度15～25℃。栽培土质以肥沃的沙质土壤为佳，排水需良好，滞水不退易腐烂。可用扦插繁殖或块茎繁殖。

四十二、茄科

135. 黑果枸杞

【学名】 *Lyeium ruthenicum* Murray。

【蒙名】 哈日-侵娃音-哈日漠格。

【别名】 苏枸杞、黑枸杞。

【分类地位】 茄科枸杞属。

【形态特征】 多棘刺灌木，高20～60 cm。多分枝；分枝斜升或横卧于地面，白色或灰白色，常呈"之"字形曲折，具不规则的纵条纹，小枝顶端渐尖呈棘刺状，节间短，每节具短棘刺。叶2～6枚簇生于短枝上（幼枝上则为单叶互生），肥厚肉质，条形、条状披针形或条状倒披针形，先端钝圆，基部渐狭，两侧有时稍向下卷，中脉不明显；近无柄。花1～2朵着生于短枝上；花萼狭钟状，不规则2～4浅裂，裂片膜质，边缘被稀疏缘毛；花冠漏斗状，浅紫色，筒部向檐部稍扩大，先端5浅裂，裂片矩圆状卵形，长为筒部的1/2～1/3，无缘毛；雄蕊稍伸出花冠，着生于花冠筒中部。浆果紫黑色，球形，有时顶端稍凹陷。花期6—7月。

【分布】 内蒙古分布于巴彦淖尔、阿拉善。中国分布于陕西北部、宁夏、甘肃、青海、新疆、西藏等地。亚洲中部、高加索地区、欧洲也有分布。

【生境】 耐盐中生灌木。常生长于盐化低地、沙地或路旁、村舍。

【食用部位及方法】 果实富含蛋白质、枸杞多糖、氨基酸、维生素、矿物质、微量元素等多种营养成分，还含有丰富的黑果色素（天然原花青素，简称OPC），其OPC

含量超过蓝莓，截至 2016 年发现的 OPC 含量最高的天然野生植物，可泡水饮用。

【栽培管理要点】 直播种子在室内 20℃条件下催芽处理。播种时间为 4 月初，播种时，开浅沟条播，种子撒入沟内，覆土厚 2～3 cm，轻踏后浇水。扦插育苗选择母树树冠中上部无破皮、无虫害一年生中间枝和徒长枝，枝条粗 0.4～0.8 cm，截成长 15～20 cm 的插条，每段插条具有 3～5 个芽，上端切成平口，下端剪切成斜口将插条下端浸入水中 5 cm，浸泡时间约 24 h，至插条顶端髓心湿润为宜。扦插于 4 月中下旬萌发前或秋季进行，按 40 cm 行距开沟，沟深 10～20 cm，将扦插条按 6～10 cm 株距摆在沟壁一侧，填土踏实，扦插条上端露出地面约 1 cm（留 1～2 个节），保持土壤湿润。采用冬季移植方法，11 月初幼苗高 20～30 cm、根扎土深 40～50 cm 时移植。按行距 1.8 m、株距 1.2 m 的间隔种植，每穴施入少量腐熟有机肥与表土混匀，剪短过长的根。浇水、施肥、清除杂草等按要求进行。5—8 月中耕除草 4 次，于每次灌水后结合松土进行施肥、中耕除草，深度 8～10 cm。苗高 20 cm 以上时，选 1 枝健壮枝作主干，将其余萌生的枝条剪除。苗高 40 cm 以上时，将主干摘心。休眠期修剪主要是剪除冠顶、膛内、主干、根茎、植株着生的无用徒长枝及结果枝上过密的细弱枝、老结果枝和冠层病枝、虫枝、残枝。病虫害防治可清除病花、病果，用退菌特或代森锰锌喷雾防治。蚜虫可用 40% 乐果 1 000 倍液喷雾防治。

136. 宁夏枸杞

【学名】 *Lycium barbarum* L.。

【蒙名】 宁夏音-侵娃音-哈日漠格。

【别名】 山枸杞、白疙针。

【分类地位】 茄科枸杞属。

【形态特征】 粗壮灌木，高 2.5～3 m。分枝较密，披散或略斜升，有生叶和花的长刺及不生叶的短而细的棘刺。具纵棱纹，灰白色或灰黄色。单叶互生或数片簇生于短枝上，长椭圆状披针形、卵状矩圆形或披针形，先端短渐尖或锐尖，基部楔形并下延成叶柄，全缘。花腋生，常 1～2（6）朵簇生于短枝上；花萼杯状，先端通常 2 中裂，有时其中 1 裂片再微 2 齿裂；花冠漏斗状，花冠筒明显长于裂片，中部以下稍窄狭，粉红色或淡紫红色，具暗紫色条纹，先端 5 裂，裂片无缘毛；花丝基部稍上处及花冠筒内壁密被 1 圈茸毛。浆果宽椭圆形，红色。花期 6—8 月，果期 7—10 月。

【分布】 内蒙古分布于包头、鄂尔多斯、阿拉善、呼和浩特。中国分布于河北、山西、陕西等北部及宁夏、甘肃、新疆、青海等地。亚洲中部、欧洲也有分布。

【生境】 中生灌木。生长于河岸、山地、灌溉农田的地埂、水渠旁。内蒙古西部地区已广为栽培，品质优良。

【食用部位及方法】 果实为保健品，可食也可茶饮及烹饪。

【药用功效】 果实入药（药材名：枸杞子），能滋补肝肾、益精明目，主治目晕、眩晕、耳鸣、腰膝酸软、糖尿病；蒙医也用（蒙药名：旁米巴勒），能活血、散瘀，主治乳腺炎、血痞、心热、阵热、血盛症。根皮入药（药材名：地骨皮），能清虚热、凉血，主治阴虚潮热、盗汗、心烦、口渴、咳嗽、咯血。

【栽培管理要点】 栽培地选择含盐量 0.5% 以下、有机质含量高的沙壤或轻壤土。播种前一年秋季每公顷施有机肥 75 000 kg、碳铵 750 kg，深翻，灌好冬水。翌年 5 月上旬开始播种，采用条播，行距 35～45 cm，开沟深 2～3 cm，沟宽 5 cm，每公顷播种量 67.5～78 kg，播种后覆土 2 cm 左右，轻轻耙平，然后覆盖 0.5～1 cm 的消毒麦草保墒。播种育苗后一般 9～15 d 出苗，生长季节 6—8 月要掌握天气及土壤湿度，小水漫灌 3～5 次，干旱荒漠区灌水 4～6 次。结合灌水，于 6—7 月追施尿素 2 次，每次每公顷施 112 kg，并松土除草 3～4 次。5 月中旬进行第 1 次病虫害防治，施用 2.5% 的敌杀死 6 000 倍 +40% 溴螨酯 4 000 倍混剂喷雾。根据虫情一般在整个发育期防治 4～6 次。

137. 枸杞

【学名】 *Lycium chinensis* Mill。

【蒙名】 侵娃音-哈日漠格。

【别名】 枸杞子、狗奶子。

【分类地位】 茄科枸杞属。

【形态特征】 灌木，高达 1 m。多分枝，枝细长柔弱，常弯曲下垂，具棘刺，淡灰色，有纵条纹。单叶互生或于枝下部数簇生，卵状狭菱形至卵状披针形、卵形、长椭圆形，先端锐尖，基部楔形，全缘，两面均无毛；花常 1～2（5）朵簇生于叶腋；花萼钟状，先端 3～5 裂，裂片多少被缘毛；花冠漏斗状，紫色，先端 5 裂，裂片向外平展，与管部几等长或稍长，边缘密被缘毛，基部耳显著；雄蕊花丝长短不一，稍短于花冠，基部密被 1 圈白色茸毛。浆果卵形或矩圆形，深红色或橘红色。花期 7—8 月，果期 8—10 月。

【分布】 内蒙古赤峰、乌兰浩特有栽培。中国广布于各地。亚洲东部、欧洲也有分布。

【生境】 中生植物。生长于路旁、村舍、田埂、山地丘陵的灌丛。

【食用部位及方法】 药用果实、根皮，功效与宁夏枸杞同。

【栽培管理要点】 选择肥沃、地势高燥、排水良好的沙壤土，怕积水。每亩施有机肥 5 000 kg、二铵 15 kg，深松土 30 cm 与肥料拌匀。6—7 月开沟播种，每亩播种量 200～300 g，播前用多菌灵等农药拌种，防立枯病，播种后盖土 1.5 cm，保持土壤湿润。选择成熟无病害的枝条扦插，剪成长 10 cm，浸入清水中备用，以 20 cm×8 cm 株行距，将枝条插入膜下 1/2，地上露 2 节，出苗后只留 1 个壮芽（如播种，最好用 40℃水浸种 24 h 之后再播）。栽植后要对幼树整形，在距地面 40～50 cm 处留 4～5 个壮枝，其余剪掉。当新枝长至 30 cm 时，剪留 20 cm，待侧枝长至 30 cm 时，再剪留 20 cm，这样基本骨架就已形成了。成树修剪要经常疏除扫地枝、病弱枝、交叉枝。病虫害防治清除病花、病果，用代森锰锌或退菌特喷洒防治；蚜虫防治用 40% 乐果 1 000 倍喷杀。

138. 龙葵

【学名】 *Solanum nigrum* L.。

【蒙名】 闹害音-乌吉马。

【别名】 克茄子。

【分类地位】 茄科茄属。

【形态特征】 一年生草本，高 0.2～1 m。茎直立，多分枝。叶卵形，具不规则的波状粗齿或全缘，两面光滑或疏被短柔毛。花序短蝎尾状，腋外生，下垂，具花 4～10 朵；花萼杯状；花冠白色，辐射状，裂片卵状三角形；子房卵形，花柱中部以下被白色茸毛。浆果球形，熟时黑色；种子近卵形，压扁状。花期 7—9 月，果期 8—10 月。

【分布】 内蒙古分布于乌兰察布、鄂尔多斯、呼和浩特、包头。中国各地均有分布。广布于世界温带和热带地区。

【生境】 中生植物。生长于路旁、村边、水沟边。

【食用部位及方法】

【药用功效】 全草药用，能清热解毒、利尿、止血、止咳，主治疔疮肿毒、气管炎、癌肿、膀胱炎、小便不利、痢疾、咽喉肿痛。

【栽培管理要点】 栽培方式采用保护地栽培，在晚秋、冬季、早春等不良季节，可利用薄膜日光温室及塑料大棚栽培。育苗移栽选用育苗床、育苗盘或木箱及其他容器育苗。施腐熟有机肥作基肥，每 1 000 m² 施 1 t。苗床育苗时将种子均匀撒播在苗床内，然后盖 1 层细土，2 d 浇 1 次水，保持湿润（龙葵不耐干旱，整个生长期要保证水的供应）。室温 20～25℃，一般 7～8 d 出苗，幼苗长至 4～5 片真叶时栽植。移栽后浇水，室温保持在 20～28℃，最高不能超过 30℃。用种子直接播种，每穴深 2 cm，放 3～5 粒种子，穴距 30 cm，出苗后间苗，长的过高时，掐尖去杈，结果率也很高。出苗后留单株，行距和株距与育苗移栽相同。如发生蚜虫和二十八星瓢虫虫害时用敌杀死 2 500～3 000 倍液喷洒灭虫。

139. 酸浆

【学名】 *Physalis alkekengi* L.。

【蒙名】 斗-姑娘。

【别名】 红姑娘、锦灯笼。

【分类地位】 茄科酸浆属。

【形态特征】 多年生草本，基部常匍匐生根。茎高 40～80 cm，基部略带木质，分枝稀疏或不分枝，茎节不甚膨大，常被柔毛，尤其以幼嫩部分较密。叶长 5～15 cm，宽 2～8 cm，长卵形至阔卵形，有时菱状卵形，顶端渐尖，基部不对称狭楔形、下延至叶柄，全缘而波状或者具粗牙齿，有时每边具少数不等大的三角形大牙齿，两面被柔毛，沿叶脉较密，上面的毛常不脱落，沿叶脉也被短硬毛；叶柄长 1～3 cm。花梗长 6～16 mm，开花时直立，后来向下弯曲，密被柔毛且果时也不脱落；花萼阔钟状，长约 6 mm，密被柔毛，萼齿三角形，边缘被硬毛；花冠辐射状，白色，直径 15～20 mm，裂片开展，阔而短，顶端骤然狭窄成三角形尖头，外面被短柔毛，边缘被缘毛；雄蕊及花柱均较花冠为短。果梗长 2～3 cm，多少被宿存柔毛；果萼卵状，长 2.5～4 cm，直径 2～3.5 cm，薄革质，网脉显著，有 10 纵肋，橙色或火红色，被宿存柔毛，顶端闭合，基部凹陷；浆果球状，橙红色，直径 10～15 mm，柔软多汁；种子肾形，淡黄色，长约 2 mm。花期 5—9 月，果期 6—10 月。

【分布】 内蒙古呼伦贝尔及西部地区有栽培。中国分布于甘肃、陕西、河南、湖北、四川、贵州、云南。欧亚大陆也有分布。

【生境】 中生植物。常生长于空旷地或山坡、溪边、田野、住宅旁。

【食用部位及方法】 果实可食用，是营养较丰富的水果、蔬菜，可生食、糖渍、醋渍或制作果浆，香味浓郁，味鲜美。

【营养成分】 浆果富含维生素 C、β- 胡萝卜素、20 多种矿质元素和 18 种人体需要的氨基酸。

【药用功效】 能清热、解毒、利尿、降血压、强心、抑菌，主治热咳、咽痛、哑、急性扁桃体炎、小便不利、水肿等。

【栽培管理要点】 一般在风障阳畦或日光温室中建育苗畦。育苗初期外界温度较低，为提高地温，建畦播种前 15～20 d 应扣严塑料薄膜，夜间加盖草苫。苗床每公顷施腐熟的有机肥 30 000 kg，浅翻、耙平，作成平畦。播前浇水，水渗下后播种。种子可用 45℃ 的温水浸种，或用 0.01% 的高锰酸钾液浸泡 10 min，防止种子携带病毒等病菌；然后用清水浸种 12 h，捞出，放在 20～30℃ 的温度条件下催芽；待 80% 的种子露白后播种。撒种后覆土 0.5～1 cm。立即扣严塑料薄膜，夜间加盖草苫，提高苗床温度，白天保持 20～25℃，夜间 10～15℃，在最严寒季节，苗床温度不应低于 5℃。出苗后进行间苗，间除过密、并生、伤残弱苗。在 2～3 叶期，进行分苗，分苗株行距为 10 cm×10 cm。苗期保持土壤见干见湿。小苗期外界温度低，蒸发量小，可不浇水。分苗期外界温度渐高，可 7～10 d 浇 1 水。如苗床缺肥，可追复合肥 1 次，每公顷施 100～150 kg。定植地每公顷施腐熟有机肥 45 000～75 000 kg，深翻、耙平，作成平畦。定植应在晚霜过后进行。秧苗 6～7 叶期第 1 朵花初开时为定植适期。定植时应仔细起苗，少伤根系，利于缓苗。每公顷定植密度 75 000 株左右，株行距为 (25～28) cm×(65～70) cm。定植缓苗后，结合浇水追催苗肥，每公顷穴施或沟施腐熟的人粪尿 7 500 kg，或尿素 160 kg。第 1 果实膨大后追第 2 次肥，每公顷施复合肥 225～300 kg，以促进果实发育和植株生长。采收中后期可根据植株生长情况追肥。如基肥不足，追复合肥 300 kg。有条件时根外追肥，把尿素或复合肥配成 0.2%～0.3% 的水溶液，每 3～5 d 叶面喷施 1 次。如果叶片肥大，节间过长，有徒长的表现，可喷

0.2% 磷酸二氢钾液控制。酸浆分枝多、匍匐性强，必须进行搭架。一般用竹竿插入土中，搭成"人"字架或篱壁架。植株每长 30 cm 即人工绑蔓 1 次。酸浆生长期为了抑制营养生长，促进生殖生长，避免枝叶过多影响通风透光，避免结果延迟，应及时进行整枝打杈。整枝分为双干式、三干式、多干式等，双干式为每株留 2 个主干向上延伸，余侧枝及早摘除；三干式为每株保留 3 个主干，余侧枝及早摘除；多干式为每株保留 4～5 个主干向上延伸，余侧枝及早摘除。在整枝过程中，主干越少，越有利于早熟，但总产量不高。多干式整枝，总产量较高，但成熟较晚。结合绑蔓，应及时摘除侧枝、杈枝。在拔秧前 40 d 摘去顶心，使其停止生长，集中养分结果。摘心后及时打杈，防止侧枝丛生。在保证一定量果实的基础上，要疏去过多、过密的花和幼果，使养分集中结较大的果实。疏果要早要轻，留果位置在植株上分布应均匀。开花早期可使用防落素 20 mg/L 液沾花，防止落花落果。

四十三、玄参科

140. 地黄

【学名】 *Rehmannia glutinosa*（Gaert.）Libosch. ex Fisch. et Mey.。

【蒙名】 呼如古伯亲-其其格。

【分类地位】 玄参科地黄属。

【形态特征】 多年生草本，高 10～30 cm。全株密被白色或淡紫褐色长柔毛及腺毛。根状茎先直下然后横走，细长条状，弯曲。茎单一或基部分生数枝，紫红色，茎上很少有叶片。叶通常基生，呈莲座状，倒卵形至长椭圆形，先端钝，基部渐狭成长叶柄，边缘具不整齐的钝齿至牙齿，叶面多皱，上面绿色，下面通常淡紫色，被白色长柔毛和腺毛。总状花序顶生；苞片叶状，比叶小得多，比花梗长；花多少下垂；花萼钟状或坛状，萼齿 5，矩圆状披针形、卵状披针形或多少三角形，花冠筒状而微弯，外面紫红色，里面黄色有紫斑，两面均被长柔毛，下部渐狭，顶部二唇形，上唇 2 裂反折，下唇 3 裂片伸直，顶端钝或微凹；雄蕊着生于花冠筒近基部；柱头 2 裂。蒴果卵形，被短毛，先端具喙，室背开裂；种子多数，卵形、卵球形或矩圆形，黑褐色，表面具蜂窝状膜质网眼。花期 5—6 月，果期 7 月。

【分布】 内蒙古分布于赤峰、呼和浩特、包头、巴彦淖尔、鄂尔多斯、阿拉善。中国分布于辽宁、陕西、甘肃、宁夏、山东、河南、江苏、湖北及华北地区。

【生境】 旱中生植物。生长于山地坡麓、路边。

【食用部位及方法】

【药用功效】 根状茎入药（药材名：地黄），鲜地黄能清热、生津、凉血，主治高热烦渴、咽喉肿痛、吐血、尿血、衄血；生地黄能清热、生津、润燥、凉血、止血，主治阴虚发热、津伤口渴、咽喉肿痛、血热吐血、衄血、便血、尿血、便秘；熟地黄能滋阴补肾、补血调经，主治肾虚、头晕耳鸣、腰膝酸软、潮热、盗汗、遗精、功能性子宫出血、消渴。

【栽培管理要点】 选择土壤肥沃、排水良好、向阳的中性沙壤土，入冬前深翻 25～30 cm，每亩施入充分腐熟的优质圈肥 3 500～4 500 kg，过磷酸钙 25 kg，翻入土中作基肥。种子繁殖时，地温应在 10℃以上播种，按行距 15～20 cm 开沟，沟深 1～2 cm，覆土 1 cm 左右。苗高 3～4 cm 及时间苗，每穴留 1～2 棵苗。出苗后至封垄前应经常松土锄草。幼苗期浅松土 2 次，第 1 次结合间苗锄草进行浅中耕，勿要松动根茎处；第 2 次，苗高 6～10 cm 时可稍深些，茎、叶封垄后，只锄草不中耕。齐苗后到封垄前追肥 1～2 次。前期以氮肥为主，保证旺盛生长，每亩施有机肥 2 000～2 500 kg 或尿素 10～15 kg，后期根茎处于旺盛生长期，以磷钾肥为主，少施氮肥，每亩施磷酸二氢钾和硫酸钾 15～20 kg，尿素 5～10 kg，结合施肥灌水，做好病虫害防治。

141. 细叶婆婆纳

【学名】 *Veronica linariifolia* Pall. ex Link。

【蒙名】 那林-侵达干。

【分类地位】 玄参科婆婆纳属。

【形态特征】 多年生草本。根状茎粗短，具多数须根。茎直立，单生或自基部抽出数条丛生，上部常不分枝，高 30～80 cm，圆柱形，被白色短曲柔毛。叶在下部的常对生，中上部的多互生，条形或倒披针状条形，先端钝尖、急尖或渐尖，基部渐狭成短柄或无柄，中部以下全缘，上部边缘具锯齿或疏齿，两面无毛或被短毛。总状花序单生或复出，细长，长尾状，先端细尖；苞片细条形，短于花，被短毛；花萼筒 4 深裂，裂片卵状披针形至披针形，具茸毛；花冠蓝色或蓝紫色，4 裂，筒部长约为花冠长的 1/3，喉部被毛，裂片宽度不等，后方 1 枚大，圆形；其余 3 枚较小，卵形；雄蕊花丝无毛，明显伸出花冠；花柱细长，柱头头状。蒴果卵球形，稍扁，顶端微凹，花柱与花萼宿存；种子卵形，棕褐色。花期 7—8 月，果期 8—9 月。

【分布】 内蒙古分布于呼伦贝尔、乌兰浩特、通辽、赤峰、锡林郭勒、乌兰察布、呼和浩特、包头、鄂尔多斯。中国分布于东北地区。朝鲜、日本、蒙古国也有分布。

【生境】 旱中生植物。生长于山坡草地、灌丛。

【药用功效】 全草入药，能祛风湿、解毒止痛，主治风湿性关节痛。

【栽培管理要点】 尚无人工引种驯化栽培。

142. 白婆婆纳

【学名】 *Veronica incana* L.。

【蒙名】 查干-侵达干。

【分类地位】 玄参科婆婆纳属。

【形态特征】 多年生草本，高 10～40 cm。全株密被白色毡状绵毛而呈灰白色。根状茎细长，斜走，具须根。茎直立，单一或自基部抽出数条丛生，上部不分枝。叶对生，上部叶互生；下部叶较密集，椭圆状披针形，叶柄长 1～3 cm；中部及上部叶较稀疏，窄而小，常宽条形，无柄或具短柄；全部叶先端钝或尖，基部楔形，全缘或微具圆齿，上面灰绿色，下面灰白色。总状花序，单一，少复出，细长；苞片条状披针形，短于花；花萼 4 深裂，裂片披针形；花冠蓝色，少白色，4 裂，筒部长约为花的 1/3，喉部被毛，后方 1 枚较大，卵圆形，其余 3 枚较小，卵形；雄蕊伸出花冠；花柱细长，柱头头状。蒴果卵球形，顶端凹，密被短毛；种子卵圆形，扁平，棕褐色。花期 7—8 月，果期 9 月。

【分布】 内蒙古分布于呼伦贝尔、乌兰浩特、赤峰、锡林郭勒。中国分布于东北、华北地区。朝鲜、日本、蒙古国、西伯利亚地区、亚洲中部、欧洲也有分布。

【生境】 中旱生植物。生长于草原带的山地、固定沙地，为草原群落的一般常见伴生种。

【药用功效】 全草入药，能消肿止血，外用主治痈疖红肿。

【栽培管理要点】 尚无人工引种驯化栽培。

143. 大婆婆纳

【学名】 *Veronica dahurica* Stev.。

【蒙名】 兴安-侵达干。

【分类地位】 玄参科婆婆纳属。

【形态特征】 多年生草本，高 30～70 cm。全株密被柔毛，有时混生腺毛。根状茎粗短，具多数须根。茎直立，单一，有时自基部抽出 2～3 条，上部通常不分枝。叶对生，三角状卵形或三角状披针形，先端钝尖或锐尖，基部心形或浅心形至截形，边缘具深刻而钝的锯齿或牙齿，下部常羽裂，裂片具齿。总状花序，顶生，细长，单生或复出；苞片条状披针形；花萼 4 深裂，裂片披针形，疏被腺毛；花冠白色，4 裂，筒部长不到花冠长的 1/2，喉部被毛，裂片椭圆形至狭卵形，后方 1 枚较宽；雄蕊伸出花冠。蒴果卵球形，稍扁，顶端凹，宿存花萼与花柱；种子卵圆形，淡黄褐色，半透明状。花期 7—8 月，果期 9 月。

【分布】 内蒙古分布于呼伦贝尔、乌兰浩特、通辽、赤峰、锡林郭勒、呼和浩特。中国分布于东北、华北地区及河南。朝鲜、日本、蒙古国等也有分布。

【生境】 中生植物。生长于山坡、沟谷、岩隙、沙丘低地的草甸以及路边。

【栽培管理要点】 尚无人工引种驯化栽培。

四十四、列当科

144. 草苁蓉

【学名】 *Boschniakia rossica*（Cham. et Schlecht.）Fedtsch.。

【蒙名】 宝日-高要。

【别名】 金笋、地精、肉松蓉、苁蓉、不老草。

【分类地位】 列当科草苁蓉属。

【形态特征】 多年生草本，高 15～35 cm。全株近无毛。根状茎横走，圆柱状。通常有 2～3 条直立的茎，不分枝，粗壮，中部直径 1.5～2 cm，基部增粗。叶密集着生长于茎近基部，向上渐变稀疏，三角形或宽卵状三角形，长、宽为 6～8（10）mm。花序穗状，圆柱形，长 7～22 cm，直径 1.5～2.5 cm；苞片 1 枚，宽卵形或近圆形，长 5～8 mm，宽 5～10 mm，外面无毛，边缘被短柔毛；小苞片无；花梗长 1～2 mm，或几无梗，果期可伸长 5～8 mm。花萼杯状，长 5～7 mm，顶端不整齐 3～5 齿裂；裂片狭三角形或披针形，不等长，后面 2 枚常较小或近无，前面 3 枚长 2.5～3.5 mm，边缘被短柔毛。花冠宽钟状，暗紫色或暗紫红色，筒膨大呈囊状；上唇直立，近盔状，长 5～7 mm，边缘被短柔毛，下唇极短，3 裂，裂片三角形或三角状披针形，长 2～2.5 mm，常向外反折。雄蕊 4，花丝着生于距筒基部 2.5～3.5 mm 处，稍伸出花冠之外，长 5.5～6.5 mm，基部疏被柔毛，向上渐变无毛，花药卵形，长约 1.2 mm，无毛，药隔较宽。雌蕊由 2 合生心皮组成，子房近球形，直径 3～4 mm，胎座 2，横切面"T"形，花柱长 5～7 mm，无毛，柱头 2 浅裂。蒴果近球形，长 8～10 mm，直径 6～8 mm，2 瓣开裂，顶端常具宿存的花柱基部，斜喙状；种子椭圆状球形，长 0.4～0.5 mm，直径约 0.2 mm，种皮具网状纹饰，网眼多边形，不呈漏斗状，网眼内具规则的细网状纹饰。花期 5—7 月，果期 7—9 月。

【分布】 内蒙古分布于乌兰浩特、乌兰察布、巴彦淖尔、包头、阿拉善。中国分布于黑龙江、吉林、内蒙古等地。

【生境】 根寄生植物。生长于海拔 1 500～1 800 m 的山坡、林下低温处、河边，常寄生于桤木属（*Alnus*）植物的根上。

【食用部位及方法】 春季采挖，晒干切段。

【营养成分】 地上部分含草苁蓉醛和草苁蓉内酯，又含 C9、C10 和 C11 萜内酯。根茎含甘露醇、生物碱。

【药用功效】 能补肾壮阳、润肠通便、止血，主治肾虚阳痿、遗精、腰膝冷痛、小便遗沥、尿血、宫冷不孕、带下、崩漏、肠燥便秘。

【栽培管理要点】 尚无人工引种驯化栽培。

145. 肉苁蓉

【学名】 *Cistanche deserticola* Ma。

【蒙名】 察干-高要。

【别名】 苁蓉、大芸。

【分类地位】 列当科肉苁蓉属。

【形态特征】 多年生草本，高40～160 cm。茎肉质，有时从基部分为2或3枝，圆柱形或下部稍扁，不分枝，下部较粗向上逐渐变细，下部直径5～10（15）cm，上部直径2～5 cm。鳞片状叶多数，淡黄白色；下部叶紧密，宽卵形、三角状卵形；上部叶稀疏，披针形或狭披针形。穗状花序；苞片条状披针形、披针形或卵状披针形，疏被绵毛或近无毛；小苞片卵状披针形或披针形，与花萼等长或稍长，疏被绵毛或无毛。花萼钟状，5浅裂，裂片近圆形，疏被绵毛或无毛。花冠管状钟形，管内弯，管内面离轴方向有2条纵向的鲜黄色凸起；裂片5，开展，近半圆形；花冠管淡黄白色，裂片颜色常有变异，淡黄白色、淡紫色或边缘淡紫色，干时常变棕褐色；花丝上部稍弯曲，基部被皱曲长柔毛；花药顶端有骤尖头，被皱曲长柔毛；子房椭圆形，白色；花柱顶端内折。蒴果卵形，2瓣裂，褐色；种子多数，微小，椭圆状卵形或椭圆形，表面网状，具光泽。花期5—6月，果期6—7月。

【分布】 内蒙古分布于巴彦淖尔、阿拉善。中国分布于内蒙古、宁夏、甘肃、新疆。

【生境】 根寄生植物。主要寄主梭梭 [*Haloxyln ammcdendron*（C. A. Mey.）Bunge]。生长于梭梭荒漠的沙丘。

【食用部位及方法】 为极佳的保健品，也可用作炖制肉品时的尚好调料。

【药用功效】 肉质茎入药（药材名：肉苁蓉），能补精血、益肾壮阳、润肠，主治虚劳内伤、男子滑精、阳痿、女子不孕、腰膝冷痛、肠燥便秘。也入蒙药（蒙药名：查干-高要），能补肾消食，主治消化不良、胃酸过多、腰腿痛。

【栽培管理要点】 栽培地选择不积水但有灌溉条件的沙壤土。梭梭播种前，种子需进行处理，秋播在10月下旬至11月上旬，春播在3月中旬，播深2 cm，条播。在出苗前及幼苗期保持苗地土壤湿润。出苗后，苗木长到6～10 cm时，可逐渐减少灌溉次数，上冻前要灌冬水，每年要进行3～4次除草和松土。苗期注意防治白粉病，苗期定期喷粉锈灵或多菌灵。二年生自然苗或人工移植苗翌年即可种植肉苁蓉。每株梭梭根可种2～3坑肉苁蓉，下种坑的深度为0～70 cm，土层深度小于5 mm的细根和毛细根分布很多，下种前在坑内适当放些发酵羊粪。每坑下种10粒，下种后每坑浇水15 kg，肉苁蓉种子应覆沙。肉苁蓉生长2～3年后，可采挖。收取时注意不要破坏肉苁蓉根部（即生长点）。

四十五、车前科

146. 平车前

【学名】 *Plantago depressa* Willd.。

【蒙名】 吉吉格-乌和日-乌日根讷。

【别名】 车前草、车轱辘菜、车串串。

【分类地位】 车前科车前属。

【形态特征】 一年生或二年生草本。根圆柱状，中部以下多分枝，灰褐色或黑褐色。叶基生，直立或平铺，椭圆形、矩圆形、椭圆状披针形、倒披针形或披针形，先端锐尖或钝尖，基部狭楔形且下延，边缘具稀疏小齿或不规则锯齿，有时全缘，两面被短柔毛或无毛，弧形纵脉 5～7 条；花葶 1～10，直立或斜升，疏被短柔毛，有浅纵沟；穗状花序圆柱形；苞片三角状卵形，背部具绿色龙骨状凸起，边缘膜质；萼裂片椭圆形或矩圆形，先端钝尖，龙骨状凸起宽，绿色，边缘宽膜质；花冠裂片卵形或三角形，先端锐尖，有时具细齿。蒴果圆锥形，褐黄色，成熟时在中下部盖裂；种子矩圆形，黑棕色，光滑。花果期 6—10 月。

【分布】 内蒙古分布于各地。中国分布于各地。日本、蒙古国、印度、西伯利亚地区、亚洲中部也有分布。

【生境】 中生植物。生长于草甸、轻度盐化草甸，也见于路旁、田野、居民点附近。

【食用部位及方法】 嫩叶经过水煮和清水浸泡后可食用。

【药用功效】 种子入药，味甘，性寒能清热利尿、渗湿通淋、清肝明目，主治淋病尿闭、暑湿泄泻、目赤肿痛、痰多咳嗽、视物昏花。

【栽培管理要点】 尚无人工引种驯化栽培。

147. 大车前

【学名】 *Plantago major* L.。

【蒙名】 陶木-乌和日-乌日根纳。

【分类地位】 车前科车前属。

【形态特征】 多年生草本。根状茎短粗，具多数棕褐色或灰褐色须根。叶基生，宽卵形或宽椭圆形，先端钝圆，基部近圆形或宽楔形，稍下延，边缘全缘或具微波状钝齿，两面近无毛或疏被短柔毛，弧形脉 3～7 条；叶柄基部扩大成鞘。花葶 1～6 条，直立或斜升，穗状花序圆柱形，密生，多花；苞片卵形或三角状卵形，较萼片短或近于等长，背部龙骨状凸起暗绿色，先端钝；花萼无柄，裂片宽椭圆形或椭圆形，先端钝，边缘白色膜质，背部龙骨状凸起宽而呈绿色；花冠裂片椭圆形或卵形，先端通常略钝，反卷，淡绿色。蒴果圆锥形或卵形，褐色或棕褐色，成熟时在中下部盖裂；种子 8～30 粒，矩圆形或椭圆形，深褐色，具多数网状细点，种脐稍突起。花期 6—8 月，果期

7—9 月。

【分布】 内蒙古分布于乌兰浩特、鄂尔多斯。中国分布于各地。亚洲、欧洲也有分布。

【生境】 中生植物。生长于山谷、路旁、沟渠边、河边、田边潮湿处。

【食用部位及方法】 幼苗和嫩茎可供食用，用清水洗净后即可加工食用或捆把上市销售。食用方法包括凉拌（须用沸水汆烫）、泡酸菜、炒、炖等。

【药用功效】 全草入药，能利尿；种子能镇咳、祛痰、止泻。

【栽培管理要点】 栽培地选择背风向阳、土质肥沃、疏松、微酸性的沙壤土作苗床。每种植 1 亩需整理苗床 30 m²，播种前每平方米苗床施腐熟优质细碎农家肥 10 kg，氮磷钾复合肥（15-15-15）100 g 作基肥。每亩用种量 60 g，播种后覆盖厚 0.5～1 cm 的过筛细土和草灰，以不见种子露出土面为适度。出苗后立即揭除稻草和薄膜，以增加光照，防止长成高脚苗。苗期除草 2～3 次，待苗长出 4～5 片叶时即可移栽。在畦面开沟移栽，每畦种植 4 行，行距 30 cm，穴距 25 cm，每穴栽 1 株，定植后立即浇定根水，连浇 2～3 次，促进活棵。整个生育期追肥 3 次，早期追肥以氮肥为主，中后期除施氮肥外，要增施磷钾肥。偶有白粉病和蚜虫发生。白粉病在发病初期用 20% 三唑酮乳油 2 000 倍液或 70% 甲基硫菌灵可湿性粉剂 1 000 倍液喷雾防治。蚜虫用 10% 吡虫啉可湿性粉剂 1 500 倍液喷雾。

148. 车前

【学名】 *Plantago asiatica* L.。

【蒙名】 乌和日-乌日根纳。

【别名】 大车前、车轱辘菜、车串串。

【分类地位】 车前科车前属。

【形态特征】 多年生草本，具须根。叶基生，椭圆形、宽椭圆形、卵状椭圆形或宽卵形，先端钝或锐尖，基部近圆形、宽楔形或楔形，且明显下延，边缘近全缘、波状或具疏齿至弯缺，两面无毛或疏被短柔毛，弧形脉 5～7 条；叶柄疏被短毛，基部扩大成鞘。花葶少数，直立或斜升，疏被短柔毛；穗状花序圆柱形，具多花，上部较密集；苞片宽三角形，较花萼短，背部龙骨状凸起宽而呈暗绿色；花萼具短柄，裂片倒卵状椭圆形或椭圆形，先端钝，边缘白色膜质，背部龙骨状凸起宽而呈绿色；花冠裂片披针形或长三角形，先端渐尖，反卷，淡绿色。蒴果椭圆形或卵形；种子 5～8 粒，矩圆形，黑褐色。花果期 6—10 月。

【分布】 内蒙古分布于各地。中国分布于各地。欧洲、亚洲也有分布。

【生境】 中生植物。生长于草甸、沟谷、耕地、田野、路边。

【食用部位及方法】 同大车前。

【药用功效】 种子及全草入药（药材名：车前子）；种子能清热、利尿、明目、祛痰，主治小便不利、泌尿系统感染、结石、肾炎水肿、暑湿泄泻、肠炎、目赤肿痛、痰多咳嗽等；全草能清热、利尿、凉血、祛痰，主治小便不利、尿路感染、暑湿泄泻、痰多咳嗽等；也入蒙药（蒙药名：乌合日-乌日根纳），能止泻利尿，主治腹泻、水肿、小便淋痛。

【栽培管理要点】 栽培地选择温暖湿润环境和肥沃疏松土壤，栽种前采用浅耕整地，耕深 10～20 cm，以垄作为主，结合整地每公顷施入厩肥 30 t。采用种子春播，5 月播种，每公顷用种量约 7.5 kg，播后覆盖灶灰，厚度以不见种子为宜，最后遮盖薄草、浇水，保持湿润。出苗后及时除草和浇水，每 10 d 喷 0.2% 尿素或磷酸二氢钾溶液 1 次，当苗高 4 cm 时即可往垄上按行株距 30 cm×25 cm 挖小穴移栽，垄上双行，每穴栽苗 1～2 株，栽后浇好定根水。移栽后至收获期结合中耕除草施尿素或硫酸铵 3～4 次；如有白粉病危害叶片，用 0.5% 的波尔多液喷洒 1～2 次。

四十六、忍冬科

149. 蓝锭果忍冬（变种）

【学名】 *Lonicera caerulea* L. var. *edulis* Turcg. ex Herd.。

【蒙名】 呼和-达邻-哈力苏。

【别名】 甘肃金银花。

【分类地位】 忍冬科忍冬属。

【形态特征】 灌木，高 1～1.5 m。小枝紫褐色，幼时被柔毛。髓心充实，基部具鳞片状残留物；冬芽暗褐色，被 2 枚舟形外鳞片所包，有时具副芽，光滑；老枝有叶柄间托叶。叶矩圆形、披针形或卵状椭圆形，先端钝圆或钝尖，基部圆形或宽楔形，全缘，被短睫毛，上面深绿色，中脉下陷，网脉凸起，疏被短柔毛，或仅脉上被毛，下面淡绿色，密被柔毛，脉上尤密。花腋生于短梗，苞片条形，比萼筒长 2～3 倍，小苞片合生成坛状壳斗，完全包围子房，成熟时肉质；花冠黄白色，外被短柔毛，基部具浅囊；雄蕊 5，稍伸出花冠；花柱较花冠长，无毛。浆果球形或椭圆形，深蓝黑色。花期 5 月，果期 7—8 月。

【分布】 内蒙古分布于呼伦贝尔、赤峰、锡林郭勒、乌兰察布。中国分布于东北、华北地区。西伯利亚地区也有分布。

【生境】 中生灌木。生长于山地杂木林下、灌丛，可成为山地灌丛的优势种之一。

【食用部位及方法】 浆果可食用、酿酒。

【栽培管理要点】 尚无人工引种驯化栽培。

150. 小花金银花

【学名】 *Lonicera maackii*（Rupr.）Maxim.。

【蒙名】 达邻-哈力苏。

【别名】 金银忍冬。

【分类地位】 忍冬科忍冬属。

【形态特征】 灌木，高达3 m。小枝中空，灰褐色，密被短柔毛，老枝深灰色，疏被毛，仅在基部近节间处较密。冬芽卵球形，芽鳞淡黄褐色，密被柔毛。叶卵状椭圆形至卵状披针形，稀为菱状卵形，先端渐尖或长渐尖，基部宽楔形或楔形，稀圆形，全缘，被长柔毛，上面暗绿色，疏被毛，沿脉较密，下面淡绿色，叶面及各脉均被柔毛，沿脉尤密。花初时白色，后变黄色，总花梗比叶柄短，被腺柔毛；苞片窄条形，密被腺柔毛，比子房约长2倍，苞片与子房间有短柄，小苞片与子房等长，呈坛状围住萼筒，被毛；萼5裂，裂片长三角形至窄卵形，被腺柔毛；花冠二唇，长2.2～2.6 cm，外疏被毛，基部尤密，上唇4裂，边缘被毛，下唇1裂，被毛；雄蕊5，花药条形，花柱被长毛，柱头头状。浆果暗红色，球形；种子具小浅凹点。花期5月，果期9月。

【分布】 内蒙古通辽、呼和浩特有栽培。中国分布于东北地区，河北、河南。朝鲜、日本也有分布。

【生境】 中生灌木。喜光，稍耐阴，耐寒性强。生长于山地林下、林缘、沟谷溪边。

【食用部位及方法】 幼叶及花可代茶叶。

【药用功效】 根能杀菌截疟；茎皮可造纸及制作人造棉；种子油可制作肥皂；又可栽植作为庭园绿化树种。

【栽培管理要点】 尚无人工引种驯化栽培。

151. 毛接骨木（变种）

【学名】 *Sambucus williamsii* Hance var. *miquelii*（Nakai）Y. C. Tang。

【蒙名】 乌斯图-宝棍-宝拉代。

【别名】 公道老。

【分类地位】 忍冬科接骨木属。

【形态特征】 灌木至小乔木，高4～5 m。小枝灰褐色至深褐色，被柔毛；髓心褐色。单数羽状复叶，小叶5枚，披针形、椭圆状披针形或倒卵状矩圆形，先端渐尖或长渐尖，基部楔形，上面深绿色，下面较浅，两面均被柔毛，沿脉尤密，边缘具细锯齿，锐尖。顶生聚伞花序组成的圆锥花序，花轴、花梗、小花梗等均被毛；花萼5裂，裂片宽三角形，无毛，先端钝；花暗黄色或淡绿白色，花冠裂片矩圆形，无毛，先端钝圆；雄蕊5，花药近球形；子房矩圆形，无毛。核果橙红色，无毛，近球形；种子2～3粒，卵状椭圆形，具皱纹。花期5月，果熟期7—8月。

【分布】 内蒙古分布于呼伦贝尔、乌兰浩特、通辽、锡林郭勒、乌兰察布等地。中国分布于东北长白山山区。朝鲜、日本也有分布。

【生境】 中生灌木。喜生长于山地阴坡林缘、灌丛，也生长于沙地灌丛。

【食用部位及方法】 种子油可制作肥皂；可作为庭园观赏树种。

【栽培管理要点】 栽培地选择土壤肥沃、排水、灌溉条件好的地块，整地作床，床面高 20～25 cm。播种或扦插繁殖，播种时种子进行催芽处理，播种后，覆土 1 cm 左右，浇水保持床面湿润。扦插选择健壮的一年生枝条，截成 15 cm 长，顶端保留 1～2 个芽，扦插条底口剪成马蹄状，上口剪平，用清水浸泡 24 h，让扦插条充分吸足水分，床宽 110 cm，株行距 8 cm×10 cm，140 株/m²。

152. 接骨木

【学名】 *Sambucus williamsii* Hance。

【蒙名】 宝棍-宝拉代。

【别名】 野杨树。

【分类地位】 忍冬科接骨木属。

【形态特征】 灌木，高约 3 m。树皮浅灰褐色。枝灰褐色，具纵条棱。冬芽卵圆形，淡褐色，具鳞片 3～4 对。单数羽状复叶，小叶 5～7 枚，矩圆状卵形或矩圆形，上面深绿色，初时被稀疏短毛，后变无毛，下面淡绿色，无毛，先端长渐尖稀尾尖，基部楔形，边缘具稍不整齐锯齿，无毛或被稀疏短毛，下部 2 对小叶具柄，顶端小叶较大，具长柄。圆锥花序，花带黄白色，花轴、花梗无毛；花萼 5 裂，裂片三角形，光滑；花期花萼裂片向外反折，裂片宽卵形，先端钝圆；雄蕊 5，着生于花冠上且与其互生，花药近球形，黄色，柱头 2 裂，近球形，几无花柱。浆果状核果，蓝紫色；种子具皱纹。花期 5 月，果期 9 月。

【分布】 内蒙古分布于呼伦贝尔、乌兰浩特、通辽、赤峰等，呼和浩特有栽植。中国分布于东北、华北地区。朝鲜、日本也有分布。

【生境】 中生灌木。生长于山地灌丛、林缘、山麓。

【药用功效】 全株入药，能接骨续筋、活血止痛、祛风利湿，主治骨折、跌打损伤、风湿性关节炎、痛风、大骨节病、急慢性肾炎；外用治创伤出血。茎入蒙药（蒙药名：干达嘎利的一种），能止咳、解表、清热，主治感冒咳嗽、风热。

【栽培管理要点】 尚无人工引种驯化栽培。

四十七、桔梗科

153. 桔梗

【学名】 *Platycodon grandiflorus*（Jacq.）A. DC.。

【蒙名】 狐日盾-查干。

【别名】 铃当花。

【分类地位】 桔梗科桔梗属。

【形态特征】 多年生草本，高 40～50 cm。全株带苍白色，具白色汁液。根粗壮，长倒圆锥形，表皮黄褐色。茎直立，单一或分枝。叶 3 枚轮生，有时对生或互生，卵形或卵状披针形，先端锐尖，基部宽楔形，边缘具尖锯齿，上面绿色，无毛，下面灰蓝绿色，沿脉被短糙毛，无柄或近无柄。花1至数朵着生于茎及分枝顶端；花萼筒钟状，无毛，裂片5，三角形至狭三角形；花冠蓝紫色，宽钟状，无毛，5浅裂，裂片宽三角形，先端尖，开展；雄蕊5，与花冠裂片互生，花药条形，黄色，花丝短；花柱较雄蕊长，柱头5裂，反卷，被短毛。蒴果倒卵形，成熟时顶端5瓣裂；种子卵形，扁平，具3棱，黑褐色，具光泽。花期7—9月，果期8—10月。

【分布】 内蒙古分布于呼伦贝尔、乌兰浩特、通辽、赤峰、锡林郭勒。中国广布于东部地区。朝鲜、日本也有分布。

【生境】 中生植物。生长于山地林缘草甸、沟谷草甸。

【食用部位及方法】 桔梗为药食两用品种，市场常见桔梗食用形式为腌制和非腌制，桔梗泡菜是典型的腌制产品，乐田美的桔梗拌菜则是非腌制的代表。

【药用功效】 根入药（药材名：桔梗），能祛痰、利咽、排脓，主治痰多咳嗽、咽喉肿痛、肺脓疡、咳吐脓血；也入蒙药（蒙药名：呼入登查干），效用相同。可作为野生观赏资源。

【栽培管理要点】 尚无人工引种驯化栽培。

154. 党参

【学名】 *Codonopsis pilosula*（Franch.）Nannf.。

【蒙名】 存-奥日呼代。

【分类地位】 桔梗科党参属。

【形态特征】 多年生草质缠绕藤本，长1～2 m。全株有臭气，有白色汁液。根锥状圆柱形，长约30 cm，外皮黄褐色至灰棕色。茎细长而多分枝，光滑无毛。叶互生或对生，卵形或狭卵形，先端钝或尖，基部圆形或浅心形，边缘具波状钝齿或全缘，上面绿色，下面粉绿色，两面密或疏被短柔毛，有时近无毛。花1～3朵着生于分枝顶端，具细花梗；花萼无毛，裂片5，偶见4，矩圆状披针形或三角状披针形，全缘；花冠淡黄绿色，有污紫色斑点，宽钟形，无毛，先端5浅裂，裂片正三角形；雄蕊5，柱头3。蒴果圆锥形，花萼宿存，3瓣裂；种子矩圆形，棕褐色，具光泽。花期7—8月，果期8—9月。

【分布】 内蒙古分布于赤峰、呼和浩特、通辽，有栽培。中国分布于东北、华北地区，河南、陕西、宁夏、甘肃、四川西部。朝鲜也有分布。

【生境】 中生植物。生长于山地林缘、灌丛。

【食用部位及方法】 党参是保健品，可入膳食，也可做茶制酒，与紫苏用开水冲泡便是党参紫苏茶，用于风寒感冒；将党参放入白酒，便是党参酒。

【药用功效】 根入药（药材名：党参），能补脾、益气、生津，主治脾虚、食少便溏、四肢无力、心悸、气短、口干、自汗、脱肛、子宫脱垂；也入蒙药（蒙药名：寸敖日浩代），能消炎散肿、祛黄水，主治风湿性关节炎、神经痛、黄水病。

【栽培管理要点】 栽培地选择土壤疏松、排水良好的沙质土壤，秋季整地，每公顷施农家肥 15 000 kg，深翻 30 cm，翌年春再翻 1 次，作宽 1.2 m、高 0.3 m 的苗床。4 月中下旬播种，每公顷播种量 15 kg，用笤帚轻扫盖土，用木滚镇压 1 次，再用稻草、秸秆覆盖遮阳。翌年的 4 月中下旬，随起随栽，不宜久存。垄上开沟，沟深按苗的根长而定，沟底施农家肥，株距 12 cm，顺垄斜放沟内，芦头排列整齐，芦头上覆土 5 cm 左右，镇压 1 次。移栽后应在苗高 6～10 cm 时除草、支架、防治病虫害。

155. 轮叶沙参

【学名】 *Adenophora tetraphylla*（Thunb.）Fisch.。

【蒙名】 塔拉音-哄呼-其其格。

【别名】 南沙参。

【分类地位】 桔梗科沙参属。

【形态特征】 多年生草本，高 50～90 cm。茎直立，单一，不分枝，无毛或近无毛。茎生叶 4～5 片轮生，倒卵形、椭圆状倒卵形、狭倒卵形、倒披针形、披针形、条状披针形或条形，先端渐尖或锐尖，基部楔形，叶缘中上部具锯齿，下部全缘，两面近无毛或疏被短柔毛，无柄或近无柄。圆锥花序，分枝轮生；花下垂，小苞片细条形；萼裂片 5，丝状钻形，全缘；花冠蓝色，口部微缢缩呈坛状，5 浅裂；雄蕊 5；花柱明显伸出，被短毛，柱头 3 裂。蒴果倒卵球形。花期 7—8 月，果期 9 月。

【分布】 内蒙古分布于呼伦贝尔、乌兰浩特、通辽、赤峰、锡林郭勒。中国分布于东北、华北、华中、华东、华南地区，陕西、四川、贵州。越南、朝鲜、日本也有分布。

【生境】 中生植物。生长于河滩草甸、山地林缘、固定沙丘间草甸。

【食用部位及方法】 幼苗可炒食、腌渍、蘸酱、做汤、做馅等；根可炒食、油煎和调拌凉菜等；根含淀粉，可酿酒。

【药用功效】 根入药（药材名：南沙参），能润肺、化痰、止咳，主治咳嗽痰黏、口燥咽干；也入蒙药（蒙药名：鲁都特道日基），能消炎散肿、祛黄水，主治风湿性关节炎、神经痛、黄水病。沙参属植物中根肥大与本种类似者，均可作"南沙参"药用。

【栽培管理要点】 栽培地选择地势高燥、土层深厚、疏松、富含腐殖质的沙质壤土地块种植。于上年秋冬季深翻土壤，结合整地每公顷施入厩肥或堆肥 37.5～45 t，然后整地作成宽 1.5 m 的高畦。种子繁殖，春播于 4 月上中旬土壤解冻后进行，秋播于晚秋 11 月土壤冻结前进行，每公顷用种量 22.5 kg 左右，覆土 1～1.5 cm，稍压紧，然后浇水湿润，畦面盖草保温、保湿。出苗后揭去盖草，中耕除草及追肥，每公顷施入清淡人畜粪水 37.5 t 左右。当幼苗长出 2～3 片真叶时，分批间苗，按株距 7～10 cm 定苗。每年除草 3 次，结合除草追肥 1 次，每公顷施入稀薄人畜粪水 37.5～45.0 t。忌积水，雨季及灌大水后要及时排出积水，以免烂根。生长期防治蚜虫和钻心虫。

四十八、菊科

156. 东风菜

【学名】 *Aster scaber* Thunb.。

【蒙名】 好您-尼都。

【分类地位】 菊科东风菜属。

【形态特征】 多年生草本，高 50～100 cm。根茎短，肥厚，具多数细根。茎直立，坚硬，粗壮，具纵条棱，稍带紫褐色，无毛，上部有分枝。基生叶与茎下部叶心形，先端锐尖，基部心形或浅心形，基部极狭成长 10～15 cm 而带翅的叶柄，边缘具小尖头的牙齿或重牙齿，上面绿色，下面淡绿色，两面疏被糙硬毛；中部以上的叶渐小，卵形或披针形，基部楔形而形成具宽翅的短柄。头状花序多数，在茎顶端排列成圆锥伞房状；总苞半球形，总苞片 2～3 层，矩圆形，顶端尖或钝，边缘膜质，被缘毛，外层者较短；舌状花雌性，白色，约 10 朵，舌片白色，条状矩圆形，先端钝；管状花两性，黄色，上部膨大，花长 5.5 mm，檐部钟状，裂片线状披针形，管部急狭，长 3 mm。瘦果圆柱形或椭圆形，长 3～4 mm，除边肋外，一面有 2 脉，一面有 1～2 脉，无毛；冠毛 2 层，糙毛状，污黄白色。花果期 7—9 月。

【分布】 内蒙古分布于呼伦贝尔、通辽、赤峰、乌兰察布、呼和浩特、包头。中国分布于东北、北部、中部、东部至南部地区。朝鲜、日本等也有分布。

【生境】 中生植物。山地森林种。生长于森林草原带的阔叶林、林缘、灌丛，也进入草原带的山地。

【食用部位及方法】 幼苗、嫩茎、叶可食用。嫩茎、叶可凉拌、炒食、做汤、炖土豆或肉类等。

【营养成分】 每 100 g 含水分 76 g、蛋白质 2.7 g、粗纤维 2.8 g、胡萝卜素 4.69 mg、烟酸 0.8 mg、维生素 C 28 mg，其中胡萝卜素比胡萝卜的含量还高出许多。根还含有丰富的铁、锰、锌、铜、钼等人体必需的微量元素。

【药用功效】 根及全草入药，能清热解毒、祛风止痛，主治感冒头痛、咽喉肿痛、目赤肿痛、毒蛇咬伤、跌打损伤。

【栽培管理要点】 尚无人工引种驯化栽培。

157. 旋覆花

【学名】 *Inula japonica* Thunb.。

【蒙名】 阿拉坦-道斯勒-其其格。

【别名】 旋覆花、大花旋覆花、金沸草。

【分类地位】 菊科旋覆花属。

【形态特征】 多年生草本，高 20～70 cm。根状茎短，横走或斜升。茎直立，单生或 2～3 个簇生，具纵沟棱，被长柔毛，上部有分枝，稀不分枝。基生叶和下部叶在花期常枯萎，长椭圆形或披针形，下部渐狭成短柄或长柄；中部叶长椭圆形，先端锐尖或渐尖，基部宽大，无柄，心形，半抱茎，边缘具小尖头的疏浅齿或近全缘，上面被疏毛或近无毛，下面密被疏伏毛和腺点，中脉与侧脉被较密的长柔毛；上部叶渐小。头状花序 1～5 个着生于茎或枝顶端，苞叶条状披针形。总苞半球形，总苞片 4～5 层，外层线状披针形，先端长渐尖，基部稍宽，草质，被长柔毛、腺点和缘毛；内层线形，除中脉外干膜质。舌状花黄色，舌片线形。瘦果，具浅沟，被短毛；冠毛 1 层，白色，与管状花冠等长。花果期 7—10 月。

【分布】 内蒙古分布于呼伦贝尔、通辽、赤峰、锡林郭勒、呼和浩特、鄂尔多斯。中国分布于东北、华北地区及新疆。欧洲、亚洲中部、西伯利亚地区、蒙古国、朝鲜、日本等也有分布。

【生境】 中生植物。生长于草甸及湿润的农田、地埂、路旁。

【食用部位及方法】 全草入药。

【营养成分】 花含旋覆花素、大花旋覆花素、旋覆花内酯、槲皮素、异槲皮素、木犀草素、咖啡酸、绿原酸等。

【药用功效】 花序入药（药材名：旋覆花），能降气、化痰、行水，主治咳喘痰多、嗳气、呕吐、胸膈痞闷、水肿；也入蒙药，能散瘀、止痛，主治跌打损伤、湿热疮疡。

【栽培管理要点】 山坡地、河岸地、沟旁地均可种植。肥沃的沙质壤土或富含腐殖质土壤中生长良好；选地后每亩施腐熟有面肥 3 000～4 000 kg 作基肥，深耕 20～25 cm，耙细、整平，作宽 1.2 m 的畦。种子繁殖，按行距 30 cm 开浅沟，条播，将种子均匀撒入沟内，覆薄土，稍镇压后覆盖稻草或落叶，并浇 1 次透水，保持土壤湿润，20 cm 左右即可出苗。每亩播种量为 1.5～2 g。待幼苗长出 3～4 片真叶时，按行株距 30 cm×15 cm 移栽。分株繁殖，利用母株根部的分蘖作为繁殖材料，于 4 月中旬至 5 月上旬分株，按行株距 30 cm×15 cm，将母株旁边所生的新株挖出，分栽于穴中，每穴栽苗 2～3 株，使根部舒展于穴中，盖土压实后浇水。当苗高 3～5 cm 时，将弱苗和过密的苗间出；苗高 5～10 cm 时，按株距 15～20 cm 定苗，结合间苗进行定苗，对缺苗处补栽；每年 5 月和 7 月及雨后中耕除草和施肥，施肥以人畜粪为主。收割后需培土。旋覆花栽种 2～3 年后，母株老根开始部分枯萎、易感病，应与其他作物轮换栽种。

158. 菊芋

【学名】 *Helianthus tuberosus* L.。

【蒙名】 那日图-木苏。

【别名】 洋姜、鬼子姜、洋地梨儿。

【分类地位】 菊科向日葵属。

【形态特征】 多年生草本，高可达 3 m。块状地下茎及纤维状根。茎直立，被短硬毛或刚毛，上部有分枝。基部叶对生，上部叶互生，下部叶卵形或卵状椭圆形，先端渐尖或锐尖，基部宽楔形或圆形，有时微心形，边缘具粗锯齿，具离基三出脉，上面被短硬毛，下面叶脉上被短硬毛；上部叶长椭圆形至宽披针形，先端渐尖，基部宽楔形；均有具狭翅的叶柄。头状花序，直径 5～9 cm，少数或多数，单生于枝顶端，有苞叶 1～2 个，条状披针形；总苞片多层，披针形，开展，先端长渐尖，背面及边缘被硬毛；托片矩圆形，上端不等 3 浅裂，被长毛，边缘膜质，背部具细肋；舌状花通常 12～20 个，舌片椭圆形。瘦果楔形，被毛，上端具 2～4 个被毛的锥状扁芒。花果期 8—10 月。

【分布】 大型中生作物。内蒙古一些农区多栽培。中国各地均有栽培。原产于北美洲。

【食用部位及方法】 块茎可制作酱菜或咸菜。

【营养成分】 富含氨基酸、糖、维生素等，每 100 g 块茎中含水分 79.8 g、粗蛋白 0.1 g、脂肪 0.1 g、碳水化合物 16.6 g、粗纤维 0.6 g、灰分 2.8 g、钙 49 mg、磷 119 mg、铁 8.4 mg、维生素 B 10.13 mg、维生素 B_2 0.06 mg、烟酸 0.6 mg、维生素 C 6 mg，并含丰富的菊糖、多缩戊糖、淀粉等物质。

【药用功效】 块茎、茎、叶可入药，能清热凉血、接骨，主治热病、跌打骨伤。含有丰富的淀粉，可制作菊糖，菊糖在医药上为治疗糖尿病的良药。

【栽培管理要点】 以灌排方便、土壤肥沃、壤土或沙壤土为宜。一般每亩施优质腐熟有机肥 3 000 kg、过磷酸钙 20 kg、尿素 10 kg、硫酸钾 25 kg，施肥后即可将地耕翻整平。春播、秋播皆可，春播在 3—5 月播种，10 月下旬或 11 月收获；秋播于 10 月下旬或 11 月上中旬播种，翌年收获。秋播宜采用整块茎播种，春播宜采用切块播种。整块播种时单个块茎重 20～30 g 为宜，切块播种要求块茎重 20 g 左右，每个块茎至少有 1 个芽眼。每亩种植密度为 4 000～5 000 株，行距 55～60 cm，株距 25～30 cm，挖 5～10 cm 深的土坑，将块茎萌芽点向上放入土中，覆土后用脚轻轻镇压，播种时若天气干燥，要浇适量水。春播后约 30 d 出苗。齐苗后适当追肥、浇水。然后中耕除草并培土，小干旱、少浇水，直到块茎膨大再浇水，遵循"见干见湿"的原则。如茎、叶生长过于茂盛，宜摘顶，促使块茎膨大。春播出苗前应以提温保墒为主，保持地块表土湿润，一般少浇水，如土壤干旱应适当浇水；秋播出苗前应以防涝保墒为主，播后视墒情而灌水，保持土壤湿润。出苗至团棵期以保墒促长为主，团棵期到开花期以保墒为主，遇土壤干旱应及时浇水。菊芋块茎在土下生长，一见光就停止生长，因此要及时培土，培土高度以 10～20 cm 为宜。培土时土壤含水量要适宜，土要细碎、膨松，切忌培泥垄。同时，对于越年生的菊芋地块，要结合中耕和培土及时疏苗或补苗，使植株生长均匀，以保证获得较高的产量。苗期一般不追肥，如底肥不足，根据植株生长状况，可用 5 mg/kg 磷酸二氢钾追肥 1～2 次。也可在块茎膨大前每亩追施三元复合肥 15 kg 左右或碳酸氢铵 40 kg 左右。一般在 11 月前后，菊芋叶片干枯，茎秆变成褐色时，即可收割茎、叶，挖出块茎。菊芋块茎较耐低温，也可根据需要灵活安排收挖时间。若作种用，可在翌春收挖。

159. 牛蒡

【学名】 *Arctium lappa* L.。

【蒙名】 得格乐吉。

【别名】 恶实、鼠粘草。

【分类地位】 菊科牛蒡属。

【形态特征】 二年生草本，高达 100 cm。根肉质，呈纺锤状，直径可达 8 cm，深达 60 cm 以上。茎直立，粗壮，具纵沟棱，带紫色，被微毛，上部多分枝。基生叶丛生，宽卵形或心形，先端钝，具小尖头，基部心形，全缘、波状或具小牙齿，上面绿色，疏被短毛，下面密被灰白色茸毛，叶柄长，粗壮，具纵沟，疏被茸毛；茎生叶互生，宽卵形，具短柄；上部叶渐变小。头状花序单生于枝顶端，或多数排列成伞房状，直径 2～4 cm；总苞球形；总苞片无毛或被微毛，边缘被短刺状缘毛，先端钩刺状，外层条状披针形，内层披针形；管状花冠红紫色。瘦果椭圆形或倒卵形，灰褐色；冠毛白色。花果期 6—8 月。

【分布】 内蒙古分布于呼伦贝尔、通辽、赤峰。中国分布于台湾、山东、江苏、陕西、河南、湖北、安徽、浙江等。克什米尔地区、欧洲、北美洲、亚洲、南美洲等也有分布。

【生境】 大型中生杂草。常见于村落路旁、山沟、杂草地。

【食用部位及方法】 肥大肉质根可食用，叶柄和嫩叶也可食用。

【营养成分】 含菊糖、纤维素、蛋白质、钙、磷、铁等人体所需的多种维生素及矿物质，其中胡萝卜素含量比胡萝卜高 150 倍，蛋白质和钙的含量为根茎类之首。牛蒡根含有人体必需的各种氨基酸，且含量较高，尤其是具有特殊药理作用的氨基酸含量高，如具有健脑作用的天门冬氨酸占总氨基酸的 25%～28%，精氨酸占总氨基酸的 18%～20%。

【药用功效】 种子、根可入药，能疏散风热、宣肺透疹、消肿解毒，主治风热咳嗽、咽喉肿痛、斑疹不透、风疹作痒、痈肿疮毒。

【栽培管理要点】 栽培地选择土层深厚、肥沃疏松、有机质含量高、排灌方便的沙壤土。每亩施充分腐熟的过筛土杂粪 3 000 kg，复混肥 50 kg 或碳铵 50 kg、过磷酸钙 50 kg。播种时期为 8 月下旬至 9 月底，种子进行催芽处理，每亩需种子 1.5 kg，当长到 5～7 cm 时，及时间苗，中耕除草。当牛蒡长至 15 cm 左右时，每亩施尿素 15 kg，促进花芽的形成。及时培土，防止倒伏减产，注意病虫害防治。

160. 牛膝菊

【学名】 *Galinsoga parviflora* Cav.。

【蒙名】 嘎力苏干-额布苏。

【别名】 辣子草、向阳花、珍珠草、铜锤草。

【分类地位】 菊科牛膝菊属。

【形态特征】 一年生草本，高 30 cm。茎纤细，不分枝或自基部分枝，枝斜生，具纵条棱，疏被柔毛和腺毛。叶卵形至披针形，先端渐尖或钝，基部圆形、宽楔形或楔形，边缘具波状浅锯齿或近全缘，掌状三出脉或不明显五出脉，两面疏被伏贴柔毛，沿叶脉及叶柄上的毛较密。头状花序直径 3～4 mm；总苞半球形，总苞片 1～2 层，约 5 个，外层卵形，顶端稍尖，内层宽卵形，顶端钝圆，绿色，近膜质；舌状花冠白色，冠毛毛状，顶端 3 齿裂，管部外面密被短柔毛；管状花冠下部密被短柔毛，冠毛膜片状，白色，披针形；托片倒披针形，先端 3 裂或不裂。瘦果，具 3 棱或中央的瘦果 4～5 棱，黑褐色，被微毛。花果期 7—9 月。

【分布】 内蒙古广泛分布于呼伦贝尔。原产于南美洲。

【生境】 生长于路边、田边。

【食用部位及方法】 嫩茎、叶可食，有特殊香味，风味独特，可炒食、做汤、作火锅用料。

【营养成分】 富含胡萝卜素、多种维生素及对人体有益的微量元素。

【药用功效】 全草入药，能止血、消炎，主治扁桃体炎、急性黄疸型肝炎。

【栽培管理要点】 栽培地选择肥沃疏松的田块，每亩施入有机肥 1 000 kg，作成宽 1.5 m 的高畦，播种育苗，于 10—11 月把种子均匀撒播在细碎平整的苗床上，盖 1 层细土，以看不见种子为宜，再盖 1 层黑纱，淋透水，苗长至 4 片真叶时按株行距 25 cm×30 cm 定植。缓苗后，及时追肥，每隔 10～15 d，每亩施尿素 10～15 kg，并保持土壤湿润。

161. 艾

【学名】 *Artemisia argyi* Levl. et Van。

【蒙名】 荽哈。

【别名】 艾蒿、艾草。

【分类地位】 菊科蒿属。

【形态特征】 多年生草本，高 45～120 cm。茎直立，圆柱形且具明显棱，基部大部分木质化，被灰白色软毛，中部分枝；单叶互生，茎下部叶在开花时随即枯萎；中部叶具有短柄，叶卵状椭圆形，羽状深裂，裂片椭圆状披针形，边缘具粗锯齿，上面暗绿色，稀被白色软毛及腺点，下面灰绿色，密被灰白色茸毛；近茎顶端的叶无柄，有时全缘，披针形；花冠外甚长，先端 2 叉；两性花 8～12 朵，花冠管状或高脚杯状，外面具腺点，檐部紫色，花药狭线形，先端附属物尖，长三角形，基部具不明显的小尖头，花柱与花冠近等长或略长于花冠，先端 2 叉，花后向外弯曲，叉端截形。瘦果长卵形或长圆形。花果期 7—10 月。

【分布】 内蒙古广泛分布。中国分布于东北、华北、华东、西南地区及山西、甘肃等。亚洲东部地区等也有分布。

【生境】 生长于山野。

【食用部位及方法】 可直接采摘艾草的嫩芽作为蔬菜食用，可做成糕点、艾草汤食用。

【营养成分】 主要含有挥发油、黄酮类、鞣质类、三萜类、多糖类、微量元素等。

【药用功效】 能抑菌、抗过敏、止血、镇痛。

【栽培管理要点】

整地施肥 地块选好后，深耕 30 cm 以上，提高土壤温度和保墒能力，充分利用耕质土下积淀的氮、磷、钾。深耕时墒情过大，应适当晾晒，防止旋耙时耙不碎，影响种植。可结合犁耙整地每公顷一次性施足腐熟有机农家肥 30～45 t；或用腐熟的稀人畜粪撒 1 层作底肥。也可选用颗粒状艾专用有机肥，在深耕后、旋耙前，每公顷均匀撒施 750 kg 左右。

定植 普通种植行株距为 45 cm×30 cm（每公顷 7.5 万株）；密植行株距为 45 cm×15 cm（每公顷 15 万株）；合理密植行株距为 45 cm×20 cm（每公顷 10.5 万株）。每穴 1 株。在黏性较大的黄土地或黑土地上，种植深度 5～8 cm；沙质土地或麻骨石地种植深度以 8～10 cm 为宜。

中耕与除草 开春后，当日平均气温 9～10℃时，艾根芽刚刚萌发而未出地面时（及时拔开地表观察），保持一定的墒情，用喷雾机全覆盖喷 1 次艾专用除草剂封闭，切忌有空白遗漏。待艾苗长出后，若仍有杂草，则在 3 月下旬和 4 月上旬分别中耕除草 1 次，要求中耕均匀，深度不得大于 10 cm，艾根部杂草需人工拔除。第 1 茬收割后，对仍有杂草的地块，用小喷头喷雾器，对艾空隙间的杂草进行喷杀，防止喷溅到艾根部；第 2 茬艾芽萌发后，仍有少量杂草的，进行人工除草。

追肥 每茬苗期，最好苗高 30 cm 左右时，选在雨天沿行每公顷撒匀艾专用提苗肥 60～90 kg，若是晴天则用水溶化兜施（浓度 0.5% 以内）或叶面喷施；遇到湿润天气，追肥也可与中耕松土一起进行，先撒艾专用肥，再松土，松土深度 10 cm。化肥催苗仅适合第 1 年栽种的第 1 茬，以后各生长期（即二季、三季等）不得使用化肥，否则影响有效成分的积累，降低艾品质。

灌溉 艾适应性强，干旱季节，苗高 80 cm 以下时进行叶面喷灌；苗高 80 cm 以上则全园漫灌。

适时采收 艾叶第 1 茬收获期为 6 月初，于晴天及时收割，割取地上带有叶片的茎，并进行茎叶分离，摊晒在太阳下晒干，或者低温烘干，打包存放。7 月上中旬，选择晴好天气收获第 2 茬，下霜前后收取第 3 茬，并进行田间冬季管理。

162.野艾

【学名】 *Artemisialavan dulifolia*。

【蒙名】 布特恩-荽哈。

【别名】 艾蒿、冰台、医草。

【分类地位】 菊科蒿属。

【形态特征】 多年生草本，高 45～120 cm。茎直立，圆形，质硬，基部木质化，被灰白色软毛，中部以上分枝。单叶互生，茎下部叶在开花时即枯萎，中部叶具短柄，叶卵状椭圆形，羽状深裂，裂片椭圆状披针形，边缘具粗锯齿，上面暗绿色，稀被白色软毛，并密布腺点，下面灰绿色，密被灰白色茸毛；近茎顶端叶无柄，有时全缘完全不分裂，披针形或线状披针形。花序总状，顶生，由多数头状花序集合而成；总苞苞片 4～5 层，外层较小，卵状披针形，中层及内层较大，边缘膜质，密被茸毛；花托扁平，半球形，着生雌花及两性花 10 余朵；雌花不甚发育，长约 1 cm，无明显的花冠，两性花与雌花等长，花冠筒状，红色，顶端 5 裂；雄蕊 5，聚药，花丝短，着生于花冠基部；花柱细长，顶端 2 叉，子房下位，1 室。瘦果长圆形。

【分布】 中国分布于黑龙江、内蒙古、吉林、辽宁、河北、山东、安徽、江苏、浙江、福建、广东、广西、江西、湖南、湖北、四川、贵州、云南、陕西、甘肃、安徽等。

【生境】 生长于路旁、草地、荒野等。

【食用部位及方法】 凉拌、炒食或蒸食。

【营养成分】 含有人体必需的蛋白质、脂肪、碳水化合物、维生素、矿物质等。

【药用功效】 能清热利湿、解毒疗疮，主治湿热黄疸、小便不利、疔疮。

【栽培管理要点】 对气候和土壤的适应性较强，田边、地头、山坡、荒地均可选择为种植地。繁殖方法有种子繁殖、根状茎繁殖、分株繁殖。种子繁殖出芽率低，仅为 5%，且苗期长（2 年），一般不采用。根状茎繁殖，成活率高，但苗期较长（2 个月）。分株繁殖最好，不仅成活率高且无幼苗生长期，繁殖速度快，为普遍采用。选育良种要求叶片肥厚而大，茎秆粗壮直立，叶色浓绿，气味浓郁，密被茸毛，幼苗根系发达。苗高 5～10 cm，选地面潮湿（最好是雨后或阴天）时，从母株茎基分离的幼苗，按株行距 30 cm×40 cm 栽苗，每穴 2～3 株，覆土压实。栽后 2～3 d 如果没有下雨，要滴水保墒。栽植 150 株 /m²。

163. 野艾蒿

【学名】 *Artemisia lavandulaefolia* DC.。

【蒙名】 哲日力格-荭哈。

【别名】 荫地蒿、小叶艾、狭叶艾、苦艾。

【分类地位】 菊科艾属。

【形态特征】 多年生草本，有时为半灌木状，植株有香气。主根稍明显，侧根多；根状茎稍粗，直径 4～6 mm，常匍匐地面，有细而短的营养枝。茎少数，成小丛，稀少单生，高 50～120 cm，具纵棱，分枝多，长 5～10 cm，斜向上伸展；茎、枝被灰白色蛛丝状短柔毛。叶纸质，上面绿色，具密集白色腺点及小凹点，初时疏被灰白色蛛丝状柔毛，后毛稀疏或近无毛，背面除中脉外密被灰白色密茸毛；基生叶与茎下部叶宽卵形或近圆形，长 8～13 cm，宽 7～8 cm，二回羽状全裂或第一回全裂，第二回深裂，具长柄，花期叶萎谢；中部叶卵形、长圆形或近圆形，长 6～8 cm，宽 5～7 cm，一至二回羽状全裂或第二回为深裂，每侧有裂片 2～3 枚，裂片椭圆形或长卵形，长 3～7 cm，宽 5～9 mm，每裂片具 2～3 枚线状披针形或披针形的小裂片或深裂片，长 3～7 mm，宽 2～5 mm，先端尖，边缘反卷，叶柄长 1～3 cm，基部有小型羽状分裂的假托叶；上部叶羽状全裂，具短柄或近无柄；苞片 3 全裂或不分裂，裂片或不分裂的苞片线状披针形或披针形，先端尖，边反卷。头状花序极多数，椭圆形或长圆形，直径 2～2.5 mm，具短梗或近无梗，具小苞叶，在分枝的上半部排成密穗状或复穗状花序，并在茎上组成狭长或中等开展、稀为开展的圆锥花序，花后头状花序多下倾；总苞片 3～4 层，外层总苞片略小，卵形或狭卵形，背面密被灰白色或灰黄色蛛丝状柔毛，边缘狭膜质，中层总苞片长卵形，背面疏被蛛丝状柔毛，边缘宽膜质，内层总苞片长圆形或椭圆形，半膜质，背面近无毛；花序托小，凸起；雌花 4～9 朵，花冠狭管状，檐部具 2 裂齿，紫红色，花柱线形，伸出花冠外，先端 2 叉，叉端尖；两性花 10～20 朵，花冠管状，檐部紫红色；花药线形，先端附属物尖，长三角形，基部具短尖头，花柱与花冠等长或略长于花冠，先端 2 叉，叉端扁，扇形。瘦果长卵形或倒卵形。花果期 8—10 月。

【分布】 内蒙古多有分布。中国分布于黑龙江、吉林、辽宁、河北、山西、陕西、甘肃、山东、江苏、安徽、江西、河南、湖北、湖南、广东（北部）、广西（北部）、四川、贵州、云南等。日本、朝鲜、蒙古国、俄罗斯也有分布。

【生境】 多生长于低或中海拔地区的路旁、林缘、山坡、草地、山谷、灌丛、河湖滨草地等。

【食用部位及方法】 嫩芽适合食用，可做成汤、粥、与米做成艾蒿饭食用。

【营养成分】 含微量元素、叶绿素、精油。

【药用功效】 能理气行血、逐寒调经、安胎、祛风除湿、消肿止血等，主治感冒、头痛、疟疾、皮肤瘙痒、痈肿、跌打损伤、外伤出血等。

【栽培管理要点】 尚无人工引种驯化栽培。

164. 龙蒿

【学名】 *Artemisia dracunculus* L.。

【蒙名】 依西根-协日乐吉。

【别名】 蛇蒿、椒蒿、青蒿。

【分类地位】 菊科蒿属。

【形态特征】 半灌木状草本。根粗大或略细，木质，垂直；根状茎粗，木质，直立或斜上，直径 0.5～2 cm，常有短的地下茎。茎通常多数，成丛，高 40～150（200）cm，褐色或绿色，具纵棱，下部木质，稍弯曲，分枝多，开展，斜向上；茎初时微被短柔毛，后渐脱落。叶无柄，初时两面微被短柔毛，后两面无毛或近无毛，下部叶花期凋谢；中部叶线状披针形或线形，长（1.5）3～7（10）cm，宽2～3 mm，先端渐尖，基部渐狭，全缘；上部叶与苞片略短小，线形或线状披针形，长0.5～3 cm，宽1～2 mm。头状花序多数，近球形、卵球形或近半球形，直径2～2.5 mm，具短梗或近无梗，斜展或略下垂，基部具线形小苞叶，在茎的分枝上排列成复总状花序，并在茎上组成开展或略狭窄的圆锥花序；总苞片3层，外层总苞片略狭小，卵形，背面绿色，无毛，中内层总苞片卵圆形或长卵形，边缘宽膜质或全为膜质；花序托小，凸起；雌花6～10朵，花冠狭管状或稍呈狭圆锥状，檐部具2～3裂齿，花柱伸出花冠外，先端2叉，叉端尖；两性花8～14朵，不育，花冠管状，花药线形，先端附属物尖，长三角形，基部圆钝，花柱短，上端棒状，2裂，不叉开，退化子房小。瘦果倒卵形或椭圆状倒卵形。花果期7—10月。

【分布】 中国分布于黑龙江、吉林、辽宁、内蒙古、河北（北部）、山西（北部）、陕西（北部）、宁夏、甘肃、青海、新疆等。蒙古国、阿富汗、印度（北部）、巴基斯坦（北部）、俄罗斯、欧洲（东部、中部及西部）、北美洲等也有分布。

【生境】 多生长于干山坡、草原、半荒漠草原、森林草原、林缘、田边、路旁、干河谷等。

【食用部位及方法】 龙蒿是一种好的风味剂，可用于肉、鱼和蛋制品，可用于一些蔬菜制备物、汤的调味料。

【营养成分】 富含碘、矿物质、维生素A和维生素C，含有挥发油，主要成分为醛类物质，还含少量生物碱。

【药用功效】 能清热祛风、利尿，主治风寒感冒、胸腹胀满、坏血病等。抗惊厥、抗癫痫、抗肿瘤、促进睡眠和治疗糖尿病等。是应用于临床治疗病毒性心肌炎急性期的理想药物，同时又是一种较为理想的免疫调节药物。

【栽培管理要点】 育苗可采用日光温室、大棚和小拱棚，或者在室内进行，地温10℃以上，设施内温度15℃以上，苗床宜选择土质疏松、土层深厚肥沃、排灌方便的沙质壤土，有条件的可采用基质或营养土进行育苗。一般畦宽1 m左右，长5 m，畦东西向为佳，铺10 cm厚床土，整平、耙细。播种时间为3月初，播种前将苗床充分淋湿，为播种均匀，1 g种子混1 kg左右的火土灰或干泥粉，撒于畦面，播种后不再淋水和盖土。播种完毕盖好地膜、棚膜。每亩播种量50 g，可获移栽苗30万株左右。当种子不够，或者没有留种的情况下，以及为了快速繁育，采用扦插育苗是比较好的途径。若有温室等条件，则可以完全使用扦插育苗，实现周年供应。苗床选择土质疏松、土层深厚肥沃、排灌方便的沙质壤土，有条件的可采用基质或营养土进行，用蛭石或珍珠岩进行扦插苗基质培育的成活率高于其他材料育苗。出苗后，注意防止低温、干旱伤苗，及时拔除杂草，及时间苗，苗株行距均为3～5 cm，间出的龙蒿苗可作为苗源再次种植。移栽前一周每天10时揭棚帘，18时盖棚帘，逐步加大放风口直至全部揭开，反复炼苗。根据苗的食用部位及方法来决定移苗时间，作为蔬菜则宜早移栽，作为工业原料等则苗长到 10 cm 后再移栽。若进行设施生产，则根据龙蒿苗的食用部位及方法进行移栽，密度相对大田生产要适当密一些，一般采用株行距 20 cm×20 cm。作为大田生产，在新疆需要等到 4 月下旬以后移栽定植，第 1 年苗株行距 20 cm×20 cm 或更大，因其为宿根，在新疆可以自然越冬，一次栽植每年采摘。等到翌年，则可以每间隔 1 苗移栽，扩大生产面积。

165. 桃叶鸦葱

【学名】 *Scorzonera sinensis* Lipsch. et Krasch. ex Lipsch.。

【蒙名】 矛日音-哈比斯干那。

【别名】 老虎嘴。

【分类地位】 菊科鸦葱属。

【形态特征】 多年生草本，高 50～53 cm。根垂直直伸，粗壮，直径达 1.5 cm，褐色或黑褐色。茎直立，簇生或单生，不分枝，光滑无毛；茎基部被稠密纤维状撕裂的鞘状残遗物。基生叶宽卵形、宽披针形、宽椭圆形、倒披针形、椭圆状披针形、线状长椭圆形或线形，包括叶柄长可达 33 cm，短可至 4 cm，宽 0.3～5 cm，顶端急尖、渐尖或钝或圆形，向基部渐狭成长或短柄，叶柄基部鞘状扩大，两面光滑无毛，侧脉纤细，边缘皱波状；茎生叶少数，鳞片状披针形或钻状披针形，基部心形，半抱茎或贴茎。头状花序单生茎顶端；总苞圆柱状，直径约 1.5 cm；总苞片约 5 层，外层三角形或偏斜三角形，长 0.8～1.2 cm，宽 5～6 cm，中层长披针形，长约 1.8 cm，宽约 0.6 mm，内层长椭圆状披针形，长 1.9 cm，宽 2.5 mm；全部总苞片外面光滑无毛，顶端钝或急尖；舌状小花黄色。瘦果圆柱状，有多数高起纵肋，长 1.4 cm，肉红色，无毛，无脊瘤。冠毛污黄色，长 2 cm，大部羽毛状，羽枝纤细，蛛丝毛状，上端为细锯齿状；冠毛与瘦果连接处有蛛丝状毛环。花果期 4—9 月。

【分布】 中国分布于江苏、北京、河北、内蒙古、山东、甘肃、安徽、河南、辽宁、宁夏、山西等。

【生境】 生长于海拔 280～2 500 m 的地区，一般生长于沙丘、荒地、山坡、丘陵、灌丛，中国特有植物。

【食用部位及方法】 食用嫩叶、根，鲜用或切片晒干。采集嫩叶，用沸水焯熟，然后换水浸洗干净，加入油、盐调拌食用。

【营养成分】 含有丰富的蛋白质、胡萝卜素、维生素等。

【药用功效】 能祛风除湿、理气活血、清热解毒、通乳消肿。

【栽培管理要点】 桃叶鸦葱可于 4 月上中旬定植，每亩留苗 2 万～3 万株。定植地于上年冬季深翻，定植前再耕翻 1 次，除尽杂草，施足底肥。一般在阴雨天或午后定植容易成活。定植后覆土压紧，避免根系失水，然后浇水。生长期间保持地表湿润。干旱时及时浇水。降水量大时，要排出田间积水，防止根茎窒息死亡。地上可食部分收获后，及时追肥、喷药，并清除田间杂草。蚜虫主要吸食其茎、叶汁液，严重者造成茎、叶发黄，可在发生期用 40% 乐果乳油 1 500～2 000 倍液喷雾防治；蝗虫主要咬食其叶片，造成缺刻、孔洞，可在幼龄期用 90% 的敌百虫 800 倍液喷雾防治。嫩叶、幼嫩花序可于春季采摘；根茎以秋季至春季苗株未出土前质量较好。根茎挖出后，除去茎、叶、泥土及须根，晒干后即可出售。

166. 毛连菜

【学名】 *Picris hieracioides* L.。

【蒙名】 查希巴-其其格。

【别名】 枪刀菜、希日-明占、查希巴-其其格。

【分类地位】 菊科毛连菜属。

【形态特征】 二年生草本，高 30～80 cm。茎直立，具纵沟棱，被钩状分叉的硬毛，基部稍带紫红色，上部有分枝。基生叶花期凋萎；下部叶矩圆状披针形或矩圆状倒披针形，先端钝尖，基部渐狭成具窄翅的叶柄，边缘具微牙齿，两面被具钩状分叉的硬毛；中部叶披针形，无叶柄，稍抱茎；上部叶小，条状披针形。头状花序多数，在茎顶端排列成伞房圆锥状，花序梗较细长，苞叶条形；总苞筒状钟形，总苞片 3 层，黑绿色，先端渐尖，背面被硬毛和短柔毛，外层短，条形，内层较长，条状披针形；舌状花淡黄色，舌片基部疏被柔毛。瘦果稍弯曲，红褐色；冠毛污白色，长达 7 mm。花果期7—8 月。

【分布】 内蒙古分布于呼伦贝尔、通辽、赤峰、锡林郭勒、乌兰察布、呼和浩特、鄂尔多斯、巴彦淖尔。中国分布于华北、华东、华中、西北、西南等地区。日本、西伯利亚地区、亚洲中部也有分布。

【生境】 中生植物。生长于山野路旁、林缘、林下、沟谷。

【食用部位及方法】 夏季、秋季采收，除去杂质，洗净泥土，晒干，切段备用（入药或食用）。

【营养成分】 含有黄酮类化合物、有机酸类、多糖类、萜类、苷类等；黄酮类化合物具有抗炎活性，多糖类具有降血糖、血脂等活性，有机酸类有抗氧化作用，这些药理活性的深入研究可能在高血糖、高脂血症等慢性病的防治方面具有一定的开发潜力。

【药用功效】 全草入药，能清热、消肿、止痛，主治流感、乳痈、阵刺。

【栽培管理要点】 尚无人工引种驯化栽培。

167. 蒲公英

【学名】 *Taraxacum mongolicum* Hand. -Mazz.。

【蒙名】 巴格巴盖-其其格。

【别名】 黄地花丁、婆婆丁、黄花郎等。

【分类地位】 菊科蒲公英属。

【形态特征】 叶倒卵形、倒披针形、条状披针形至条形，羽状分裂、倒向羽状分裂、大头羽状分裂，有时近全缘，侧裂片三角形、长三角形或三角状披针形，全缘或有齿。花葶单生或数个，通常红紫色，上端常被蛛丝状毛；总苞钟状，外层总苞片直立，宽卵形、卵状披针形或披针形，边缘夹膜质，内层总苞片条形或条状披针形，两者先端具角状突起；舌状花冠黄色或白色。瘦果淡褐色或褐色，上部具刺状突起，中部以下具小瘤状突起；冠毛白色。花期4—9月，果期5—10月。

【分布】 内蒙古广泛分布。中国分布于东北、华北、华东、华中、西北、西南等地区。朝鲜、蒙古国、西伯利亚地区也有分布。

【生境】 中生杂草。生长于山坡草地、路边、阳野、河岸砂质地。

【食用部位及方法】 嫩叶可食，可生食、炒食、做汤，是药食兼用的植物。

【营养成分】 富含维生素A、维生素C及钾，也含有铁、钙、维生素 B_2、维生素 B_1、镁、维生素 B_6、叶酸及铜。每60 g叶含水分86%、蛋白质1.6 g、碳水化合物5.3 g。

【药用功效】 全草入药，能清热解毒、利尿散结，主治急性乳腺炎、淋巴腺炎、疔毒疮肿、急性结膜炎、感冒发热、急性扁桃体炎、急性支气管炎、胃炎、肝炎、胆囊炎、尿路感染；也入蒙药，能清热解毒，主治乳痈、淋巴腺炎、胃热等。

【栽培管理要点】

整地施肥 选疏松肥沃、排水良好的砂质壤土种植。每亩施有机肥2 000～3 500 kg，混合过磷酸钙15 kg，均匀撒到地面上。深翻20～25 cm，整平、耙细，作平畦宽1.2 m、长10 m、起20 cm高小垄。播种前，应先翻地作畦，在畦内开浅沟，沟距12 cm，沟宽10 cm，然后将种子播在沟内，播种后覆土，土厚0.3～0.5 cm。播种时要求土壤湿润，如土壤干旱，在播种前两天浇透水。春播最好用地膜覆盖，夏播雨水充足，可不覆盖。

播种定苗 蒲公英繁殖采用种子繁殖。种子无休眠期，成熟采收后的种子，从春季到秋季可随时播种。根据需求，冬季也可在温室内播种，露地直播采用条播，在畦面上按行距25～30 cm开浅横沟，播幅约10 cm，种子播下后覆土1 cm，然后稍加镇压。播种量每亩0.5～0.75 kg；平畦撒播，每亩用种1.5～2 kg；品质优良的蒲公英良种每亩播种量仅为25～50 g。播种后盖草保温，出苗时揭去盖草，约6 d可以出苗。为提早出苗可采用温水烫种催芽处理，即将种子置于50～55℃温水中，搅动至水凉后，再浸泡8 h，捞出种子包于湿布内，放在25℃左右的地方，上面用湿布盖好，每天早晚用温水浇1次，3～4 d种子萌动即可播种。成熟的蒲公英种子没有休眠期，当气温在15℃以上时即可将种子播在湿润土壤中，经过90 h左右即可发芽。种子在土壤温度15℃左右时发芽较快，在25～30℃以上时，发芽慢，所以从初春到盛夏都可以播种。

田间管理 播种当年的田间管理：出苗前，保持土壤湿润。如果出苗前土壤干旱，可在播种畦的畦面先稀疏散盖一些麦秸或茅草；然后轻浇水，待苗出齐后扒去盖草；出苗后应适当控制水分，使幼苗苗壮生长，防止徒长和倒伏；在叶片迅速生长期，保持田间湿润，促进叶片旺盛生长；冬前浇1次透水，然后覆盖马粪或麦秸等，利于越冬。中耕除草：当蒲公英出苗10 d左右可第1次中耕除草，以后每10 d左右中耕除草1次，直到封垄为止；做到田间无杂草。结合中耕除草间苗、定苗。出苗 10 d 左右间苗，株距 3～5 cm，经 20～30 d 即可定苗，株距 8～10 cm，撒播者株距 5 cm 即可。蒲公英抗病、抗虫能力很强，一般不进行病虫害防治，田间管理的重点是肥和水。蒲公英虽然对土壤条件要求不严格，但还是喜欢肥沃、湿润、疏松、有机质含量高的土壤。所以在种植蒲公英时，每亩施 2 000～3 500 kg 农家肥作底肥，每亩施 17～20 kg 硝铵作种肥。播种后，如果土表没有覆盖，应经常浇水，保持土壤湿润，保证全苗。出苗后，也要始终保持土壤湿度适中。生长期追 1～2 次肥，并经常浇水，保持土壤湿润，保证全苗及出苗后生长所需。播种当年的幼嫩植株可以不采叶，等到翌年采收，此时植株品质好，产量高。秋播者入冬后，在畦面上每亩撒施有机肥 2 500 kg、过磷酸钙 20 kg，既起到施肥作用，又可以保护根系安全越冬。翌年春季返青后可结合浇水施用化肥（每亩施尿素 10～15 kg、过磷酸钙 8 kg）。为提早上市，早春可采用小拱棚覆盖。秋末冬初，应浇 1 次透水，然后在畦面覆盖马粪或麦秸等，利于根株越冬和翌年春季较早萌发新株。

适时采收　蒲公英的采收可分批采摘外层大叶供食，或用镰刀割取心叶以外的叶片食用，每隔 30 d 割 1 次。采收时可用镰刀或小刀挑割，沿地表 1～2 cm 处平行下刀，保留地下根部，以长新芽。先挑大株收，留下中株、小株继续生长。也可一次性整株割取上市，一般每亩每次可收割 2 000～2 500 kg。蒲公英整株割取后，根部受损流出白浆，10 d 不宜浇水，以防烂根。蒲公英作为中药材用时，可在晚秋时节采挖带根的全草，去泥晒干，以备药用。

168. 苣荬菜

【学名】　*Sonchus arvensis* L.。

【蒙名】　嘎希棍-诺高。

【别名】　取麻菜、甜苣、苦菜。

【分类地位】　菊科苦苣菜属。

【形态特征】　多年生草本，高 20～80 cm。茎直立，具纵沟棱，无毛，下部常带紫红色，通常不分枝。叶灰绿色，基生叶与茎下部叶宽披针形、矩圆状披针形或长椭圆形，先端钝或锐尖，具小尖头，基部渐狭成柄状，柄基稍扩大，半抱茎，具稀疏的波状牙齿或羽状浅裂，裂片三角形，边缘有小刺尖齿，两面无毛；中部叶与基生叶相似，但无柄，基部多少呈耳状，抱茎；最上部叶小，披针形或条状披针形。头状花序多数或少数在茎顶排列成伞房状，有时单生，直径 2～4 cm。总苞钟状；总苞片 3 层，先端钝，背部被短柔毛或微毛，外层者较短，长卵形，内层者较长，披针形；舌状花黄色。瘦果矩圆形，褐色，稍扁，两面各有 3～5 条纵肋，微粗糙；冠毛白色，长达 12 mm。花果期 6—9 月。

【分布】　内蒙古广泛分布。中国北部地区均有分布。朝鲜、日本、蒙古国等也有分布。

【生境】　田间杂草。生长于田间、村舍附近、路边。

【食用部位及方法】 嫩茎、叶可食用，可凉拌。

【药用功效】 全草入药（药材名：败酱），能清热解毒、消肿排脓、祛瘀止痛，主治肠痈、疮疖肿毒、肠炎、痢疾、带下、产后瘀血腹痛、痔疮。

【栽培管理要点】 栽培地选择地势高、阳光比较充足、土壤腐殖质含量丰富、质地较为松软的壤土或沙壤土，种前深耕，施足基肥，多施腐熟有机肥，少施或不施化肥，保证品质。结合整地每平方米施有机肥 5 kg，耙平，作宽 1～1.2 m 的平畦。条播，春季一般在 4 月中旬播种，秋季可在 7 月下旬至 8 月上旬播种，每平方米播种量 2～3 g。出苗后经常喷水保持土壤湿润，及时松土、除杂草，进入 9 月下旬，结合灌水追施 1 次有机肥，每平方米施肥量 1.5 kg。收获前浇水 2～3 次，为获得高产，需在 2～3 叶期进行 1 次叶面追肥，喷施 0.5%～1% 的尿素溶液。苣荬菜栽培过程中，很少发生病害，虫害以蚜虫为害较重。

169. 苦苣菜

【学名】 *Sonchus oleraceus* L.。

【蒙名】 嘎希棍-诺高。

【别名】 苦菜、滇苦菜。

【分类地位】 菊科苦苣菜属。

【形态特征】 一年生或二年生草本，高 30～80 cm。根圆锥形或纺锤形。茎直立，中空，具纵沟棱，无毛或上部被稀疏腺毛，不分枝或上部有分枝。叶柔软，无毛，长椭圆状披针形，羽状深裂、大头羽状全裂或羽状半裂，顶裂片大，宽三角形，侧裂片矩圆形或三角形，有时侧裂片与顶裂片等大，少有叶不分裂的，边缘具不规则刺状尖齿；下部叶有具翅短柄，叶柄基部扩大抱茎，中部叶及上部叶无柄，基部宽大呈戟状耳形而抱茎。头状花序数个，在茎顶端排列成伞房状，直径约 2 cm，花序梗或总苞下部疏被腺毛；总苞钟状，暗绿色；总苞片 3 层，先端尖，背部疏被腺毛和微毛，外层卵状披针形，内层披针形或条状披针形；舌状花黄色。瘦果长椭圆状倒卵形，压扁，褐色或红褐色，边缘具微齿，两面各有 3 条隆起的纵肋，肋间具细皱纹；冠毛白色，长 6～7 mm。花果期 6—9 月。

【分布】 内蒙古主要分布于乌兰察布、呼和浩特、包头、阿拉善。中国广泛分布于各地。世界分布也较普遍。

【生境】 生长于田野、路旁、村舍附近。

【食用部位及方法】 嫩茎、叶可食用，制作凉拌菜。

【营养成分】 每 100 g 中含蛋白质 3.1 g、碳水化合物 4.5 g、不溶性膳食纤维 1.7 g、叶酸 67 μg、生物素 7.6 μg、钠 17 mg、镁 58 mg、磷 53 mg、钾 350 mg、钙 230 mg。

【药用功效】 全草入药，能清热、凉血、解毒，主治痢疾、黄疸、血淋、痔瘘、疔肿、蛇咬。

【栽培管理要点】 栽培地选择有机质含量丰富、保水保肥力强的土壤，多施腐熟有机肥，少施或不施化肥，保证品质。种子繁殖春季、夏季、秋季均可进行，一般以春播为主，夏秋播为辅。生长期注意浇水、追肥和中耕除草。生长前期浇水 2～3 次，并结合浇水进行中耕松土。雨季及时排出渍水，以防烂根。苦苣菜以食叶为主，需氮较多，结合浇水施速效性氮肥，或进行叶面追肥，喷施 0.5 % 的尿素溶液，促进叶片生长，提高产量和质量。每采收 1 次茎、叶后，及时浇水施肥。苦苣菜可多次采收嫩茎、叶，一般植株有 6 片真叶或株高 10 cm 时，可用剪刀剪或手掐。春季 15 d 采收 1 次；夏季 10 d 采收 1 次；秋季 30 d 采收 1 次。采后马上浇水，并追速效性氮肥。每茬生长时间不宜过长，以免影响产品质量。采收后及时整理，去除杂草和老叶，食用或上市销售。

170. 乳苣

【学名】 *Lactuca tatarica*（L.）C. A. Mey.。

【蒙名】 嘎鲁棍-伊达日阿。

【别名】 紫花山莴苣、苦菜、蒙山莴苣。

【分类地位】 菊科乳苣属。

【形态特征】 多年生草本，高（10）30～70 cm。具垂直或稍弯曲的长根状茎。茎直立，具纵沟棱，无毛，不分枝或有分枝。茎下部叶稍肉质，灰绿色，长椭圆形、矩圆形或披针形，先端锐尖或渐尖，具小尖头，基部渐狭成为具狭翅的短柄，叶柄基部扩大而半抱茎，羽状或倒向羽状深裂或浅裂，侧裂片三角形或披针形，边缘具浅刺状小齿，上面绿色，下面灰绿色，无毛；中部叶与下部叶同形，少分裂或全缘，先端渐尖，基部具短柄或无柄而抱茎，边缘具刺状小齿；上部叶小，披针形或条状披针形；有时叶全部全缘而不分裂。头状花序多数，在茎顶端排列成开展的圆锥状，梗不等长，纤细；总苞片 4 层，紫红色，先端稍钝，背部被微毛，外层卵形，内层条状披针形，边缘膜质；舌状花蓝紫色或淡紫色。瘦果矩圆形或长椭圆形，稍压扁，灰色至黑色，无边缘或具不明显的狭窄边缘，具 5～7 条纵肋，果喙长约 1 mm，灰白色；冠毛白色，长 8～12 mm。花果期 6—9 月。

【分布】 内蒙古分布广泛。中国分布于东北、华北、西北地区。欧洲、亚洲中部、印度、伊朗、蒙古国、西伯利亚地区也有分布。

【生境】 常生长于河滩、湖边、盐化草甸、田边、固定沙丘等。

【食用部位及方法】 嫩茎、叶可食用，制作凉拌菜。

【营养成分】 含丰富的氨基酸、维生素、矿物质等，有很高的营养价值。

【药用功效】 能清热、凉血、解毒、明目、和胃、止咳。

【栽培管理要点】 尚无人工引种驯化栽培。

171. 还阳参

【学名】 *Crepis crocea*（Lam.）Babc.。

【蒙名】 宝黑-额布斯。

【别名】 天竹参、万丈参、竹叶青、独花蒲公英、铁刷把。

【分类地位】 菊科还阳参属。

【形态特征】 多年生草本，高 5～30 cm。全体灰绿色。根直伸或倾斜，木质化，深褐色。茎直立，具不明显沟棱，疏被腺毛，混生短柔毛，不分枝或分枝。基生叶丛生，倒披针形，先端锐尖或尾状渐尖，基部渐狭成为具窄翅的长柄或短柄，边缘具波状齿，或倒向锯齿至羽状半裂，裂片条形或三角形，全缘或具小尖齿，两面疏被皱曲柔毛或近无毛，有时边缘疏被硬毛；茎上部叶披针形或条形，全缘或羽状分裂，无柄；最上部叶小，苞叶状。头状花序单生于枝顶端，或 2～4 个在茎顶端排列成疏伞房状；总苞钟状，混生蛛丝状毛、长硬毛以及腺毛，外层总苞片 6～8 个，不等长，条状披针形，先端尖，内层 1～3 个，较长，矩圆状披针形，边缘膜质，先端钝或尖；舌状花黄色。瘦果纺锤形，暗紫色或黑色，直或稍弯，具 10～12 条纵肋，上部具小刺；冠毛白色，长 7～8 mm。花果期 6—7 月。

【分布】 内蒙古分布于乌兰察布、阿拉善、呼伦贝尔、赤峰、锡林郭勒、包头、呼和浩特、巴彦淖尔等。中国分布于东北、华北地区及西藏等。蒙古国、西伯利亚地区也有分布。

【生境】 生长于海拔 1 600～3 000 m 的山坡林缘、溪边、路边、荒地。

【食用部位及方法】 全草药用。

【营养成分】 地上部分含 8β-羟基-11β、13-二氢中美菊素、8β-羟基异珀菊内酯、8-表去酰洋蓟苦素等物质。

【药用功效】 全草入药，能益气、止嗽平喘、清热降火，主治支气管炎、肺结核。

【栽培管理要点】 尚无人工引种驯化栽培。

172. 山苦荬

【学名】 *Ixeris chinensis*（Thunb.）Nakai。

【蒙名】 陶来音-伊达日阿。

【别名】 野洋烟、老蛇药。

【分类地位】 菊科苦荬菜属。

【形态特征】 多年生草本，高 10～30 cm。全体无毛。茎少数或多数簇生，直立或斜升，有时斜倚。基生叶莲座状，条状披针形、倒披针形或条形，先端尖或钝，基部渐狭成柄，叶柄基部扩大，全缘或具小牙齿或呈不规则羽状浅裂与深裂，两面灰绿色；茎生叶 1～3，与基生叶相似，但无柄，基部稍抱茎。头状花序多数，排列成稀疏的伞房状，花序梗细；总苞圆筒状或长卵形；总苞片无毛，先端尖；外层 6～8 个，短小，三角形或宽卵形，内层 7～8 个，较长，条状披针形；花冠黄色、白色或变淡紫色。瘦果狭披针形，稍扁，红棕色，喙长约 2 mm；冠毛白色，长 4～5 mm。花果期 6—7 月。

【分布】 内蒙古分布广泛。中国分布于北部、东部、南部地区。朝鲜、日本、西伯利亚地区也有分布。

【生境】 生长于山野、田间、荒地、路旁。

【食用部位及方法】 嫩苗和嫩茎、叶可食用，生食或焯水后做凉拌菜、炒菜、掺入面中蒸食，也可晒干作干菜。

【营养成分】 含丰富的铁元素有利于预防贫血，也含多种无机盐、微量元素有利于儿童的生长发育，还含多种维生素可促进伤口愈合，防止维生素缺乏。

【药用功效】 全草入药，能清热解毒、凉血、活血排脓，主治阑尾炎、肠炎、痢疾、疮疖痈肿、吐血。

【栽培管理要点】 播种前要催芽，先将种子用清水浸泡4～6 h，然后捞起沥干，催芽。河沙催芽法：在阴凉处铺上湿润的河沙厚20～30 cm，然后将浸泡过的种子撒在河沙表面，再铺湿河沙厚1～2 cm，并用新鲜菜叶盖上。保温瓶冰块催芽法：将浸泡好的种子吊在瓶内，在瓶内加上清水、冰块，温度15～20℃，每隔1 d冲洗1遍并坚持换水和加冰块。冰箱低温催芽法：把浸泡好的种子用纱布包好，放入15～20℃的冰箱内、并坚持每天冲洗1遍。上述催芽经2～4 d，有60%～70%出芽即可播种。适宜季节可直播育苗、冬春季节可在拱棚内保温育苗，夏秋季节育苗和生产最好采用遮阳网遮光降温生产。合理密植：季节不同，苗龄差异较大，夏秋季节需20～30 d，冬春季节需50～70 d，一般4～6片真叶即可定植，株行距15 cm×20 cm。一般采取平畦栽培，有5～6片真叶时即可定植，行株距20 cm×20 cm。定植前深翻施足基肥，一般每亩施腐熟厩肥3 000 kg、碳酸氢铵80～100 kg，深沟高畦。定植后浇足定根水，如遇干旱，以肥水促进，定植后根据各种条件不同，30～50 d即可收获。

173. 苦荬菜

【学名】 *Ixeris polycephala* Cass. ex DC.。

【蒙名】 宝古尼-陶来音-伊达日阿。

【别名】 苦菜、苦苣。

【分类地位】 菊科苦荬菜属。

【形态特征】 一年生或二年生草本，高30～80 cm。无毛。茎直立，多分枝，常带紫红色。基生叶花期凋萎；下部叶与中部叶质薄，倒长卵形、宽椭圆形、矩圆形或披针形，先端锐尖或钝，基部渐狭成短柄，或无柄而抱茎，边缘具波状浅齿，稀全缘，上面绿色，下面灰绿色，被白粉；最上部叶变小，基部宽，具圆耳而抱茎。头状花序多数，在枝顶端排列成伞房状，具细梗；总苞圆筒形，总苞片无毛，先端尖或钝，外层3～6个，短小，卵形，内层7～9个，较长，条状披针形；舌状花黄色，10～17朵。瘦果纺锤形，黑褐色，喙长0.2～0.4 mm，通常与果身同色；冠毛白色，长3～4 mm。花果期8—9月。

【分布】 内蒙古广泛分布。中国分布于各地。朝鲜、日本、蒙古国、越南也有分布。

【生境】 生长于山地林缘、草甸、河谷，也常见于路旁、田野。

【食用部位及方法】 嫩茎、叶可食用，生食或焯水后做凉拌菜。

【营养成分】 含丰富的粗蛋白质、粗脂肪，能量价值高。

【药用功效】 全草入药，能清热、解毒、消肿，主治肺痈、乳痈、血淋、疖肿、跌打损伤。

【栽培管理要点】 地块整平整细，在翻地的基础上，采用圆盘耙、钉齿耙耙碎土块，平整地面，有利于播种和出苗。苦荬菜需肥量大。要结合整地施足基肥，每亩可施腐熟的农家肥 2 000～3 000 kg、尿素 15～20 kg、过磷酸钙 15～20 kg。移栽苗成活后或定苗后可沟施或穴施 1 次提苗肥，以后每次刈割时追施 1 次，追肥应以速效氮肥为主，配施适量腐熟有机肥和磷钾肥。热带地区一年四季播种栽培，温带地区只在春夏季节生产。播种时进行休眠处理，按 15 cm 行距，深 2 cm 开沟，每亩用种 0.3～0.4 kg，覆土 0.5～1 cm，浇足水分。苗长到 2～3 片真叶时间苗，多施有机肥，不施化学肥料，不喷或少喷农药。生长期要经常保持土壤湿润，如遇干旱及时浇水。雨后及时中耕和排出积水，防止涝害烂根死亡。主要防治蚜虫和白粉虱。

174. 抱茎苦荬菜

【学名】 *Crepidiastrum sonchifolium*（Bunge）Pak & Kawano。

【蒙名】 陶日格-陶来音-伊达日阿。

【别名】 满天星、苦荬菜、苦碟子。

【分类地位】 菊科苦荬菜属。

【形态特征】 多年生草本，高 30～50 cm。无毛。根圆锥形，伸长，褐色。茎直立，具纵条纹，上部多分枝。基生叶多数，矩圆形，先端锐尖或钝圆，基部渐狭或具窄翅的柄，边缘具锯齿或缺刻状牙齿，或为不规则的羽状深裂，上面被微毛；茎生叶较狭小，卵状矩圆形，先端锐尖或渐尖，基部扩大成耳形或戟形而抱茎，羽状浅裂或深裂或具不规则缺刻状牙齿。头状花序多数，排列成密集或疏散的伞房状，具细梗；总苞圆筒形；总苞片无毛，先端尖，外层 5 个，短小，卵形，内层 8～9 个，较长，条状披针形，背部各具中肋 1 条；舌状花黄色。瘦果纺锤形，黑褐色，喙短，约为果身的 1/4，通常为黄白色；冠毛白色，长 3～4 mm。花果期 6—7 月。

【分布】 内蒙古分布于呼伦贝尔、乌兰浩特、通辽、赤峰、锡林郭勒、呼和浩特、包头、乌兰察布、鄂尔多斯、阿拉善。中国分布于东北、华北等地区。朝鲜也有分布。

【生境】 常生长于草甸、山野、路旁、荒地。

【食用部位及方法】 采摘后，用清水洗干净，然后放入开水中略微焯一下，捞出后可凉拌、炒菜或蒸食。

【营养成分】 在花果期含有较高的粗蛋白质和较低量的粗纤维，每 100 g 全草中含维生素 C 7.018 mg。

【药用功效】 全草含有丰富的活性成分，除了镇痛、消炎、清热解毒的功效外，还广泛应用于冠心病和心脑血管病的临床治疗，而且具有较强的抗肿瘤活性成分。

【栽培管理要点】 在播种前将种子浸泡在初始温度为 40～45℃的温水中，2 h 后捞出种子再控净水。选择在平坦、无积水的沙壤土地或山坡地，结合整地，每亩施入 3% 辛硫磷颗粒 3 kg，撒入地面，翻入土中，进行土壤消毒，同时清除田地四周杂草，施入适量农家肥，深耕 25 cm，作宽 1.2 m 的平畦。期间要进行查苗补苗、中耕除草、灌溉和排水、虫害防治、追肥等。播种采用条播或撒播。采收时间一般为 7 月下旬，应选择开花旺盛期，并在晴天采收。收割部位根茎距地面约为 5 cm 为宜，采后扎成捆，晾晒至含水量为 12% 以下时即可储藏。在花色由黄色变为白色时采收更佳。采收过程中，常用牙镰、筐、剪等要保持清洁，不接触有害物质，避免污染。

175. 柳叶蒿

【学名】 *Artemisia integrifolia* L.。

【蒙名】 宝日-荽哈。

【别名】 柳蒿、柳蒿芽。

【分类地位】 菊科蒿属。

【形态特征】 多年生草本，高 50～120 cm。主根明显，侧根稍多；根状茎略粗，直径 0.3～0.4 cm。茎单生，紫褐色，具纵棱；茎、枝被蛛丝状薄毛。叶无柄，不分裂，上面暗绿色，初时被灰白色短柔毛，后脱落无毛或近无毛，背面除叶脉外密被灰白色密茸毛；基生叶与茎下部叶卵形，边缘具少数深裂齿或锯齿，花期叶萎蔫凋谢；中部叶先端锐尖，基部楔形，渐狭呈柄状；上部叶小，椭圆形或披针形，全缘。头状花序多数，椭圆形或长圆形，小苞叶披针形；总苞片 3～4 层；花黄色，外层为雌花，内层为两性花。瘦果，矩圆形，长 1.5 mm，黄褐色。花果期 8—10 月。

【分布】 内蒙古主要分布于呼伦贝尔、通辽、赤峰、锡林郭勒、呼和浩特。中国分布于黑龙江、吉林、辽宁、河北。蒙古国、俄罗斯等也有分布。

【生境】 多生长于低海拔或中海拔湿润或半湿润地区的林缘、路旁、河边、草地、草甸、森林草原、灌丛、沼泽边缘。

【食用部位及方法】 食用嫩芽、嫩茎、叶。鲜菜可凉拌、蘸酱、做馅、做炖菜，也可晒干。

【营养成分】 每 100 g 鲜品含水分 82 g、蛋白质 3.7 g、脂肪 0.7 g、粗纤维 2 g、碳水化合物 9 g、胡萝卜素 4.4 mg、烟酸 1.3 mg、维生素 C 23 mg。

【药用功效】 全草入中药，味苦，性寒，能清热解毒、去火、消炎、利尿等，对于肝硬化及肝炎具有一定的疗效和防治作用。

【栽培管理要点】

整地施肥 整地前每亩施农家肥 4 000 kg，深翻 30 cm，整平、耙细、起垄，垄宽 60 cm。于翌年春季播种。在垄上开沟，沟深 15～20 cm，宽 25～30 cm。在沟内每亩施入磷酸二铵 20 kg，作底肥，其上盖少量土。

定植 由于柳叶蒿的种子较小，播种时按种子：细沙 =1：4 的比例混拌均匀后再播种，每亩用种量为 2.5 kg，覆土厚度不超过 0.5 cm，覆土后轻轻镇压，垄面覆盖草帘，防止雨水直接冲击影响出苗。出苗后 2～4 叶时即可间苗，苗高 10～12 cm 时定植，株距 5 cm 左右，行距 15～20 cm。

田间管理　在未封顶之前，浇水后及时拔出杂草，有利于幼苗生长。定植时及时浇水，定植后 4～6 d 浇水 1 次，以后视天气情况，遇旱浇水，保持土壤湿润。收割刀口愈合后结合浇水施肥，每亩施尿素 18～20 kg。柳叶蒿很少发生病害，主要虫害是蚜虫，用 3 000 倍液乳油或 2 000 倍液吡虫啉乳油，5～7 d 交替喷施 1 次，喷施 2～3 次即可防治。

适时采收　春季、夏季嫩苗高 25～30 cm 时，用刀整株割下，地面上应留 5 cm 左右高的茬，以便再发芽生长。一春一夏可收割 4～7 次，一般以 4 次为宜。入冬前割去地表残秧，保持清洁。

176. 刺儿菜

【学名】　*Cirsium arvense* var. *integrifolium* Wimm. & Grab.。

【蒙名】　巴嘎-阿扎日干那。

【别名】　小蓟、刺蓟。

【分类地位】　菊科蓟属。

【形态特征】　多年生草本。基生叶和中部叶椭圆形、长椭圆形或椭圆状倒披针形，顶端钝或圆形，基部楔形，有时具极短的叶柄，通常无叶柄，长 7～15 cm，宽 1.5～3 cm，上部叶渐小，椭圆形、披针形或线状披针形，或全部叶不分裂，叶缘具细密的针刺，针刺紧贴叶缘，或叶缘具刺齿，齿顶针刺大小不等，针刺长达 3.5 mm，或大部分叶羽状浅裂或半裂或边缘具粗大圆锯齿，裂片或锯齿斜三角形，顶端钝，齿顶及裂片顶端具较长的针刺，齿缘及裂片边缘的针刺较短且贴伏；全部叶两面同色，绿色或下面色淡，两面无毛，极少两面异色，上面绿色，无毛，下面被稀疏或稠密的茸毛而呈现灰色的，也极少两面同色，灰绿色，两面被薄茸毛。头状花序单生茎顶端，或植株含少数或多数头状花序在茎、枝顶端排列成伞房花序；总苞卵形、长卵形或卵圆形，直径 1.5～2 cm；总苞片约 6 层，覆瓦状排列，向内层渐长，外层、中层宽 1.5～2 mm，包括顶端针刺长 5～8 mm，内层及最内层长椭圆形至线形，长 1.1～2 cm，宽 1～1.8 mm，中外层苞片顶端具长不足 0.5 mm 的短针刺，内层及最内层渐尖，膜质，具短针刺；小花紫红色或白色，雌花花冠长 2.4 cm，檐部长 6 mm，细管部细丝状，长 18 mm；两性花花冠长 1.8 cm，檐部长 6 mm，细管部细丝状，长 1.2 mm。瘦果淡黄色，椭圆形或偏斜椭圆形，压扁，长 3 mm，宽 1.5 mm，顶端斜截形；冠毛污白色，多层，整体脱落；冠毛刚毛长羽毛状，长 3.5 cm，顶端渐细。花果期 5—9 月。

【分布】　内蒙古分布广泛。中国分布于除西藏、云南、广东、广西外的各地。欧洲东部和中部、蒙古国、朝鲜、日本等也有分布。

【生境】　主要生长于田间、荒地、路旁。

【食用部位及方法】 幼苗、嫩茎、叶可作野菜食用，用沸水焯后换清水浸泡，炒食、做馅、做汤，也可腌制。

【营养成分】 每100 g嫩茎、叶含蛋白质4.8 g、脂肪1.1 g、碳水化合物5 g、钙216 mg、磷93 mg、铁10.2 mg、胡萝卜素7.35 mg、维生素 B_2 0.39 mg、维生素 C 47 mg。

【药用功效】 能凉血止血、祛瘀消肿。

【栽培管理要点】 种子繁殖。6—7月待花苞枯萎时采种、晒干、备用。早春2—3月播种，穴播按行株距20 cm×20 cm，将种子用草木灰拌匀后播入穴内，覆土，以盖没种子为度，浇水。经常保持土壤湿润至出苗。苗高6～10 cm时间苗、补苗，每穴留苗3～4株，并结合中耕除草，第2次在5月中耕除草结合施人畜粪肥。5—6月盛开期，割取全草晒干或鲜用。可连续收获3～4年。

177. 茵陈蒿

【学名】 *Artemisia capillaris* Thunb.。

【蒙名】 伊麻干-协日乐吉。

【别名】 东北茵陈蒿。

【分类地位】 菊科蒿属。

【形态特征】 半灌木状草本，高40～120 cm或更长，植株有浓烈的香气。主根明显木质，垂直或斜向下伸长；根茎直径5～8 mm，直立，稀少斜上展或横卧，常有细的营养枝。茎单生或少数，红褐色或褐色，具不明显纵棱，基部木质，上部分枝多，向上斜伸展；茎、枝初时密被灰白色或灰黄色绢质柔毛，后渐稀疏或脱落无毛。营养枝顶端有密集叶丛，基生叶密集着生，常呈莲座状；基生叶、茎下部叶与营养枝叶两面均被棕黄色或灰黄色绢质柔毛，后期茎下部叶被毛脱落，叶卵圆形或卵状椭圆形，长2～4（5）cm，宽1.5～3.5 cm，二至三回羽状全裂，每侧裂片2～3（4），每裂片3～5全裂，小裂片狭线形或狭线状披针形，通常细直，不弧曲，长5～10 mm，宽0.5～1.5（2）mm，叶柄长3～7 mm，花期上述叶均萎谢；中部叶宽卵形、近圆形或卵圆形，长2～3 cm，宽1.5～2.5 cm，二回羽状全裂，小裂片狭线形或丝线形，通常细直，不弧曲，长8～12 mm，宽0.3～1 mm，近无毛，顶端微尖，基部裂片常半抱茎，近无叶柄；上部叶与苞片叶羽状5全裂或3全裂，基部裂片半抱茎。头状花序，卵球形，稀近球形，多数，直径1.5～2 mm，具短梗及线形的小苞叶，在分枝的上端或小枝顶端偏向外侧生长，常排列成复总状花序，并在茎上端组成大型、开展的圆锥花序；总苞片3～4层，外层总苞片草质，卵形或椭圆形，背面淡黄色，有绿色中肋，无毛，边缘膜质，中内层总苞片椭圆形，近膜质或膜质；花序托小，凸起；雌花6～10朵，花冠狭管状或狭圆锥状，檐部具2～3裂齿，花柱细长，伸出花冠外，先端2叉，叉端尖锐；两性花3～7朵，不孕育，花冠管状，花药线形，先端附属物尖，长三角形，基部圆钝，花柱短，上端棒状，2裂，不叉开，退化子房极小。瘦果长圆形或长卵形。花果期7—10月。

【分布】　内蒙古广泛分布。中国分布于辽宁、河北、陕西、山东、江苏、安徽、浙江、江西、福建、台湾、河南、湖北、湖南、广东、广西、四川等地。朝鲜、日本、菲律宾、越南、柬埔寨、马来西亚、印度尼西亚、俄罗斯也有分布。

【生境】　生长于低海拔地区河岸、海岸附近的湿润沙地、路旁、低山坡地区。

【食用部位及方法】　可蒸食，可凉拌，也可在煮粥时把茵陈蒿直接放入锅中同煮，茵陈蒿粥味道也比较鲜美。

【营养成分】　含维生素及人体所需的多种微量元素和 20 余种氨基酸。每 100 g 嫩茎、叶含蛋白质 5.6 g、脂肪 0.4 g、碳水化合物 8 g、钙 257 mg、磷 97 mg、铁 21 mg、胡萝卜素 5.02 mg、维生素 B_1 0.05 mg、维生素 B_2 0.35 mg、维生素 C 2 mg，还含蒿属香豆精、精油等物质。

【药用功效】　能清热利湿、消炎解毒、平肝利胆等。

【栽培管理要点】

整地施肥　选择阳光充足、土壤肥力较高的沙质壤土及排水良好的地块，将土壤耕翻、耙平、去杂草、开沟作畦，畦高 20 cm，宽 1 m，畦面东西向，种植行南北向，有利于充分吸收阳光，并施腐熟的有机肥 4 000 kg 作基肥。

定植　播种方式穴播、条播、撒播、分株等。穴播：选择优良种子，于春季 3 月播种，将种子与细沙混合后，按行株距 25 cm×25 cm 开穴播种。条播：按行距 25 cm 开条沟，将种子均匀播入。撒播：撒播时一定要耙平土地，开沟作畦，先浇足水湿润土壤，等半干时，均匀撒上种子，上覆细土 1 层，以不见种子为宜，苗高 6～8 cm 时，及时拔去杂草，苗高 10～12 cm 时移栽，按行株距 25 cm×25 cm 定植。分株繁殖：3—4 月挖掘老株，分株移栽。种子繁殖每亩用种量 1 kg 左右，播种不要太密，以免间苗时费时费力，浪费种子。间苗在苗高 4～5 cm 时进行，保持株距 10 cm，使其均匀生长，等苗高 6～8 cm 左右时，再间苗 1 次，保持株距 25 cm 左右。

田间管理　播后 1 个月首次松土、除草和施肥，以后施肥主要以速效肥为主。一般当年春季不采收，使其根系粗壮。茵陈蒿适应性强，栽培管理简便，对水肥要求不严，浇水不宜过多，以保持土壤稍微湿润最好，对光照要求不严，生长期需追施 1～2 次复合肥，促进开花和延长花期。连绵阴雨容易感染灰霉病，必须及时喷杀菌剂防治，并清除病株，加强排涝和通风。苗期在植物表面喷施新高脂膜，增强肥效，防止病菌侵染，提高抗自然灾害能力，提高光合作用效能，保护幼苗苗壮成长。

适时采收　当嫩苗高 10 cm 以上时，可贴近茎基部采收。

178. 大刺儿菜

【学名】　*Cirsium arvense* var. *setosum*（Willd.）Ledeb.。

【蒙名】　阿考斯特-巴特赛。

【别名】　刺蓟菜、大蓟、绛策尔那布（藏名）。

【分类地位】　菊科蓟属。

【形态特征】 多年生草本，高60～120 cm。茎直立，粗壮，上部密被蛛丝状绵毛。茎下部叶和中部叶披针形或长圆状披针形，无柄，耳状半抱茎，羽状半裂，裂片宽三角形，边缘有大小不等的齿，刺长5～15 mm，两面绿色，上面疏生长3～8 mm的黄色针刺，下面脉上被柔毛；上部叶条状披针形，疏具刺齿。头状花序单生或1～2个集生于枝顶端，球形，直径4～5 cm，无梗或具短梗，基部具苞片状小叶；总苞密被蛛丝状茸毛；外层和中层总苞片卵状矩圆形，先端狭条形，背部具脊，内层渐长，条形，先端长渐尖；全为管状花，花冠暗紫色，长约3.8 cm，筒部较檐部长约2倍。瘦果长圆形，4.5～7 mm，压扁，淡褐黑色，稍光亮；冠毛羽状，污白色，先端略粗糙。

【分布】 内蒙古各地均有分布。中国分布于华北、东北地区，陕西、河南等。

【生境】 多生长于农田、路旁、荒地。喜生长于腐殖质多的微酸性至中性土壤。

【食用部位及方法】 嫩茎、嫩叶可食用，可烹调成菜羹、菜泥和菜汤。

【营养成分】 含丰富的维生素及矿物质。

【药用功效】 能凉血、止血、消炎消肿，主治吐血、鼻出血、尿血、子宫出血、黄疸、疮痈。

【栽培管理要点】 尚无人工引种栽培。

四十九、禾本科

179. 薏苡

【学名】 *Coix lacruyma-jobi* L.。

【蒙名】 图布特-陶布其。

【别名】 菩提子。

【分类地位】 禾本科薏苡属。

【形态特征】 一年生草本，高可达1 m。秆直立，较粗壮。叶鞘光滑，疏松略膨大；叶舌质硬，长约1 mm，先端具不规则细齿裂，截平；叶披针形至条状披针形，长4～20（30）cm，宽1～2.5 cm，两面无毛，上面具点状微凸起，中脉在下面凸起，边缘具微刺毛状粗糙。总状花序腋生成束，长5～7 cm，直立，具总梗；雌小穗位于花序下部，骨质总苞卵球形或较狭长，长7～12 mm，第1颖环包整个小穗，下部膜质，上端较厚，先端钝，具10余脉，第2颖包于第1颖中，先端渐尖，背部龙骨状拱曲呈舟形，第1小花仅具外稃，卵状披针形，短于颖，先端渐尖而质较厚，第2小花外稃形相似而较短，先端稍钝，内稃形也相似而长仅及外稃的3/4左右；退化雄蕊3；雌蕊具长花柱；不育雌小穗2对并列生长于一侧，棒状而呈弓形拱曲；无柄雄小穗长6～8.5 mm，第1颖背部扁平，两侧内折成脊，具不等宽的翼，先端钝，具多数脉，第2颖稍长，背部具脊，略呈舟形，先端失；第1小花与小穗等长；第2小花较短，外稃与内稃均膜质透明；雄蕊3；有柄雄小穗与无柄者相似，但较小甚至有退化者。花果期

6—12月。

【分布】 在内蒙古为栽培植物。中国野生和栽培均有。

【食用部位及方法】 颖果含丰富的淀粉和脂肪，可供面食或酿酒。

【药用功效】 颖果及根入药；颖果（药材名：薏苡仁），能健脾利湿、清热利湿、除痹，主治小便不利、水肿、脚气、脾虚泄泻、肺痈、肠痈、肌肉酸重、关节疼痛；根能清热、利尿、杀虫，主治黄疸、水肿、淋病、虫积腹痛。

【栽培管理要点】 栽培地选择向阳、肥沃的壤土或黏壤土。每公顷施有机肥45 000～75 000 kg、过磷酸钙450～750 kg。种子繁殖，4月下旬至5月上旬播种，种子进行催芽处理，每亩播种量30～40 kg。株高约6 cm或长出3～4片叶时，间苗1次；长出5～6片叶时，按10 cm左右株距定苗。除草同时进行中耕培土，适当浇水。分蘖期结束时，应每公顷追施硫酸铵150 kg；孕穗期可每公顷追施硫酸铵150 kg、过磷酸钙250 kg；薏苡穗基本抽齐后，可用2%的过磷酸钙水溶液喷施植株上半部。防治黑穗病、叶枯病、玉米螟、黏虫等病虫害。

五十、鸭跖草科

180. 鸭跖草

【学名】 *Commelina communis* L.。

【蒙名】 努古存-塔布格。

【分类地位】 鸭跖草科鸭跖草属。

【形态特征】 一年生草本，高25～40 cm。茎基部匍匐，上部斜生，多分枝，近基部节都生根，上部被短柔毛。叶卵状披针形或披针形，长4～8 cm，宽1～2 cm，先端渐尖，基部圆形或宽楔形，两面疏被短柔毛或近无毛；叶近无柄，基部具膜质叶鞘；有时具紫纹，下部合生呈筒状，被短柔毛，鞘口部边缘被长柔毛。聚伞花序，着生于枝上部者具花3～4朵，着生于枝下部者具花1～2朵；总苞片佛焰苞状，心形，长1～2 cm，宽1.4～2.2 cm，先端锐尖，基部心形，背面密被短柔毛；萼片3，膜质，卵形；花瓣深蓝色，3片，不等形，1片位于发育雄蕊的一边，较小，倒披针形，其他2片较大，位于不育雄蕊的一边，近圆形，长约9 mm，基部具短爪；发育雄蕊3，其中1枚花丝长约5 mm，花药箭形，其他2枚花丝长7 mm，花药椭圆形，不育雄蕊3，花药呈蝴蝶状；子房椭圆形，花柱条形。蒴果椭圆形，每室含种子2粒；种子扁圆形，深褐色，表面具网孔。花果期7—9月。

【分布】 内蒙古分布于呼伦贝尔、乌兰浩特、赤峰。中国分布于东北、华北、华中、华南、西南地区。越南、朝鲜、日本、高加索地区、西伯利亚地区、北美洲也有分布。

【生境】 湿中生植物。生长于山沟溪边林下、山坡阴湿处、田间。

【药用功效】　全草入药，能清热解毒、利水消炎，主治水肿、小便不利、感冒、咽喉肿痛、黄疸肝炎、热利、丹毒等。

【栽培管理要点】　栽培地选择土壤肥沃的夹沙土和低湿地。每公顷施入堆肥37 500～45 000 kg或腐熟的人畜粪尿22 500～30 000 kg、草木灰750～1 500 kg。种子繁殖，2月下旬至3月上旬在温室育苗，种子需进行催芽处理。定植后勤除草，防止杂草滋生。根据植株生长和采收情况追肥。播种后的1.5～2个月可采收嫩梢，每次采收后2～3 d浇水、追肥，每公顷施硫酸铵150～225 kg。

五十一、百合科

181. 小黄花菜

【学名】　*Hemerocallis minor* Mill.。

【蒙名】　哲日利格-西日-其其格。

【别名】　黄花菜、黄花、小黄花、山黄花、小花黄花、金针菜、萱草、红萱、细叶萱草、小黄萱草、百步草等。

【分类地位】　百合科萱草属。

【形态特征】　多年生草本。根一般较细，须根粗壮、绳索状，粗1.5～3（4）mm，不膨大，表面具横皱纹。叶基生，长20～60 cm，宽3～15 mm。花葶长于叶或近等长，花序不分枝或稀为假二歧状分枝，常具花1～2朵，稀具花3～4朵。花梗长短极不一致；苞片卵状披针形至披针形；花被淡黄色，花被管通常长1～2.5（3）cm；花被裂片长4～6 cm，内3片宽1.5～2.3 cm。蒴果椭圆形或矩圆形，长2～2.5 cm，宽1.2～2 cm。花期6—7月；果期7—8月。

【分布】　内蒙古分布于呼伦贝尔、乌兰浩特、通辽、赤峰、锡林郭勒、乌兰察布、呼和浩特。中国分布于黑龙江、吉林、辽宁、内蒙古、河北、山西、山东、陕西、甘肃（东部）。

【生境】　中生植物。草甸种，在草甸化草原和杂类草草甸中可成为优势种之一。生长于海拔2 300 m以下的山地草原、林缘、灌丛。

【食用部位及方法】　嫩苗和花可食用。食用嫩苗，在幼苗出土4～5片叶时采集炒食、做汤、做馅均可。食用花蕾，一般在每年6—8月盛花期分批采集其大花蕾或刚开的花，但需注意鲜花中含有毒物质秋水仙碱，不可直接食用，必须在100℃开水中浸烫脱毒才能食用。制成干品时要上笼屉蒸熟后方可晾晒，干后食用。

【营养成分】　每100 g鲜嫩幼苗中含蛋白质2.63 g、脂肪0.89 g、纤维3.59 g、胡萝卜素0.3 mg、维生素B_2 0.77 mg、维生素C 340 mg；每100 g鲜花中含胡萝卜素1.95 mg、维生素B_2 0.118 mg、维生素C 131 mg；每100 g干花中含钾2 420 mg、钙660 mg、镁227 mg、磷588 mg、钠45 mg、铁96 mg、锰8.7 mg、锌5.2 mg、铜1.1 mg。

【药用功效】 根入药，嫩苗、叶及花也可药用。根味甘，性凉，有小毒，入脾经、肺经，能清热、利尿、消肿、凉血、止血，主治小便不利、浮肿、淋病、腮腺炎、膀胱炎、黄疸、尿血、乳汁缺乏、月经不调、带下崩漏、便血、衄血；外用治乳痈肿痛等；内服用量 5～10 g；外用适量捣敷；根的煎剂治疗多种疾病的水肿，其中对肾炎的利尿作用较为突出。嫩苗味甘，性凉，入脾经、肺经，能利湿热、宽胸、消食，主治胸膈烦热、黄疸、小便赤涩；内服用量鲜品 25～50 g。叶味甘，性凉，能安神，主治神经衰弱、心烦失眠、体虚浮肿、小便少；内服用量 5～10 g。花蕾（金针菜）味甘，性凉，能利湿热、宽胸膈，主治小便赤涩、黄疸、胸膈烦热、夜少安寐、痔疮便血；内服用量 25～50 g。

【栽培管理要点】 小黄花菜耐寒性较强，北方地区均可露地越冬，耐阴、耐旱、耐贫瘠，对土壤要求不严，但以湿润肥沃、排水良好的土壤为宜。

栽培地的选择 小黄花菜根系对外界的气候条件、土壤基质的适应性相对较强，所以，将边荒隙地进行进一步开发并有效利用。

繁殖方式 播种、扦插、分株均能繁殖，以分株繁殖为主。

播种法：优质种子在播前，可用 20～25℃的温水将种子浸 8～12 h，以促进其发芽和提高发芽率。黄花菜苗床要求土壤肥沃并且疏松，育苗床宽 1.5～2 m，栽植黄花菜的行间距约 20 cm，开沟均匀撒入沟内条播，沟深约为 3 cm。播种后，沟内上面覆盖1.5～2 cm 的潮湿细土，然后再在苗床上面盖上草帘，待黄花菜种子萌生出苗后去掉草帘，成苗后移栽。播种苗 2～3 年后开花。

扦播法：在花茎上形成的 3～4 对小叶的茎芽，可作为扦插繁殖的材料，在花茎枯萎前，用利刃切下后，扦插于阴凉处，2～3 周可生根，长成独立植株。

分株法：小黄花菜的繁殖多用分栽地下茎的方法，每隔 5～6 年分栽 1 次，分栽的时间以秋季 9 月中下旬为最合适，分栽时，每丛分为 2～3 份，要注意尽量少伤根。新分栽的苗，当年冬季需适当覆草保护，生长季节要控制杂草滋生，并防治病虫害，常发现的地下虫害有地蚕，应注意检查及时捕杀。

全部根系挖出分株法是将黄花菜的整株全根丛挖出，然后对其根群按分蘖根系分切，分切所得的根主要作为种苗繁殖。

整丛原地分株法是选择三年生以上的状态良好、株丛较为粗壮的黄花菜，将整丛的根系的 1/4～1/3 分蘖根挖出来充当种苗，原地栽植。

育苗栽植 种植黄花菜的行间距为 60 cm，株间距为 30～40 cm，种苗的穴深度要适宜根系的最大横向扩展度和最大纵向深度，栽植深度为 15～17 cm（分蘖）或齐根颈处。每穴栽植 2～3 个成苗或 3～4 个分蘖的黄花菜苗，种苗或成苗放入苗穴后，将根系上面覆土，在覆土过程中要压紧，让根系与土壤紧密接触，覆土后浇 1 次透水。

田间管理 黄花菜种植地越冬管理：收获黄花菜花蕾后，直接离地面 3～4 cm 处以上全部割除，同时黄花菜栽植的行之间空隙（垄沟）进行深耕，深度约 30 cm，并施撒化肥，有机肥料每公顷施撒 20 t。之后在苗床上或者垄沟，用拌均匀的厩肥、细土、草木灰，再覆盖土壤，此措施主要为了防止新根露出土。促发春苗：在每年春季黄花菜出苗之前，要对垄沟深耕 1 次，深度为 13 cm 以上，要破碎深耕后的苗床上的覆盖物，之后再追施催茎肥。抽薹前，在黄花菜苗床行间进行细作浅耕 6～7 cm，并结合施撒催薹肥。

　　采收　黄花菜是在傍晚开花，次日中午即凋萎，干制用的黄花，要选当日将开而未开的花蕾，于清晨或下午采摘，呼和浩特一般在 6 月底至 7 月初开始采收，可持续 30 d 左右。花蕾采收后要及时加工蒸晒。

182. 有斑百合（变种）

　　【学名】 *Lilium concolor* Salisb. var. *laulehelium*（Fisch.）Regel。

　　【蒙名】 朝哈日-萨日那。

　　【别名】 红合、山丹、斑百合、山灯子花、有斑山丹、有斑渥丹。

　　【分类地位】 百合科百合属。

　　【形态特征】 多年生球根草本。茎卵球形，高 2～3.5 cm，直径 2～3.5 cm；鳞片卵形或卵状披针形，长 2～2.5（3.5）cm，宽 1～1.5（3）cm，白色，鳞茎上方茎上有根。茎高 30～50 cm，少数近基部带紫色，具小乳头状突起。叶散生，条形，长 3.5～7 cm，宽 3～6 mm，脉 3～7 条，边缘具小乳头状突起，两面无毛。花 1～5 朵排列成近伞形或总状花序；花梗长 1.2～4.5 cm；花直立，星状开展，深红色，无斑点，具光泽；花被片具斑点，矩圆状披针形，长 2.2～4 cm，宽 4～7 mm，蜜腺两边具乳头状突起；雄蕊向中心靠拢；花丝长 1.8～2 cm，无毛，花药长矩圆形，长约 7 mm；子房圆柱形，长 1～1.2 cm，宽 2.5～3 mm；花柱稍短于子房，柱头稍膨大。蒴果矩圆形，长 3～3.5 cm，宽 2～2.2 cm。花期 6—7 月，果期 8—9 月。

　　【分布】 内蒙古分布于呼伦贝尔、乌兰浩特、赤峰、锡林郭勒、乌兰察布、呼和浩特。中国分布于河北、山东、山西、内蒙古、辽宁、黑龙江、吉林。

　　【生境】 中生植物。生长于海拔 600～2 170 m 的山地草甸、林缘、草甸草原、林下湿地。

　　【食用部位及方法】 鳞茎、叶、花均可食用。可蒸、可煮、可炸、可炒，做成菜肴羹汤，还可做主食，制成淀粉，加工成点心、饼类等面食，还可加工成百合干、百合晶、百合酱、百合饮及罐头食品。

　　【营养成分】 每 100 g 含钾 492 mg、碳水化合物 79.1 g、磷 72 g、钠 69.8 mg、镁 43 mg、钙 29 mg、蛋白质 8.1 g 等。

　　【药用功效】 花和鳞茎可入药（蒙药名：乌和日-萨仁纳），功能主治同山丹。有斑百合味甘，性平，入心经，能润肺止咳、宁心安神、清心除烦，中药可治肺虚久咳、痰中带血、神经衰弱、惊悸、失眠多梦、热病后余热未消、神思恍惚、失眠多梦、心情抑郁、喜悲伤欲哭等。有滋补强壮止咳的功效。对白细胞减少症有预防作用，对化疗及放射性治疗后细胞减少症有治疗作用。

【栽培管理要点】

栽培地的选择　有斑百合自然生长在向阳坡，具有较强的适应性。

繁殖方式　有性繁殖：获取的种苗量大，是培育新品种的主要方式。因播种生长慢且常有品种变劣的缺点。播种时间一般都在翌年春季，播种时可作畦育苗，选用沙壤土，用多菌灵按说明消毒，苗床遮阴 50% 时生长质量要好于不遮阴苗床。一般生长 3 年培养便可长成种球。无性繁殖：是有斑百合的主要繁殖手段，秋季待地上部分枯萎后，起出三年生种球，选取成熟的大鳞茎，将 2～4 层鳞片用利刃割下，用 0.2% 高锰酸钾溶液消毒 20 min 后用清水浸泡 20 min，斜插于预先作好的畦面上，注意使鳞片内侧面微朝上，株行距 5 cm×20 cm，深 5 cm，翌年春季即可出苗。至秋季即可移栽，在种苗生长期间，也需进行 60% 的遮阴。

栽培技术　整地作畦：于上一年秋季深翻土壤，结合整地，每亩施入有机肥 2 000～3 000 kg，并用敌克松或多菌灵按说明进行土壤消毒，翌年早春作畦，春季作畦前每亩施入过磷酸钙 25 kg、复合肥 10 kg（质量比 N：P：K=1：1：1），作畦长 10 m，宽 1～1.5 m，高 20 cm。作业道以 60 cm 为宜，作业道过窄病害传播迅速，过宽浪费土地。种球栽培：宜深栽，以 15～20 cm 为宜，株行距 20 cm×20 cm，春苗长齐后，第 1 次中耕，结合除草每亩追施复合肥 10 kg、过磷酸钙 10 kg，开沟施入即可。夏季高温时停止追肥，在蕾期可通过喷施磷酸二氢钾进行催花，10 d 1 次，连续 3 次。

田间管理　在生长 2 年以后，生长期喜光、喜肥、喜排水良好的微酸性土壤，在现蕾后喷施磷酸二氢钾 +0.2% 尿素，可以取得最佳的花色及花径。

183. 山丹

【学名】 *Lilium pumilum* DC.。

【蒙名】 萨日阿楞。

【别名】 细叶百合、山丹丹花、焉支花、簪簪花。

【分类地位】 百合科百合属。

【形态特征】 多年生草本。鳞茎卵形或圆锥形，高 2.5～4.5 cm，直径 2～3 cm；鳞片矩圆形或长卵形，长 2～3.5 cm，宽 1～1.5 cm，白色。茎直立，高 15～60 cm，密被小乳头状突起，有的带紫色条纹。叶散生于茎中部，条形，长 3.5～9 cm，宽 1.5～3 mm，中脉下面突出，边缘密被小乳头状突起。花单生或数朵排列成总状花序，着生于茎顶部，鲜红色，通常无斑点，有时具少数斑点，下垂；花被片反卷，长 4～4.5 cm，宽 0.8～1.1 cm，蜜腺两边具乳头状突起；花丝长 1.2～2.5 cm，无毛，花药长矩圆形，长约 1 cm，黄色，具红色花粉粒；子房圆柱形，长 0.8～1 cm；花柱稍长于子房或长 1 倍多，长 1.2～1.6 cm，柱头膨大，径 5 mm，3 裂。蒴果矩圆形，长 2 cm，宽 1.2～1.8 cm。花期 7—8 月，果期 9—10 月。

【分布】 内蒙古分布于呼伦贝尔、乌兰浩特、赤峰、锡林郭勒、乌兰察布、鄂尔多斯、巴彦淖尔、阿拉善、包头、呼和浩特。中国分布于河北、河南、山西、陕西、宁夏、山东、青海、甘肃、内蒙古、黑龙江、辽宁、吉林。

【生境】 中生植物。生长于海拔 400～2 600 m 的草甸草原、山地草甸、山地林缘。

【食用部位及方法】 鳞茎富含蛋白质、脂肪、淀粉、生物碱、钙、磷、铁等，可用来煲汤，具有良好的滋补作用。山丹花可以与其他菜肴一起入菜，和山药一起翻炒出锅即可，山丹花花叶中含有丰富人体所需的微量元素，营养价值高，菜的滋味爽口开胃，而且由于制作方法简便易行，是家常小菜的好选择。

【营养成分】 鳞茎中蛋白质 10.597 mg/g、还原糖 0.399%、淀粉 32.1%、维生素 C 118.17 mg/g、总多酚 28.976 mg/g、总黄酮 2.39 mg/g、总黄烷醇 1.305 mg/g。

【药用功效】 鳞茎和花可入药（蒙药名：萨日良），能接骨、治伤、去黄水、清热解毒、止咳止血，主治骨折、创伤出血、虚热、铅中毒、毒热、痰中带血、月经过多等。鳞茎能养阴润肺、清心安神，主治阴虚、久咳、痰中带血、虚烦惊悸、神志恍惚。取山丹花的花蕊部分，入药，煎汤内服，或者是捣敷在伤口处，主治疗疮，能消肿排毒。山丹花的功效还有治疗咳嗽吐血、心悸失眠，山百合、枣仁、白芨一起研为细末，每日服用少量就可以治疗。

【栽培管理要点】

栽培地的选择 栽培地选择土层深厚、土质疏松、地势较高、排水良好的腐殖质壤土。山区可选择半阴半阳坡的疏林下或缓坡（25°以下）种植。

繁殖方式 可采用鳞片扦插、播种、组织培养等方法进行繁殖。鳞片扦插：选植株体繁茂、生长健壮的鳞茎作为繁殖母球，从土中挖出后，将鳞茎整理干净，剥去最外层的萎缩鳞片；然后用刀片切取鳞茎中部的鳞片，每鳞片基部带一小部分茎盘组织；将切下的鳞片斜插入蛭石和珍珠岩混合的基质中，保持室温 20～25℃，2 周后鳞片基部就可见明显的小瘤状突起，3～4 周后，鳞茎基部长出数条肉质根，1 个月以后小鳞茎发出新芽，从而长成 1 个新的植株。种子繁殖：春季 4—5 月播种，播种用土可用 1 份腐叶土加 1 份河沙配制而成，播前将种子先用 60℃温水浸种，播后将花盆放置在 20～24℃的温室环境中，保持土壤适度湿润，2 周左右可以出苗，出苗后可以移栽到小花盆中进行养护。组织培养：将从山上挖回的山丹鳞茎用肥皂水冲洗干净，70%酒精消毒 30 min，然后在漂白水溶液中表面消毒 20 min，用无菌水冲洗干净，无菌滤纸吸取表面水分，将消毒好的鳞片切成 0.5 cm 边长的正方形小块，接种到 MS 培养基每升附加 2.0 mg 6-BA 的诱导培养基上。接种 3 周后产生不定芽，培养 6 周后每个鳞片块上产生大量的小鳞茎。将诱导产生的小鳞茎重新分瓶壮苗、生根，4 周后出瓶移栽。移栽前进行 2 周左右的低温处理，移栽后瓶苗生长良好。

栽培技术 整地：栽种前深翻土壤 25 cm，结合整地，每亩施入腐熟厩肥或堆肥 2 500 kg、过磷酸钙 25 kg、复合肥 10 kg 及 50%地亚农 0.6 kg 翻入土壤消毒。整细耙平，作宽 1.2 m 的高畦，畦间沟宽 30 cm，栽植地四周挖排水沟。种源少、栽植面积小可用木箱、花盘庭院、不积水且有水浇条件的田间地头、林间隙地种植，腐殖土厚度均需达到 25 cm 以上。栽种：山丹以秋季栽种为好，山东于 9 月下旬进行；春季可在土壤解冻后（4—5月）随即栽植。栽前选取小鳞茎，以鳞片抱合紧密、色白形正、无损伤、无病虫害的为佳，用0.2%高锰酸钾溶液浸泡30 min，取出用清水冲洗，晾干后下种。播种30粒/m²左右。在整好的畦面上按行距20 cm开沟，深约10 cm，株距10 cm，栽植鳞茎顶端向上，尽量避免与粪块接触，以免引起腐烂。覆土厚度掌握在鳞茎高度的3倍左右，过浅鳞茎易开裂，也不利于上层根的形成和发育。而后盖1层落叶或草帘保湿，用枯枝压紧，出苗时揭去。有条件的地方盖锯末2 cm，既能有效地防止杂草滋生，又可保墒和调节土壤温度，有利于鳞茎的生长发育。

田间管理 除草施肥：生长季节及时清除杂草，除草次数不宜过多，浅锄，避免损伤鳞茎。种植面积小的地，最好拔除杂草。栽后第2年，结合除草，培土施肥。第1次追肥在6月上旬，每亩施复合肥10 kg、过磷酸钙20 kg、腐熟饼肥200 kg、1 000 kg堆肥混拌均匀施用。第2次在7月中旬，每亩施入复合肥10 kg、过磷酸钙20 kg、人畜粪水2 000 kg。行间开沟施入，施后盖土。施肥应避免肥料与鳞茎直接接触，以免引起腐烂。摘除花蕾：若以生产鳞茎为主要目的，6—7月山丹花蕾期及时摘除花蕾，减少养分消耗。有利于鳞茎增产，并能促使珠芽形成，扩大繁殖材料。排灌水：栽培季节及时排灌水，做好枯叶病、蚜虫、根蛆的防治。山丹怕涝，夏季高温多雨季节及大雨后土壤含水量过高，通气不良易发生病害，要及时疏沟排水。遇干旱天气，及时灌水。应用微喷、滴灌，不仅节约用水，也有利于山丹增产。

病虫防治 枯叶病：叶片受害后出现圆形、椭圆形或条形病斑，色白，微下陷。随着分生孢子的形成，病斑变为深褐色或黑色，严重时整个叶片枯死。茎部出现病斑后，茎秆瘦弱变细，严重时死苗。应加强管理，及时排水，降低湿度，保持通风透光，增强植株抗病性；选无病鳞茎作种，种前鳞茎用2%福尔马林或0.2%高锰酸钾消毒；出现病斑及时清除，防止蔓延，必要时喷1：100倍波尔多液或65%代森锌500倍液，每7 d喷施1次，连喷3～4次。蚜虫：通常在春末夏初发生，为害茎、叶，不仅影响山丹生长，而且能传播病害，防治时用4%乐果乳油1 000倍液喷施。

184. 野韭

【学名】 *Allium ramosum* L.。

【蒙名】 哲日勒格-高戈得。

【别名】 山韭、野韭菜。

【分类地位】 百合科葱属。

【形态特征】 多年生草本。根状茎粗壮，横生，略倾斜。鳞茎近圆柱状，簇生，外皮暗黄色至黄褐色，破裂成纤维状，呈网状。叶三棱状条形，背面纵棱隆起呈龙骨状，叶缘及沿纵棱常具细糙齿，中空，宽1～4 mm，短于花葶。花葶圆柱状，具纵棱或有时不明显，高20～55 cm，下部被叶鞘；总苞单侧开裂或2裂，白色，膜质，宿存；伞形花序半球状或近球状，具多而较疏的花；小花梗近等长，基部除具膜质小苞片外常在数枚小花梗的基部又为1枚共同的苞片所包围；花白色，稀粉红色；花被片常具红色中脉；外轮花被片矩圆状卵形至矩圆状披针形，先端具短尖头，通常与内轮花被片等长。但较狭窄；内轮花被片矩圆状倒卵形或矩圆形，先端也具短尖头；花丝等长，长为花被片的 1/2～3/4，基部合生并与花被片贴生，分离部分呈狭三角形，内轮者稍宽；子房倒圆锥状球形，具 3 圆棱，外壁具疣状突起；花柱不伸出花被外。花果期 7—9 月。

【分布】 内蒙古分布于呼伦贝尔、赤峰、锡林郭勒、呼和浩特、乌兰察布、阿拉善。中国分布于黑龙江、吉林、辽宁、河北、山东、山西、内蒙古、陕西、宁夏、甘肃、青海、新疆。

【生境】 中旱生植物。生长于海拔 460～2 100 m 的向阳砾石质坡地、草甸草原、草原化草甸、林下等。

【食用部位及方法】 叶可作为蔬菜食用，花和花葶可腌渍做"韭菜花"调味佐食。

【营养成分】 野韭在盛花期其粗蛋白的含量占干物质的 15% 左右、粗脂肪 4% 左右。野韭中的有效成分比较多，营养相当的丰富，平均 100 g 野韭中就含有碳水化合物 3 g、蛋白质 2 g、脂肪 0.5 g、钙 53 mg、磷 39 mg、铁 1.8 mg、胡萝卜素 2.69 mg、硫胺素 0.08 mg、核黄素 0.35 mg、烟酸 0.8 mg、抗坏血酸 20 mg。嫩叶中除含有蛋白质、脂肪、糖类外，还含有钙、铁、胡萝卜素、维生素等。野韭菜花 100 g 蛋白质含量比栽培韭菜花高 0.5 倍左右；铁和纤维素含量比栽培韭菜花高 20 多倍；叶和花中可溶性蛋白 1.65 mg/g 和 1.74 mg/g、氨基酸 7.58 mg/g 和 17.20 mg/g、可溶性糖 0.51% 和 1.22%、淀粉 0.33% 和 1.78%。

【药用功效】 野韭菜性味辛、温，能温中下气、补肾益阳、健胃提神、调整脏腑、理气降逆、暖胃除湿、散血行气、解毒等。

【栽培管理要点】 土壤以栗钙土、草甸土为主。林地以沙土至中壤土为宜，土层 20 cm 以上即可。春播，种子不需预处理，可干种直播。如夏季播种，应对种子进行催芽，在播种前 4～5 d，将种子放入 30～40℃温水中搅拌，撇除瘪种子，浸泡 24 h 后，捞出种子放入盆内，盖上湿布，气温控制在 16～18℃，2～3 d 后有胚根伸出即可播种。

春播一般在 5 月上旬，夏播一般在 6 月上旬至下旬。播种分为条播和撒播。条播是沿着畦床每隔 10 cm 开 1 条 1.8～2 cm 深的沟，将种子撒入沟内，然后覆土 1～1.5 cm。撒播是将种子均匀撒在畦床表面，然后覆盖 1～1.5 cm 的细土。每亩播种量为 2～3 kg。

整地要求达到土块细碎、地面平整、墒情好、无杂草。结合整地施足基肥。基肥以农家肥为主，每亩施 0.5～1 t 腐熟农家肥，可辅加尿素、硫酸钾、磷酸钙、磷酸二铵，进行翻耙，深度 20 cm 左右，整平耙细，可作成床面宽 1.2～1.3 m、深 15～18 cm、步道宽 40 cm 的畦床。

春播出苗一般需要 15 d 左右，夏播则需要 7 d 左右。为了保持床面湿润，可用松针或草帘覆盖床面。每天向床面喷水 1 次，以浸透床面 5 cm 左右为宜。为防治蝼蛄等地下害虫，可结合喷水向床面喷施 25% 辛硫磷 1000 倍液。苗出齐后，撤去覆盖物，应及时除去床面上的杂草。边挖边栽，沿畦床开 3 cm 深沟，行距为 15 cm，株距为

3～5 cm，覆土踩实，浇透水。

出苗后，要及时除草、灌水。生长季如特别干旱，则应及时补充水分，防止因干旱造成苗木干枯、死亡而影响产量。每年5—6月，追肥1～2次，每亩施尿素10～15 kg，采用向畦床表面扬撒的方法。

185. 碱韭

【学名】 *Allium polyrhizum* Turcz. ex Regel。

【蒙名】 塔干那。

【别名】 紫花韭、多根葱、碱葱。

【分类地位】 百合科葱属。

【形态特征】 多年生草本。鳞茎多枚紧密簇生，圆柱状；鳞茎外皮黄褐色，撕裂成纤维状。叶半圆柱状，边缘密具微糙齿，粗0.25～1 mm，短于花葶。花葶圆柱状，高7～35 cm，近基部被叶鞘；总苞2～3裂，膜质，宿存；伞形花序半球状，具多而密集的花；小花梗近等长，从与花被片等长直到比其长1倍，基部具膜质小苞片，稀无小苞片；花紫红色至淡紫色，稀粉白色；花被片长3～7（8.5）mm，宽1.3～3（4）mm，外轮花被片狭卵形至卵形，内轮花被片矩圆形至矩圆状狭卵形，稍长；花丝等长、近等长于或略长于花被片，基部1/6～1/2合生呈筒状，合生部分的1/3～1/2与花被片贴生，内轮分离部分的基部扩大，扩大部分每侧各具1锐齿，极少无齿，外轮锥形；子房卵形，腹缝线基部深绿色，不具凹陷的蜜穴；花柱比子房长。花果期6—8月。

【分布】 内蒙古分布于呼伦贝尔、锡林郭勒、包头、鄂尔多斯、阿拉善。中国分布于新疆、青海、甘肃、内蒙古、宁夏（北部）、山西（北部）、河北（北部）、辽宁（西部）、吉林（西部）、黑龙江（西部）。

【生境】 强旱生植物。生长于海拔1 000～3 700 m的向阳山坡、荒漠草原带、干草原带、半荒漠及荒漠地带的壤质、沙壤质棕钙土、淡栗钙土、石质残丘坡地，是小针茅草原群落中常见的成分，甚至可成为优势种。

【食用部位及方法】 花（民间称其为扎蒙花）是西北地区群众常用的一种烹调炝油提味佳品。

【营养成分】 叶和花中蛋白质2.02 mg/g和1.47 mg/g、氨基酸44.28 mg/100 g和54.71 mg/100 g、可溶性糖2.4 mg/100 g和6.06 mg/100 g、淀粉0.33%和1.78%、维生素C 527.99 mg/100 g和586.91 mg/100 g。花中至少含有18种氨基酸，其中含有8种人体必需氨基酸和多种药用氨基酸，人体必需氨基酸的含量占氨基酸总量的36.2%，蛋氨酸和胱氨酸为第一限制性氨基酸，谷氨酸和天门冬氨酸含量丰富，占总氨基酸23.4%和13.59%；不饱和脂肪酸平均含量为79.8%，人体必需脂肪酸为36.49%，亚油酸为27.51%，不饱和脂肪酸（PUFA）与饱和脂肪酸（SFA）比值为3.95；总黄酮、维生素B_2和维生素E的平均含量分别为2.18%、0.57×10^{-2} mg/g和0.71×10^{-2} mg/g DW，不溶性膳食纤维和粗脂肪含量分别为 21.36% 和 5.8%。

【药用功效】 全草及种子入药，能解毒消肿、化瘀、健胃等，具有抑"赫依"、补血及增强体质等作用。

【栽培管理要点】 尚无人工引种驯化栽培。

186. 蒙古韭

【学名】 *Allium mongolicum* Regel。

【蒙名】 呼木乐。

【别名】 蒙古葱、沙葱、山葱。

【分类地位】 百合科葱属。

【形态特征】 多年生草本。鳞茎数枚紧密丛生，圆柱状，鳞茎外皮灰褐色，撕裂成松散的纤维状。叶半圆柱状至圆柱状，粗 0.5～1.5 mm，短于花葶。花葶圆柱状，高10～35 cm，近基部被叶鞘；总苞单侧开裂，膜质，宿存；伞形花序半球状至球状，通常具多而密集的花；小花梗近等长，基部无小苞片；花较大，淡红色至紫红色；花被片卵状矩圆形，先端钝圆，外轮长 6 mm、宽 3 mm，内轮长 8 mm、宽 4 mm；花丝近等长，长约为花被片的 2/3，基部合生并与花被片贴生，外轮锥形，内轮基部约 1/2 扩大成狭卵形；子房卵状球形；花柱长于子房，但不伸出花被外。花果期 7—9 月。

【分布】 内蒙古分布于呼伦贝尔西部、锡林郭勒、乌兰察布北部、巴彦淖尔、乌海、鄂尔多斯、阿拉善、包头。中国分布于新疆（东北部）、青海（北部）、甘肃、宁夏（北部）、陕西（北部）、内蒙古、辽宁（西部）。

【生境】 旱生植物。生长于海拔 800～2 800 m 的荒漠草原、荒漠地带的沙地、干旱山坡。

【食用部位及方法】 叶、花可食用。食用方法：用新鲜嫩叶，凉拌、油炒或肉炒；夏季采集嫩叶，加入酸奶和适量食盐腌制，或与地梢瓜幼果、沙芥嫩叶混合腌制，1 周左右可食用；新鲜嫩叶作为调味品，调味面条、炒饭和肉食；秋季采集花序，捣碎成团后晒干，冬季煮肉、做面条时可作为调味品。

【营养成分】 蒙古韭为多浆类的中旱生植物，体内薄壁组织发达，机械组织很少，营养成分比较全面，适于作为一种绿色沙生蔬菜开发利用。人工栽培蒙古韭叶中每 100 g 含粗蛋白 1.86 g、粗纤维 1.34 g、粗脂肪 0.27 g、粗灰分 1.27 g、β-胡萝卜素20.44 mg、铁 17.56 mg、锰 9.83 mg、锌 18.82 mg、铜 5.44 mg、镁 13.18 mg。蒙古韭叶的腌制品中每 100 g 含蛋白质 2.86 g、脂肪 0.36 g、粗纤维 1.71 g、粗灰分 1.58 g、钙25.5 mg、镁 59.1 mg、锰 1.57 mg、锌 1.80 mg、铜 0.74 mg。另外，蒙古韭叶的粗脂肪中脂肪酸成分主要为不饱和脂肪酸，明显高于一般蔬菜；所含蛋白质属于完全蛋白质；所含必需氨基酸与总氨基酸比值（EAA/TAA）为 40.45%，达到了联合国粮食及农业组织（FAO）和世界卫生组织（WHO）提出的理想蛋白质模式。

蒙古韭种子中脂肪和总糖含量较高，淀粉含量和蛋白质含量较低；总糖中以多糖为主，占总糖的 57.31%；富含维生素 C，每 100 g 鲜重中含 263.49 mg。

蒙古韭种子含 18 种氨基酸，其中谷氨酸含量最高，人体必需氨基酸占氨基酸总量的 28.3%，必需氨基酸营养比较均衡。

蒙古韭种子中不饱和脂肪酸含量为 92.15%，人体必需脂肪酸含量为 74.92%，亚油酸含量达到 74.57%。

蒙古韭含大量的水分、灰分、粗脂肪、粗纤维、粗蛋白质、天然 β- 胡萝卜素及钙、锌等矿物质元素，还含 18 种天然氨基酸，粗脂肪中脂肪酸成分主要为不饱和脂肪酸；所含蛋白质属于完全蛋白质，所含人体必需氨基酸与总氨基酸比值（EAA/TAA）为 40.45%。叶和花中可溶性蛋白 0.87 mg/g 和 1.11 mg/g、氨基酸 2.82 mg/g 和 16.01 mg/g、可溶性糖 0.46% 和 1.71%、淀粉 0.13% 和 1.16%、维生素 C 115.2 mg/100 g。

【药用功效】 全草入药，能开胃、消食、杀虫，主治消化不良、不思饮食、秃疮、青腿病、痢疾、秃疮、冻疮等，具有除瘴气、排恶毒等重要的药理作用，被誉为"大漠野菜""沙原佳蔬""菜中灵芝"。用法用量为鲜食 15～60 g，外用煎汤洗或鲜品捣烂敷患处。另外，蒙古韭 50 g，焦山楂 20 g，水煎服，用于食欲缺乏。在《本草纲目》中也有蒙古韭入药的记载。常吃蒙古韭能增强儿童智力发育，提高免疫功能，也能有效地预防阿尔茨海默病的发生，还能抑制和逆转癌细胞的异常增殖，有助于健康长寿。

【栽培管理要点】

蒙古韭可与豆类、茄果类及白菜、甘蓝、黄瓜等轮换倒茬，这样不仅可使土壤中不同层次的养分得到充分利用，同时也可防止病害，减轻杂草危害，是良好的前茬作物。

蒙古韭为耐瘠薄、耐干旱、耐风沙的多年生草本，适宜生长的地域较为广泛。凡有灌溉条件的耕地、荒地均可栽培。选择地块平整、通风和光照条件好、排灌水方便、沙层厚度在 20 cm 以上，纯沙达到 80% 以上的沙地。

播种和分株栽植均能繁殖。播种主要在 3 月下旬至 5 月底。内蒙古一般在 4 月下旬至 5 月上中旬播种。尽量避免 7—8 月高温季节播种，以免影响发芽率。实生苗移植可在 5—8 月进行。

选好地块后，用犁深翻，然后耙糖、镇压、整平，灌足冬水。翌年 4 月解冻后，结合整地每亩施入腐熟优质农家有机肥 1 500～3 000 kg，然后在其上覆沙 10～15 cm，作长 10 m、宽 5 m 的小畦。有条件的地方可安装喷灌设施。

播前要精选种子，选择饱满、光泽好、大小均匀一致的种子，先晾晒 2～3 d，再用 50℃～60℃的温水浸泡 12 h。当气温恒定大于 10℃时即可播种。采用开沟直播即可，播前浇足水，待沙土墒情适宜即可播种，沙土用手捏指缝间无滴水现象，松开手掌湿润时即可播种。为了使播种均匀，可在饮料罐底打上许多大于籽的孔，装入适量种子来回顺沟撒摆 2 遍，这种方法播种的蒙古韭出苗整齐一致。播种深度 2 cm，行距 20 cm，每亩播种量为 2 kg，播后覆湿沙。由于蒙古韭苗细，顶土力弱，在顶土出苗期保持沙土湿润松软，有利于出苗，播后出苗前，如墒情好，不宜浇水，以免沙土板结和降低地温，但若地干，应立即浇水，确保出苗和出全苗。春季风沙大，沙土容易被吹干，为防止表层沙土水分蒸发快，不利于出苗，用覆盖物或杂草覆盖以看不到地面为好，气温高时 15 d 即可出苗，气温低时 15～20 d 出苗，苗高 1 cm 以上去除覆盖物。

实生苗可用野生的蒙古韭植株直接分株开沟移栽，也适宜大田栽培。可在春季4月下旬或秋季 8 月进行，首先将野生蒙古韭植株带根挖回，经人工选择，剪去老死根，淘汰弱苗，叶子上部只留 3 cm，选出的苗放置阴凉处，分株栽培。移栽的蒙古韭苗生长快而健壮，方法又简单，成活率高达 100%。其方法多用簇栽，将整好的地按行距20 cm 开沟，把蒙古韭苗一簇一簇地栽上，簇距一般以 10 cm 为宜，每簇苗 15～20 株，边栽边覆土，用手稍压，栽后随即浇浅水，以后地干就浇，促进成活。缓苗后，可适时浇浅水，当苗高约 10 cm 时，控制浇水，中耕松土锄草，促进生根，防止徒长。

适宜蒙古韭生长的沙土保水性能差，春季随着气温升高，水分蒸发快，沙土容易干透，播种或移栽后根据墒情及时浇透水，有利于出苗和缓苗。浇水以沙土全部渗透为度，水量不宜过大，否则会引起根层积水，沙土透气性变差，使蒙古韭沤根引起死亡。

在播种前已施肥，生长旺期满足水分条件即可。但在采种后要及时补施一定量的肥料，露地栽培蒙古韭在生长过程中会出现缺素症状，要勤观察、早判断，及时根据缺素症状施肥。

蒙古韭人工驯化栽培过程中由于沙土松软，田间杂草生长速度快，必须勤中耕，及时拔除杂草，有利于蒙古韭生长。

用种子直播的蒙古韭当年不会开花，翌年 6—7 月开始开花结实。春季移栽的蒙古韭当年 6 月进入抽薹期，花期一般是 7 月中旬至 8 月中旬，花期是形成种子的关键时期，此间缺水和养分供应不足，会造成大量落花，从而使种子数量减少，因此，花期应适时漫灌，不宜喷灌，8 月下旬至 9 月中旬种子开始成熟，要适量灌 1 次水，当年移栽的蒙古韭不需要再施肥，翌年可进行适量施肥。

采收完种子后可将蒙古韭全部收割，及时浇水施肥，中耕锄草。进入 9—10 月，即蒙古韭生长到 20 cm 以上时可进行收割销售，用锋利的小刀，从蒙古韭生长地面高1 cm 处收割，整理摘去干黄枯叶，扎把或用塑料袋包装销售。

187. 砂韭

【学名】 *Allium bidentatum* Fisch. ex Prokh.。

【蒙名】 阿古拉音-塔干那。

【别名】 双齿葱。

【分类地位】 百合科葱属。

【形态特征】 多年生草本。鳞茎常紧密地聚生在一起，圆柱状，有时基部稍扩大，粗 3～6 mm；鳞茎外皮褐色至灰褐色，薄革质，条状破裂，有时顶端破裂呈纤维状。叶半圆柱状，比花葶短，常仅为其 1/2 长，宽 1～1.5 mm。花葶圆柱状，高10～30 cm，下部被叶鞘；总苞 2 裂，宿存；伞形花序半球状，花较多，密集；小花梗近等长，近与花被片等长，很少比其长 1.5 倍，基部无小苞片；花红色至淡紫红色；外轮花被片矩圆状卵形至卵形，长 4～5.5 mm，宽 1.5～2.8 mm，内轮花被片狭矩圆形至椭圆状矩圆形，先端近平截，常具不规则小齿，稍比外轮花被片长，长 5～6.5 mm，宽 1.5～3 mm；花丝略短于花被片，等长，基部合生并与花被片贴生，合生部分高 0.6～1 mm，内轮 4/5 扩大成卵状矩圆形，扩大部分每侧各具 1 钝齿，极稀无齿，外轮锥形；子房卵球状，外壁具细的疣疱状突起或突起不明显，基部无凹陷的蜜穴；花柱略比子房长。花果期 7—9 月。

【分布】 中国分布于黑龙江、吉林、辽宁、河北、山西、内蒙古、新疆（东北部）。

【生境】 旱生植物。生长于海拔 600～2 000 m 草原地带和山地向阳坡，为典型草原的伴生种。

【食用部位及方法】 叶、花可食用。

【营养成分】 含丰富的维生素 C、类胡萝卜素、氨基酸、可溶性蛋白、可溶性糖、还原糖等营养成分。

【栽培管理要点】 尚无人工引种驯化栽培。

188. 细叶韭

【学名】 *Allium tenuissimum* L.。

【蒙名】 扎芒。

【别名】 细叶葱、细丝韭、札麻。

【分类地位】 百合科葱属。

【形态特征】 多年生草本。鳞茎数枚聚生，近圆柱状；鳞茎外皮紫褐色、黑褐色至灰黑色，膜质，常顶端不规则地破裂，内皮带紫红色，膜质。叶半圆柱状至近圆柱状，与花葶近等长，粗 0.3～1 mm，光滑，稀沿纵棱具细糙齿。花葶圆柱状，具细纵棱，光滑，高 10～35（50）cm，粗 0.5～1 mm，下部被叶鞘；总苞单侧开裂，宿存；伞形花序半球状或近扫帚状，松散；小花梗近等长，长 0.5～1.5 cm，果期略增长，具纵棱，光滑，罕沿纵棱具细糙齿，基部无小苞片；花白色或淡红色，稀为紫红色；外轮花被片卵状矩圆形至阔卵状矩圆形，先端钝圆，长 2.8～4 mm，宽 1.5～2.5 mm，内轮花被片倒卵状矩圆形，先端平截或为钝圆状平截，常稍长，长 3～4.2 mm，宽 1.8～2.7 mm；花丝为花被片长度的 2/3，基部合生并与花被片贴生，外轮锥形，有时基部略扩大，比内轮稍短，内轮下部扩大成卵圆形，扩大部分约为花丝长度的 2/3；子房卵球状；花柱不伸出花被外。花果期 7—9 月。

【分布】 内蒙古分布于呼伦贝尔、乌兰浩特、通辽、赤峰、锡林郭勒、包头、乌兰察布、呼和浩特、鄂尔多斯、巴彦淖尔、阿拉善。中国分布于黑龙江、吉林、辽宁、山东、河北、山西、内蒙古、甘肃、四川、陕西、宁夏、河南、江苏、浙江。

【生境】 旱生植物。生长于海拔 2 000 m 以下的草原、山地草原的山坡、沙地，为草原、荒漠草原的伴生种。

【食用部位及方法】 花序与种子可作为调味品，是中国北方地区传统的调味品，以干制为主，也可腌制食用。细叶韭还可以作为蔬菜，春夏季节采嫩叶，可做馅、炒食、凉拌，味道鲜美。

【营养成分】 细叶韭花含亚油酸及其乙酯、棕榈酸及其酯类等46种化合物，其中香物质主要为烃基芳香化合物、含硫化合物、醛、酮类、长链烯烃等。叶和花含可溶性蛋白 0.38 mg/g 和 0.6 mg/g、氨基酸 18.32 mg/g 和 17.31 mg/g、可溶性糖 0.3% 和 1.53%、淀粉 0.1% 和 0.64%。

【药用功效】 细叶韭（花）营养丰富、芳香诱人、味道鲜美，能补肾、壮阳、解毒、抗癌等。

【栽培管理要点】

细叶韭适应性较强，对土壤条件要求不高，除低洼易涝和盐碱地不适宜种植外，其他地块均可栽培。但是为了保证成活率高，获得较高的产量，栽培地最好选择土质疏松、通透性好、肥力适中、有灌水条件的地块，以排水良好、pH 值为中性的沙壤土或中壤土。

播种和移栽均能繁殖。人工栽培最好采用育苗繁殖。种子繁殖育苗是快速扩大细叶韭基础植株的重要方法。

细叶韭为多年生草本，1次移栽可以多年收益，并非年年移栽，所以细叶韭栽培要施足底肥，特别是要多施能改善土壤理化性质的有机肥。随旋耕每公顷施有机肥 45 000～50 000 kg、硝酸磷复合肥 750～800 kg。若条件允许，可多施有机肥。

精细整地是保证移栽丰产的关键。冬前深耕，早春土壤解冻后旋耕耙糖。移植前地块要求耙碎、整平。移栽可用平畦，也可用起垄栽植。平畦栽培要求畦宽适宜，一般为 1.2～1.5 m，适宜的宽度有利于田间管理和花序采摘。长度只要地块平整，便于灌溉均可。垄栽要求 60 cm 1 带，移栽 2 行。通过试验，采用垄栽效果更佳，不仅便于排涝和提高地温，也便于田间操作，并且通风透光，起垄栽培把土壤表层灌溉改为垄侧渗灌，这样既可以避免因表层灌溉造成的地表板结和土壤容重增加，又可以减少中耕松土，省工省力，易于田间管理。由于表层疏松，还能起到一定的保墒作用。

细叶韭为鳞茎分蘖繁殖植物，随着时间的推移，群体会不断扩大，因此，植株移植要考虑分蘖繁殖的特性，合理安排移栽密度。平畦移栽行距为 30～35 cm，穴距为 20～25 cm，每穴 20～30 株；起垄栽培 60 cm 1 带，垄宽 30～35 cm，行距 20 cm，穴距 20～25 cm，每穴 20～30 株。栽植深度以不埋没叶鞘为度，一般为 4～5 cm。

细叶韭幼苗移栽一般在翌年春季进行。当株高长到 15～20 cm 时即可移栽。幼苗植株较低时，覆土较浅，不利于根系生长，幼苗成活率下降。如果是成苗移栽，则选择花序收获后雨季移栽，这样不仅可以保证土壤墒情有利于植株成活、积累养分，也有利于移栽后翌年有较高的产量，获得较好的经济利益。无论幼苗或成苗移栽都要随刨随栽，不要长时间堆放，细叶韭苗刨出后，将叶片先端剪去一段，减少叶面蒸发。同时将根系也剪短至 5～6 cm，这样更利于移栽时根系放直，防止根系弯曲，不易在以后的田间中耕松土除草时把根锄断影响植株生长。移栽要按计划行距挖穴或开沟，每穴移栽苗，鳞茎要整齐，株间要紧凑。鳞茎顶部覆土 4～5 cm，过深植株会生长不旺。每穴作为一个整体，根部四周用土回填压实。

定植当年管理主要是防止土壤板结和杂草危害。为保证植株成活，移栽后立即浇水，促使根系与土壤密切接触，每公顷追施尿素 150～200 kg。注意保持土壤湿度和土壤通气性，有利于植株成活。以后视土壤墒情浇水，雨季注意排水、松土和清除杂草。土壤封冻前，浇足冻水，有利于越冬和翌年春季嫩芽萌发。

细叶韭返青较早，一般在 2 月底或 3 月初土壤尚未完全解冻长出新叶。这时土壤水分较充足，能够满足细叶韭生长需求，不需浇水施肥，但要松土，破除土壤表层板结，并切断毛细管，减少水分蒸发。当幼苗长至 10 cm 时随浇水每公顷追施尿素 150～200 kg，并结合中耕松土每公顷施颗粒状过磷酸钙 225～230 kg，促进细叶韭根系生长和花薹发育，一般在 4 月上中旬。叶生长后期或开花早期再次浇水每公顷追尿素 225～230 kg，可以促进植株抽薹和小花发育，提前开花、结实，增加花序产量和改善品质。雨季注意排水防涝，防止田间积水，引起根茎腐烂死亡。冬季土壤失墒是细叶韭越冬死亡的主要原因，所以冬前浇水，防寒越冬，为翌年细叶韭健壮生长打好基础。

细叶韭喜欢通气良好的土壤，土壤板结或踏实会影响根系发育，从而影响植株生长发育，所以要保持土壤良好的通气性。田间积水，易产生蝇蛆，会导致植株死亡，所以要特别注意。土壤太湿时，一定要中耕松土散墒，最好采用空心锄不适宜使用大锄头。

细叶韭密度大，植株矮小，覆盖度较低，易受杂草危害，田间杂草主要是田旋花、蓼、藜、苍耳、小旋花、荠菜、田荆、蒿草、刺儿菜和马齿苋等，除了用空心锄除草，可以用 2,4-D 丁酯除草，每公顷适宜用量为 750～1 050 ml。

细叶韭同一植株形成的分蘖开花时间有先有后、同一种群体相差更大，应分批多次采收。一般采收标准是初花期至盛花期，细叶韭花序中小花开花集中，选择 80%～100% 小花开花的花序进行采摘；盛花期花序太多，此时生殖生长较快，小花开放也比较集中，采摘的花序以不太影响下部花序生育为度，一般选择 60%～100% 小花开花的花序进行采收；开花后期，种子形成较快，采收稍迟就会产生种子，应选择 60%～90% 小花开花的花序采摘。细叶韭采收一般是手工操作，也可使用采收专用工具——细叶韭花序采摘器（专利号：ZL201020624744.8），采收效率较高。采摘时不能带水，应在晴天细叶韭花序上的露水蒸发后进行，采收次序要合理，首先应采收边缘花序，然后再进行中部花序的收获。

189. 矮韭

【学名】 *Allium anisopodium* Ledeb.。

【蒙名】 那林-冒盖音-好日。

【别名】 矮葱。

【分类地位】 百合科葱属。

【形态特征】 多年生草本。根状茎明显，横生。鳞茎近圆柱状，数枚聚生；鳞茎外皮紫褐色、黑褐色或灰黑色，膜质，不规则破裂，有时顶端呈纤维状，内部常带紫红色。叶半圆柱状，稀为横切面呈新月形的狭条形，有时因背面中央的纵棱隆起而呈三棱状狭条形，光滑，或沿叶缘和纵棱具细糙齿，与花葶近等长，宽 1～2（4）mm。花葶圆柱状，具细纵棱，光滑，高（20）30～50（65）cm，粗 1～2.5 mm，下部被叶鞘；总苞单侧开裂，宿存；伞形花序近扫帚状，松散；小花梗不等长，果期尤为明显，随果实的成熟而逐渐伸长，长 1.5～3.5 cm，具纵棱，光滑，稀沿纵棱略具细糙齿，基部无小苞片；花淡紫色至紫红色；外轮花被片卵状矩圆形至阔卵状矩圆形，先端钝圆，长 3.9～4.9 mm，宽 2～2.9 mm，内轮花被片倒卵状矩圆形，先端平截或略为钝圆的平截，常比外轮花被片稍长，长 4～5 mm，宽 2.2～3.2 mm；花丝约为花被片长度的 2/3，基部合生并与花被片贴生，外轮锥形，有时基部略扩大，比内轮稍短，内轮下部扩大成卵圆形，扩大部分约为花丝长度的 2/3，罕在扩大部分的每侧各具 1 小齿；子房卵球状，基部无凹陷的蜜穴；花柱比子房短或近等长，不伸出花被外。花果期 7—9 月。

【分布】 内蒙古分布于呼伦贝尔、乌兰浩特、通辽、赤峰、锡林郭勒、乌兰察布、呼和浩特、鄂尔多斯、阿拉善。中国分布于黑龙江、吉林、辽宁、山东、河北、内蒙古、新疆（北部）。

【生境】 中生植物。生长于海拔 1 300 m 以下的森林草原、草原地带的山坡、草地、固定沙地，为草原伴生种。

【食用部位及方法】 内蒙古有些地区的蒙古族认为矮韭有毒不能食用。

【药用功效】 能温中壮阳、理气宽胸、活血祛瘀，主治流感、风寒湿痹、支气管炎、皮肤炭疽、脾胃不足之积食腹胀、消化不良、尿频等。

【栽培管理要点】 尚无人工引种驯化栽培。

190. 山韭

【学名】 *Allium Senescens* L.。

【蒙名】 昂给日。

【别名】 山葱、岩葱。

【分类地位】 百合科葱属。

【形态特征】 多年生草本。具粗壮的横生根状茎。鳞茎单生或数枚聚生，近狭卵状圆柱形或近圆锥状，粗 0.5～2（2.5）cm；鳞茎外皮灰黑色至黑色，膜质，不破裂，内皮白色，有时带红色。叶狭条形至宽条形，肥厚，基部近半圆柱状，上部扁平，有时略呈镰状弯曲，短于或稍长于花葶，宽 2～10 mm，先端钝圆，叶缘和纵脉有时具极细的糙齿。花葶圆柱状，常具 2 纵棱，有时纵棱变成窄翅而使花葶成为二棱柱状，高度变化很大，有的不到 10 cm，而有的则可高达 65 cm，粗 1～5 mm，下部被叶鞘；总苞 2 裂，宿存；伞形花序半球状至近球状，具多而稍密集的花；小花梗近等长，比花被片长 2～4 倍，稀更短，基部具小苞片，稀无小苞片；花紫红色至淡紫色；花被片长 3.2～6 mm，宽 1.6～2.5 mm，内轮花被片矩圆状卵形至卵形，先端钝圆并常具不规则小齿，外轮花被片卵形，舟状，略短；花丝等长，从比花被片略长直至为其长的1.5倍，仅基部合生并与花被片贴生，内轮扩大成披针状狭三角形，外轮锥形；子房倒钟状球形至近球状，基部无凹陷的蜜穴；花柱伸出花被外。花果期7—9月。

【分布】 内蒙古分布于呼伦贝尔、乌兰浩特、通辽、赤峰、锡林郭勒、乌兰察布、呼和浩特、巴彦淖尔、包头。中国分布于黑龙江、吉林、辽宁、河北、河南、山西、甘肃、新疆。亚洲中部、西伯利亚地区、蒙古国也有分布。

【生境】 中旱生植物。生长于海拔2 000 mm以下的草原、草甸草原、砾石质山坡，为草甸草原和草原的伴生种。

【食用部位及方法】 嫩叶和花可作为蔬菜食用。可以作为食材加工食用，也可适量放入食品中用作为调味品。

【营养成分】 山韭含多种营养成分，氨基酸含量较高、种类全面，蛋白质25.73%、氨基酸18.255%、类黄酮31.2 mg/g、多酚2.88 mg/g、多糖37.3 mg/g、铁121.36 mg/kg、锰29.33 mg/kg、锌48.65 mg/kg、钙9 223.21 mg/kg、钾23 878.5 mg/kg、镁2 766.44 mg/kg、磷7 670.94 mg/kg、硫8 244.37 mg/kg。山韭花有良好的营养食用价值和广泛的使用价值，1 kg野生山韭花的蛋白质含量比1 kg韭菜花蛋白质含量高5倍左右，并且含有丰富的维生素、糖等营养成分。

【药用功效】 山韭味甘、辛，性温，无毒，具有药用价值，能开胃、温中舒筋、散瘀止痛等。山韭根可缓解疲劳，治疗和缓解风寒痹痛，切碎后放入开水中，配入葱须、蒜皮、花椒等，放入水中煮沸，敷于痹痛处。山韭花鲜花捣汁，外用涂抹，可缓解蚊虫叮咬之痒。山韭种子主要成分为生物碱、皂苷、硫化物和苦味质。中国民间有用山韭种子烟熏法治疗小儿牙虫的记载，用山韭种子烟熏法有直接杀灭米象和防止中药饮片在储藏中生霉生虫的效果，且不影响中药饮片的颜色气味和性状的变化。

【栽培管理要点】 尚无人工引种驯化栽培。

191. 长梗韭

【学名】 *Allium neriniflorum*（Herb.）Baker。

【蒙名】 陶格套来。

【别名】 美花韭。

【分类地位】 百合科葱属。

【形态特征】 多年生草本。植株无葱、蒜气味。鳞茎单生，卵球状至近球状，宽1～2 cm；鳞茎外皮灰黑色，膜质，不破裂，内皮白色，膜质。叶圆柱状或近半圆柱状，中空，具纵棱，沿纵棱具细糙齿，等长于或长于花葶，宽1～3 mm。花葶圆柱状，高20～52 cm，粗1～2 mm，下部被叶鞘；总苞单侧开裂，宿存；伞形花序疏散；小花梗不等长，长7～11 cm，基部具小苞片；花红色至紫红色；花被片长7～10 mm，宽2～3.2 mm，基部2～3 mm互相靠合成管状（即靠合部分尚能看见外轮花被片的分离边缘），分离部分星状开展，卵状矩圆形、狭卵形或倒卵状矩圆形，先端钝或具短尖头，内轮常稍长而宽，有时近等宽，少有内轮稍狭的；花丝约为花被片长的 1/2，基部 2～3 mm 合生并与靠合的花被管贴生，分离部分锥形；子房圆锥状球形，每室 6（8）胚珠，极少具 5 胚珠；花柱常与子房近等长，也有更短或更长的；柱头 3 裂。花果期 7—9 月。

【分布】 内蒙古分布于乌兰浩特、通辽、赤峰、锡林郭勒、呼和浩特、乌兰察布、包头。中国分布于黑龙江、吉林、辽宁、内蒙古、河北。

【生境】 旱中生植物。生长于海拔 2 000 m 以下的丘陵山地、砾石坡地、沙质地。

【食用部位及方法】 鳞茎可食用。

【药用功效】 长梗韭鳞茎可以作为药材使用。味辛，性温，入肝经。蒙药记载鳞茎主治胸胁刺痛、心绞痛、咳喘痰多、痢疾、解河豚中毒。长梗韭通常可以用于滋养补气、消肿散瘀，补充人们体中阳气，去除寒气，对心脑血管疾病有一定的疗效，而且对于人们在意外过程中出现的跌打损伤、肿胀、抽筋、刀伤等也有一定消肿止痛的作用。

【栽培管理要点】

长梗韭适应性较强，对土壤条件要求不高。鳞茎繁殖，春季或秋末挖取鳞茎，大的留供药用，小的留作繁殖材料。8—9 月在整好的畦上按行距 20～25 cm，穴距 8～10 cm 开穴，每穴栽鳞茎 3～5 个，芽嘴向上，施人畜粪水，盖草木灰，覆土厚 3 cm。栽后中耕除草 3 次，第 1 次在苗出齐后，第 2 次、第 3 次在 2 月、4 月进行，并稍加培土。在第 1 次、第 2 次中耕除草后，施人畜粪水。5—6 月采收，将鳞茎挖起，除去叶苗和须根，洗去泥土，略蒸一下，晒干或烘干。

192. 黄花葱

【学名】 *Allium condensatum* Turcz.。

【蒙名】 西日-松根。

【分类地位】 百合科葱属。

【形态特征】 多年生草本。鳞茎狭卵状柱形至近圆柱状，粗 1～2 cm；鳞茎外皮红褐色，薄革质，具光泽，条裂。叶圆柱状或半圆柱状，上面具沟槽，中空，比花葶短，粗 1～2.5 mm。花葶圆柱状，实心，高 30～80 cm，下部被叶鞘；总苞 2 裂，宿存；伞形花序球状，具多而密集的花；小花梗近等长，长 7～20 mm，基部具小苞片；花淡黄色或白色；花被片卵状矩圆形，钝头，长 4～5 mm，宽 1.8～2.2 mm，外轮花被片略短；花丝等长，比花被片长 1/4～1/2，锥形，无齿，基部合生并与花被片贴生；子房倒卵球状，长约 2 mm，腹缝线基部具有短帘的凹陷蜜穴；花柱伸出花被外。花果期 7—9 月。

【分布】 内蒙古分布于呼伦贝尔、乌兰浩特、赤峰、锡林郭勒。中国分布于黑龙江、吉林、辽宁、山东、河北、山西、内蒙古。

【生境】 中旱生植物。生长于海拔 2 000 m 以下的山坡或山地草原、草原、草甸化草原、草甸。

【食用部位及方法】 嫩叶和花可作为蔬菜食用。在夏秋生长季节，将嫩茎、叶拔起或连根带起，洗净切碎，加佐料即可食用；或用白开水将鲜品烫一遍，加佐料食用，味道鲜美、营养丰富。

【营养成分】 黄花葱含具特殊臭味的挥发性硫化物、CC体皂普、胆带烷营、黄酮类化合物、含氮化合物及其他成分，富含维生素 C 15.3 mg/100 g。

【药用功效】 蒙古族民间认为黄花葱具有治坏血病的功能，还具有抑"赫依"、杀虫的功能，内蒙古蒙古族民间夏季常在肉食中放一些黄花葱防止落苍蝇而生蛆。

【栽培管理要点】

土壤以栗钙土、草甸土为主。播种和移栽均能繁殖。耕深应在 20 cm 以上。整地要求达到土块细碎、地面平整、墒情好、无杂草。结合整地施足基肥。基肥以农家肥为主，加尿素、硫酸钾、磷酸钙、磷酸二铵。

种植分为 2 种方法：采集到的种子用来播种栽培，采集到的植株用来移栽。影响黄花葱播种效果的主要有行距、株距、深度，播种的行距、株距、深度为 25 cm、25 cm、2～3 cm，移栽的行距、株距、深度为 15 cm、25 cm、10 cm。

黄花葱苗细、高、弱，出苗后，及时除草、灌水，避免杂草，主要杂草包括灰绿藜、地肤、凤毛菊、稗草、狗尾草、反枝苋等。发生病虫害很少，常见病害是灰枯病，高温、高湿易发病，发病时要及时用多菌灵 250 倍液或 75％ 百菌清 300 倍液进行喷雾防治；常见虫害有根蛆和小地老虎。

193. 薤白（小根蒜）

【学名】 *Allium macrostemon* Bunge。

【蒙名】 陶格套苏。

【别名】 小根蒜、羊胡子、山蒜、藠头、独头蒜。

【分类地位】 百合科葱属。

【形态特征】 多年生草本。鳞茎近球状，粗 0.7～1.5 cm，基部常具小鳞茎；鳞茎外皮带黑色，纸质或膜质，不破裂，但在标本上多因脱落而仅存白色内皮。叶 3～5 枚，半圆柱状，或因背部纵棱发达而为三棱状半圆柱形，中空，上面具沟槽，比花葶短。花葶圆柱状，高 30～70 cm，1/4～1/3 被叶鞘；总苞 2 裂，比花序短；伞形花序半球状至球状，具多而密集的花，或间具珠芽或有时全为珠芽；小花梗近等长，比花被片长 3～5 倍，基部具小苞片；珠芽暗紫色，基部也具小苞片；花淡紫色或淡红色；花被片矩圆状卵形至矩圆状披针形，长 4～5.5 mm，宽 1.2～2 mm，内轮花被片常较狭；花丝等长，比花被片稍长直至比其长 1/3，在基部合生并与花被片贴生，分离部分的基部呈狭三角形扩大，向上收狭成锥形，内轮基部约为外轮基部宽的 1.5 倍；子房近球状，腹缝线基部具有帘的凹陷蜜穴；花柱伸出花被外。花果期 5—7 月。

【分布】 内蒙古分布于乌兰浩特、通辽、赤峰、锡林郭勒。中国除新疆、青海，各地均有分布。

【生境】 旱中生植物。生长于海拔 1 500 m 以下的山坡、丘陵、山谷、草地，极少数地区（云南和西藏）在海拔 3 000 m 的山坡上也有。

【食用部位及方法】 鳞茎和嫩叶可作为蔬菜食用。鳞茎及嫩叶可炒食，香黏可口，鳞茎还可盐渍、醋渍等，具有脆嫩可口的特殊风味。

【营养成分】 薤白中含有丰富的药用成分，常见的有皂苷、挥发油、酸性物质、含氮化合物等，还含有螺甾皂苷和大量的呋甾皂苷。从薤白的脂肪酸中共分离出 16 种化合物，鉴定出其中的 12 种，共占脂肪酸总量的 93.868%，主要包括亚油酸、棕榈酸、油酸和谷甾醇。每 100 g 薤白中含能量 124 kcal、蛋白质 3.4 g、脂肪 0.4 g、碳水化合物 27.1 g、不溶性膳食纤维 0.9 g、磷 53 mg、钙 100 mg、铁 4.6 mg、维生素 A 15 μg、维生素 B_1 0.08 mg、维生素 B_2 0.14 mg、烟酸 1 mg、维生素 C 36 mg。

【药用功效】 鳞茎入药。薤白中含有挥发油、皂苷、含氮化合物、酸性物质等，为临床治疗"胸痹"之要药，也是治疗泻痢常用之品。薤白性味辛、苦，能理气、宽胸、通阳、散结，主治胸痹心痛、脘腹痞痛不舒、泻痢后重、疮疖等。

【栽培管理要点】

土壤以栗钙土、草甸土为主。薤白繁殖可用种子、珠芽和鳞茎。

种子繁殖：将种子在 50℃ 水中泡 4 h 后，放在 20℃ 下催芽，当 50% 萌发后则可播种。出苗期覆草，可以提高出苗率。可在春末、夏初或秋末封冻前播种。一般采用条播，行距 8 cm。每亩播种量 1 kg，拌细沙撒播于沟内。需保苗 350 株 /m² 左右。

珠芽繁殖：春播珠芽当年秋后收获；秋播可以在翌年春季 5 月上中旬采收。开沟深 5 cm，按行距 8 cm、株距 5 cm 点播，每亩需用种珠芽 5 kg 左右，播 300 粒 /m² 珠芽。

鳞茎繁殖：每亩用种鳞茎 100 kg。需要保苗 300 株 /m² 以上。春末夏初或在秋末播种。播种时在床上开沟，深 5 cm，将鳞茎按株距 5 cm、行距 8 cm 播种。播后覆土 2 cm，稍镇压，可覆盖塑料薄膜或草帘，有利于保苗。早春可架设地拱棚，以便提早上市；也可采用大棚温室栽培，以便获得更好的经济效益。

用当年的种子育苗移栽。一般在 8 月育苗，先将种子在 50℃ 水中泡 4 h 后，放在 20℃ 下催芽，当 50% 萌动后则可播种。播种量 75 kg/1 000 m²，播后覆土并且保温（20℃）促出苗，出苗期要覆稻草，浇小水，可以提高出苗率。

薤白在春季、秋季生长旺盛，适宜生长温度为 8℃ ～18℃，夏季高温时进入休眠状态。鳞茎在地下越冬，不易发生病虫害，适应性强。薤白出苗后，撤掉覆盖物；3 ～4 叶时疏苗，保持株行距为 5 ～6 cm，保苗 300 ～350 株 /m²。薤白喜湿润土壤，要及时浇水，保持土壤湿润。4 叶时地下鳞茎开始膨大，此时每亩可追施尿素 10 kg。夏季进入休眠期，植株枯萎。在生长过程中如果有植株抽薹，应及时摘掉，以免影响产量和质量。薤白大面积生产可采用药剂除草，秋季封冻前应铺施 1 层盖头粪，以腐熟的农家肥为好。最好在封冻前浇 1 次水。越冬前幼苗应长 3 ～4 片叶，苗高 20 ～25 cm，茎粗 0.6 cm，苗龄 90 d 左右，一般在 10 月中旬可将壮苗假植储藏越冬，在封冻前将秧苗挖出捆把，植在 20 cm 厚的土沟中，后随天气渐冷而增加盖土，到早春土壤解冻后定植。

早春土壤解冻后，4月施肥整地作畦，选根系小、叶直立的秧苗，按 18 cm×1 cm 株行距试栽，每公顷 45 万株左右，以刚刚埋上小鳞茎、水不倒不漂秧为宜。定植缓苗后要轻浇水，中耕促生长，长旺盛期加大供水量。

培土是夺取薤白优质高产高效的一项关键性技术措施，尤其是新发展的产区，更应强调后期培土。在薤白生长中后期，地下鳞茎膨大迅速，如果暴露于表土，接触空气，在阳光的照射下，暴露部分容易变绿，农户称为绿籽，绿籽食味差，直接影响产品的商品性和经济效益。培土一般在小满前后进行，连续 2～3 次，把根茎部裸露的鳞茎全部深盖。

薤白采收期因繁殖方法和播种时间的不同，也各有不同。薤白一般在 5 月中旬开始逐渐抽薹，春季应在抽薹前及时采收，采收过早产量低，采收过晚会抽薹，质量差；薤白秋季不抽薹，所以秋季在封冻前采收即可。小拱棚或大棚温室栽培的，若使用种子繁殖的要保证生长期在 5～6 个月，采用珠芽和鳞茎繁殖的生长期最低不少于 3 个月。当植株长到 4 叶时，在未抽薹前采收，采收时要注意叶片完整，去净泥土，扎成小把上市出售。在保证苗数和正常田间管理的情况下，可每亩产薤白鲜品 1 000～1 500 kg。薤白人工栽培投入低、易管理、不易发生病虫害、时间短、见效快、效益高，适宜露地和保护地栽培。在夏末秋初，当鳞茎基部有 2～3 叶枯黄，假茎失水变软倒伏，鳞茎外层鳞片革质化时则可收获。收前 7 d 停水，有利于储运。

194. 黄精

【学名】 *Polygonatum sibiricum* Delar. ex Redoute。

【蒙名】 西伯日-冒呼日-查干。

【别名】 鸡头黄精、鸡爪参、老虎姜、爪子参、笔管菜、黄鸡菜。

【分类地位】 百合科黄精属。

【形态特征】 多年生宿根草本。根状茎圆柱状，由于结节膨大，因此"节间"一头粗、一头细，在粗的一头有短分枝（中药志称这种根状茎类型所制成的药材为鸡头黄精），直径 1～2 cm。茎高 50～90 cm，或可达 1 m，有时呈攀缘状。叶轮生，每轮 4～6 枚，条状披针形，长 8～15 cm，宽（4）6～16 mm，先端拳卷或弯曲成钩。花序通常具花 2～4 朵，似呈伞状，总花梗长 1～2 cm，花梗长（2.5）4～10 mm，俯垂；苞片位于花梗基部，膜质，钻形或条状披针形，长 3～5 mm，具 1 脉；花被乳白色至淡黄色，全长 9～12 mm，花被筒中部稍缢缩，裂片长约 4 mm；花丝长 0.5～1 mm，花药长 2～3 mm；子房长约 3 mm，花柱长 5～7 mm。浆果直径 7～10 mm，黑色，含种子 4～7 粒。花期 5—6 月，果期 8—9 月。

【分布】 内蒙古分布于呼伦贝尔、乌兰浩特、锡林郭勒、通辽、赤峰、乌兰察布、巴彦淖尔、呼和浩特、阿拉善。中国分布于黑龙江、吉林、辽宁、河北、山西、陕西、内蒙古、宁夏、甘肃（东部）、河南、山东、安徽（东部）、浙江（西北部）。

【生境】 中生植物。生长于海拔 800～2 800 m 的林下、灌丛、山地草甸。

【食用部位及方法】 根茎可食用。生食、炖服，可以制作黄精炖猪肉、黄精鸡、黄精肉饭、黄精熟地脊骨汤、延年酒等。

【营养成分】 黄精性味甘甜，食用爽口，肉质根状茎肥厚，含有大量淀粉、糖分、脂肪、蛋白质、胡萝卜素、维生素和多种其他营养成分。黄精根茎、须根总多糖含量分别为 12.85%、4.08%，根茎中游离氨基酸与水解氨基酸含量分别为 1 199.66 μg/g、74.598 mg/g，须根中游离氨基酸与水解氨基酸含量分别为 4 119.86 μg/g、101.074 mg/g。黄精的根状茎含甾体皂苷，已分离出 2 个呋甾烯醇型皂苷和 2 个螺甾烯醇型皂苷。属于前者的是：26-O-β-D-吡喃葡萄糖基-22-O-甲基-（25）S-呋甾-5-烯-3β，26-二醇 3-O-β-石蒜四糖苷即西伯利亚蓼苷 A 和 26-O-β-D-吡喃葡萄糖基-22-O-甲基-25（S）-呋甾-5-烯 -3β，14α，26-三醇 3-O-β-石蒜四糖苷即 14α- 羟基西伯利亚蓼苷 A；属于后者的是：（23S，25R）螺甾-5-烯-3β，14α，23-三醇 3-O-β-lycotetraoside 即西伯利亚蓼苷 B 和新巴拉次薯蓣皂苷元-A3-O-β-石蒜四糖苷。另含黄精多糖 A、B、C，三者的相对分子质量均大于 20 万，均由葡萄糖、甘露糖和半乳糖醛酸按照摩尔比 6：26：1 缩合而成；又含黄精低聚糖 A、B、C，相对分子质量分别为 1 630、862 和 472，系由果糖与葡萄糖按摩尔比 8：1.4：1 和 2：1 缩合而成。

【药用功效】 根茎入药（药材名：黄精），能补脾润肺、益气养阴，主治体虚乏力、腰膝软弱、心悸气短、肺燥咳嗽、干咳少痰、消渴等。根茎也入蒙药（蒙药名：查干-胡日），能滋肾、强壮、温胃、排脓、去黄水，主治肾寒、腰腿酸痛、滑精、阳痿、体虚乏力、寒性黄水病、头晕目眩、食积食泻等。

【栽培管理要点】

栽培地的选择 野生黄精生长于林下及有适当遮蔽的林边草丛，应选择有适当遮阴、通风良好的地块栽种。黄精喜湿润环境，有较强的抗寒力，因而适合北方生长，应选疏松肥沃、排水方便、富含腐殖质的沙质壤土，并用农家肥作为底肥，切忌选择低洼涝地栽种。

种子繁殖 8 月采收黄精果实，立即搓去果肉，用 3% 的过氧化氢消毒，将种子与湿沙以 1：3 的比例混匀，沙藏于透气性好的坡地，待种子萌发，按行距 10～15 cm 条播于畦上，覆盖麦草或遮阴网保湿、保温。幼苗出土即揭去麦草或遮阴网，定期锄草，2 年后可移栽至大田。

无性繁殖 黄精无性繁殖周期相对较短，产量形成快，是生产中最常见的繁殖方式。10 月底黄精收获时，将二至三年生、带芽头的黄精根茎先端幼嫩部分 2～3 节切下作为种栽。注意尽量不要把须根去掉，在须根干枯前移栽（若须根除去或干枯则种栽形成新的根茎前不会发新根，若保持原有的须根完好则须根仍可保持活力，且可生出新根）。上冻前在畦上盖 1 层厩肥，有利于越冬保暖。

在选好的地块上翻耕 25～30 cm，整平、耙细；开排水沟，沟宽 30 cm，作宽 1.5 m、深 20 cm 的高畦，畦面整平、压实。每亩施腐熟的农家肥 1 000 kg 或商品有机肥 50 kg、复合肥 25 kg。

直播 可采用播种法种植,万粒重约 330 g。每年 4 月将种子用赤霉素浸泡 48 h,将市售 85% 结晶状赤霉素 1 g 溶于 25 mL 白酒中,反复搅拌使其溶解后,再将其倒入 5 kg 清水中反复搅拌均匀后可得 0.02% 赤霉素溶液;然后按照株行距 20 cm×20 cm 播种,种后用松针或草帘等将地面覆盖,要将种好的种子全部盖住,不露出地面,直播后 2 个月可出苗。

沙藏播种 沙藏能提前 1 个月出苗。可在入秋将 4 份细湿沙与 1 份种子混合,沙的湿度以手握湿沙成团不滴水为度,太干不发芽,太湿易烂种。混合好之后装入泡沫箱中,最上面用湿沙覆盖,勿让种子露出来,然后放到室温 2℃ 左右的房间低温处理,4 月取出后将种子筛出,种到整好的畦内,可按行距 15 cm,覆土 1.5 cm,种后稍压并用混有低浓度生根剂的水喷洒,覆盖柴草保持湿度,出苗前撤掉覆盖物。若出苗后植株过密,可待小苗长到 8 cm 时间苗,1 年后可移栽。

获得种栽后尽快栽种,越早越好,9 月至翌年 3 月中旬均可栽种(移栽应在幼苗倒苗后、出苗前),按行株距 25 cm×17 cm 开沟种植,沟深 10 cm,种栽用多菌灵 800 倍液和生根粉溶液浸泡 10 min 或用生石灰粉拌匀,稍晾干后摆放在沟内并覆土 5～8 cm。移栽后需浇 1 次定根水。

生长前期要经常中耕除草,每月中耕 1 次,可以疏松表土,增加土壤疏松度,有助于促进地下部分生长。为防止杂草与黄精争夺养分,平时发现野草应及早除去,如等杂草长势泛滥会增加除草难度。如不留种,应在花期及时摘去花芽,使营养转移至地下部分,有助于提高产量。

一般情况下,追肥要与中耕除草同时进行,每次中耕后每公顷施入农家肥 22.5 t。最后一次冬肥每公顷加入饼肥和过磷酸钙各 750 kg,与农家肥混合于行间开沟施入,用土盖好。推荐施用农家肥,有利于节本长效、改善土壤。

黄精喜湿润但忌积水,平时田间应保持土壤湿度,有遮阴条件就会使土壤的保水性增加。遇干旱要及时浇水,雨季要注意排水。虽然黄精喜欢湿润环境,但是长期泡水会使土壤通透性下降,影响根的呼吸作用,从而发生烂根。

如种植地段无树林或其他遮蔽植物,黄精生长期要进行遮阴操作。可采用间作的方式,既能对黄精遮光,又可收获其他作物。由于玉米产量高、易管理,为遮阴首选植物。可以采用 2 行玉米与 2 行黄精进行间作,距离控制在 50 cm,太近会争夺养分影响黄精产量,太远又达不到遮阴效果。间种作物要早播,以便黄精出苗时玉米就能起到遮阴作用。

打顶时间为展叶期,在黄精展叶 8～10 节时打顶。选晴天 6:00—10:00,通过手掐的方法摘除顶芽。

黄精采收过早,产量还未形成;采收过晚,则密度过大,养分竞争激烈,影响黄精生长。播种后 4 年或根茎繁殖 2 年后可收获。一般在秋末地上部分枯萎或春初萌发前地下部分营养最高时采收,并且以秋末冬初采收的根状茎肥壮饱满、质量最佳。采收后,将根茎中腐烂伤疤及大部分须根除去，冲净泥沙。大根茎可分2段，并按大小分级，首先在55℃烘干24 h，取出后揉搓0.5 h，再于50℃烘干48 h，烘干后及时取出，整个烘干过程要注意通风。

195. 玉竹

【学名】 *Polygonatum odoratum*（Mill.）Druce。

【蒙名】 冒呼日查干。

【别名】 萎蕤。

【分类地位】 百合科黄精属。

【形态特征】 多年生宿根草本。根状茎圆柱形，直径5～14 mm。茎高20～50 cm，具叶7～12片。叶互生，椭圆形至卵状矩圆形，长5～12 cm，宽3～16 cm，先端尖，下面带灰白色，下面脉上平滑至呈乳头状粗糙。花序具花1～4朵（在栽培情况下，可多至8朵），总花梗（单花时为花梗）长1～1.5 cm，无苞片或有条状披针形苞片；花被片黄绿色至白色，全长13～20 mm，花被筒较直，裂片长3～4 mm；花丝丝状，近平滑至具乳头状突起，花药长约4 mm；子房长3～4 mm，花柱长10～14 mm。浆果蓝黑色，直径7～10 mm，含种子7～9粒。花期5—6月，果期7—9月。

【分布】 内蒙古分布于呼伦贝尔、乌兰浩特、锡林郭勒、通辽、赤峰、乌兰察布、呼和浩特、巴彦淖尔、阿拉善。中国分布于黑龙江、吉林、辽宁、河北、山西、内蒙古、甘肃、青海、山东、河南、湖北、湖南、安徽、江西、江苏、台湾。

【生境】 中生植物。生长于海拔500～3 000 m林下、灌丛、山地草甸。

【食用部位及方法】 根茎可食用。玉竹目前已开发出了一些功能性食品和饮料，如玉竹饼、玉竹复合饮料、玉竹果脯、玉竹茶、玉竹果糖、玉竹乳酸发酵饮料、玉竹保健内酯豆腐等，具有药食兼用的功能，能养阴润肺、益胃生津。玉竹的民间食疗方法中，玉竹鸡能消除疲劳、强身健体、延年益寿；玉竹泥鳅汤可补中益气、养阴润燥；玉竹鱼汤有益气养阴、生津止渴的功效，适用于消渴的上、中消之症，有肺胃阴虚燥热者；玉竹炖鸭颈可滋阴养胃、消肿降脂；玉竹绿豆芽汤能降脂减肥、润肺生津；玉竹炖甲鱼能滋阴润肺、补肾健胃；玉竹蘑菇汤能滋阴润肺、解毒降脂、生津化痰；玉竹排骨汤能滋养肌肤、延缓衰老；玉竹养心膏适用于冠心病等心功能不全者的辅助治疗。

【营养成分】 玉竹营养丰富，含多种氨基酸，总氨基酸含量为11.22%～12.2%，游离氨基酸含量为16.87～220.23 μmol/g，其中，必需氨基酸含量为3.54%～3.87%，半必需氨基酸含量为1.25%～1.7%。

【药用功效】 根茎入药（药材名：玉竹），能养阴润燥、生津止渴，主治热病伤阴、口燥咽干、干咳少痰、心烦心悸、消渴等。根茎也入蒙药（蒙药名：模和日-查干），能强壮、补肾、去黄水、温胃、降气，主治久病体弱、肾寒、腰腿酸痛、滑精、阳痿、寒性黄水病、胃寒、暖气、胃胀、积食、食泻等。玉竹具有增强免疫力、抗衰老、抗氧化、降血糖、抗动脉粥样硬化、降血压等作用。

【栽培管理要点】

半阴的区域种植玉竹，严禁选择阳光直射、多风区域种植玉竹。不论是山地的一般土壤，还是平地的一般土壤都可种植玉竹，但是最适宜玉竹生长的土壤为中性、弱酸性沙壤土或黑土。不能选择黏性土壤、积水地种植玉竹。玉竹不宜连作，前茬作物以豆科为宜。

催芽处理前先将玉竹种子用冷水浸泡 24 h，捞出控净水后，将种子与湿沙按 1∶3 体积比充分混拌后装入木箱催芽，每隔 2～3 d 检查箱内温度湿度变化情况，每隔 5～7 d 倒种 1 次，每隔 10 d 取样用刀切开，检查种胚生长发育情况。一般在 10 月，选阴天或晴天栽种，栽时在畦上按行距 30 cm，开 15 cm 深的沟，然后将种茎按株距 15 cm 左右平排在沟里，每亩播种量 25～50 kg，随即盖上腐熟粪肥，再盖 1 层细土至与畦面齐平。

由于玉竹喜阴、耐寒，可在春季土壤化冻后种植，通常可选择每年 4 月 10 日到 6 月 20 日，最适宜的种植时间是 4 月 20 日至 5 月末。在选择玉竹种时，应选择茎秆粗壮、无病害、无黑斑、无损伤、顶芽饱满的根茎。应在挖好种植坑后即刻种植；若受天气环境影响未能种植，应合理保存根茎（大多放置在背风、阴凉室内），以免影响其成活率。选择好根茎后，应使用浓度为 50% 的多菌灵配置 500 倍液浸泡根茎（浸泡时间控制在 30 min）。

穴栽 畦面栽种 3～4 行，行株距为 30～40 cm，株距 30～40 cm，穴深 8～10 cm，每穴交叉，栽 3～4 个 / 穴，芽头向四周交叉。

条栽 在畦面上开沟，行距、沟深分别为 15～30 cm、6～15 cm。将 3～7 cm 的根状茎在沟底按株距 7～17 cm 纵向排列，芽头朝同一方向放好，覆盖农家肥。

在选择种植地之后，应对土壤进行清理。如果发现土壤中存在杂草或枯萎农作物。处理好土壤后，为降低玉竹病害率，应利用过氧乙酸对土壤进行消毒，每公顷过氧乙酸（浓度为 30%）用量控制在 15 kg。针对生地，只需杀除土壤中的虫害即可。以上操作完毕后耕地（使用旋耕机），以保证土壤平整、疏松。

依据土壤肥沃程度，合理确定作畦方案。通常将床面宽度控制在 1.3～1.5 m、床高控制在 30 cm。针对土层较好的地块，应将作业道控制在 30～40 cm；针对土层较薄的地块，应将作业道控制在 60 cm。

下种期间施用底肥，每公顷施中药专用肥 750 kg、生物肥 50 kg、绿肥或农家肥 30 000 kg，出苗后在玉竹全年生长周期内应喷洒叶面肥，次数控制在 2 次或 3 次，其主要作用为提升种子成熟度及产量。其次，翌年的 8 月至 9 月，在清除枯苗、杂草后，以每公顷 15 000 kg 农家肥的规格施肥，施肥完毕后使用稻草或新草覆盖地面。有条件的农户或者土壤过于贫瘠的情况下，可在玉竹苗高于地面 5 cm 后施农家肥或中草药专用复合肥。

玉竹种植过程中，应注意土壤不能积水。在雨季来临之前，如果土壤积水将导致玉竹叶片变黄、植株倒伏、根茎腐烂等问题，应提前设置疏水沟。

一般在栽种后第3年收获，如追肥管理得好，1年也可收获，但是此时采收产量不够高，且玉竹生产质量与要求不符，生长2～3年的玉竹产量、质量较高，生长4年的玉竹产量更高，但是玉竹生产质量会有所降低。北方在春季采收，以便与栽种时间衔接。地上部分枯萎后，在春季植株萌芽前，选晴天及土壤比较干燥时收获。采挖时，先割去地上茎秆，挖出根状茎，抖去泥土，防止折断，以免降低规格等级。将玉竹挖出后，应及时选择并留下种根茎，并选择合适位置晾晒。如果土壤干燥，应使用竹签将根茎上的土去掉，分开根茎分枝，确保玉竹长度较长，以降低玉竹弯曲度。

五十二、兰科

196. 手掌参

【学名】 *Gymnadenia conopsea*（L.）R. Br.。

【蒙名】 阿拉干-查合日麻。

【别名】 手参。

【分类地位】 兰科手参属。

【形态特征】 多年生草本，高20～75 cm。块茎1～2，肉质肥厚，两侧压扁，长1～2 cm，掌状分裂，裂片细长，颈部生几条细长根。茎直立，基部具2～3枚叶鞘；茎中部以下具叶3～7片，叶互生，舌状披针形或狭椭圆形，长7～20 cm，宽1～3 cm，先端急尖、渐尖或钝，基部收狭成鞘，抱茎，茎上部具披针形苞片状小叶。总状花序密集，具多数花，圆柱状，长6～15 cm；花苞片披针形；花多为紫色或粉红色少为白色；中萼片矩圆状椭圆形或卵状披针形，长3.5～6 mm，宽2～3 mm，先端钝，略呈兜状；侧萼片斜卵形或矩圆状椭圆形，反折，边缘外卷，通常长于、稀等长于中萼片，先端钝；花瓣较萼片宽，宽2.5～4 mm，斜卵状三角形，与中萼片近等长，先端钝，边缘具细锯齿，萼片、花瓣均具3～5脉；唇瓣倒宽卵形或菱形，长5～6 mm，宽约5 mm，前部3裂，中裂片较大，长1.5～2 mm，宽约1.5 mm，先端钝；矩细而长，圆筒状，下垂，前弯，长13～17 mm，为子房的1.5～2倍，先端略尖；花药椭圆形，先端微凹；花粉块柄长约0.6 mm；黏盘近于条形；退化雄蕊矩圆形；蕊喙小；柱头2，隆起，近棒形；子房纺锤形。花期7—8月。

【分布】 内蒙古分布于呼伦贝尔、乌兰浩特、赤峰、锡林郭勒、乌兰察布。中国分布于东北地区及河北、山西、河南、陕西、甘肃、四川、云南。朝鲜、日本、蒙古国、西伯利亚地区、欧洲也有分布。

【生境】 中生植物。生长于沼泽化灌丛草甸、湿草甸、林缘草甸及海拔1 300 m的山坡灌丛、林下。

【食用部位及方法】 块茎入药。春季、秋季采挖。去净茎、叶及须根，洗净，晒干，或用开水烫过再晒干。

【营养成分】 手掌参所含营养成分主要为糖类物质、粗纤维以及蛋白质，其中总糖含量可达 39.27%，蛋白质组成中必需氨基酸含量占氨基酸总量的 34.19%，药用氨基酸占总氨基酸的 59.63%。

【药用功效】 块茎入药，能补养气血、生津止渴，主治久病体虚、失眠心悸、肺虚咳嗽、慢性肝炎、久泻、失血、带下、乳少、阳痿等；也入蒙药（蒙药名：额日和藤奴-嘎日），能强壮、生津、固精益气，主治久病体虚、腰腿酸痛、痛风、游痛症等。

【栽培管理要点】 栽培地选择 pH 值 4.5～5.8、富含腐殖质、排灌方便的沙壤土或壤土为好，忌重茬。于封冻前翻耕 1～2 次，深 20 cm。翌年春季化冻结合耕翻，每亩施入农家肥 4 000 kg。种子繁殖，7—8 月育苗播种，翌年春季可出苗。播种前种子进行催芽处理，覆盖细沙 5～6 cm，其上覆盖 1 层杂草，有利于保持湿润，雨天盖严，防止雨水流入烂种。每隔半月检查翻动 1 次，若水分不足，适当喷水；若湿度过大，筛出参种，晾晒沙子。2～3 年后移栽，在 10 月底至 11 月上中旬进行。移栽时，以畦横向成行，行距 25～30 cm，株距 8～13 cm。参苗出土以后要及时搭棚遮阴，除草松土，适时灌溉，当年一般不用追肥，翌年春季苗出土前，将覆盖畦面的杂草去除，撒 1 层腐熟的农家肥，配施少量过磷酸钙，通过松土，与土拌匀，土壤干旱时随即浇水。在生长期可于 6—8 月用 2% 的过磷酸钙溶液或 1% 磷酸二氢钾溶液根外追肥。10 月下旬至 11 上旬，生长 1 年以上的手掌参茎叶枯萎时，应将枯叶及时清除，深埋或烧毁。封冻前视畦面情况，浇好越冬水，并加盖畦面秸秆。综合防治病虫害。

五十三、败酱科

197. 黄花龙芽

【学名】 *Patrinia scabiosaefolia* Fisch. ex Trev.。

【蒙名】 色日和立格-其其格。

【别名】 败酱、野黄花、野芹。

【分类地位】 败酱科败酱属。

【形态特征】 多年生草本，高 55～80（150）cm。茎被脱落性白粗毛。地下茎横走。基生叶狭长椭圆形、椭圆状披针形或宽椭圆形，先端尖，基部楔形或宽楔形，边缘具锐锯齿；茎生叶对生，2～3 对羽状深裂至全裂，中央裂片最大，椭圆形或椭圆状披针形，两侧裂片狭椭圆形、披针形或条形，依次渐小，两面近无毛或边缘及脉上疏被粗毛；聚伞圆锥花序，在顶端常 5～9 个组成疏散大型伞房状；总花梗及花序分枝常只一侧被粗白毛；苞片小；花较小，花萼不明显；花冠筒短，上端 5 裂；雄蕊 4。瘦果长椭圆形，子房室边缘稍扁展成极窄翅状，无膜质增大苞片。花期 7—8 月，果期 9 月。

【分布】 内蒙古分布于呼伦贝尔、乌兰浩特、通辽、赤峰、锡林郭勒、乌兰察布。中国各地几乎都有分布。朝鲜、日本、蒙古国、西伯利亚地区也有分布。

【生境】 旱中生植物。生长于森林草原带、山地的草甸草原、杂类草草甸、林缘，在草甸草原群落中常有较高的多度，并可形成华丽的季相，在群落外貌上十分醒目。

【营养成分】 根和根茎含齐墩果酸、常春藤皂苷元、β-谷甾醇-β-D-葡萄糖苷、多种皂苷。根中尚含挥发油 8%、生物碱、鞣质、淀粉。种子含硫酸败酱草皂苷、熊果酸-3-O-A-I、齐墩果酸-3-O-A-吡喃鼠李糖基（1-2）-A-L-吡喃阿拉伯糖苷、熊果酸-3-O-A-L 吡喃葡萄糖基。根含挥发油约 8%。油中特有成分为 α-古芸烯。

【药用功效】 为野生观赏资源。全草（药材名：败酱草）、根茎及根入药；全草能清热解毒、祛瘀排脓，主治阑尾炎、痢疾、肠炎、肝炎、结膜炎、产后淤血腹痛、痈肿疔疮；根茎及根主治神经衰弱或精神系统疾病。

【栽培管理要点】 尚无人工引种驯化栽培。

参 考 文 献

常维春，郭耀忠，1995. 山野菜栽培加工与利用［M］. 长春：吉林科学技术出版社.

崔世茂，宛涛，2016. 内蒙古野生园艺植物图鉴［M］. 呼和浩特：内蒙古人民出版社.

狄维忠，1987. 贺兰山维管植物［M］. 西安：西北大学出版社.

谷安琳，王庆国，2013. 西藏草地植物彩色图谱：第 1 卷［M］. 北京：中国农业科学技术出版社.

郭文场，1999. 野菜栽培与食用［M］. 北京：金盾出版社.

哈斯巴根，2010. 内蒙古种子植物名称手册［M］. 呼和浩特：内蒙古教育出版社.

金波，1998. 中国多年生蔬菜［M］. 北京：中国农业出版社.

金波，1999. 花卉资源原色图谱［M］. 北京：中国农业出版社.

克什克腾旗环境保护局，2008. 克什克腾旗植物名录［M］. 赤峰：内蒙古科学技术出版社.

李桂林，2005. 赛罕乌拉自然保护区志［M］. 赤峰：内蒙古科学技术出版社.

宛涛，卫智军，杨静，等，1999. 内蒙古草地现代植物花粉形态［M］. 北京：中国农业出版社.

阎贵兴，2001. 中国草地饲用植物染色体研究［M］. 呼和浩特：内蒙古人民出版社.

燕玲，2011. 阿拉善荒漠区种子植物［M］. 北京：现代教育出版社.

于锡宏，2004. 观赏蔬菜［M］. 哈尔滨：黑龙江科学技术出版社.

张国宝，2002. 野菜栽培与利用［M］. 北京：金盾出版社.

赵金光，韦旭斌，郭文场，2004. 中国野菜［M］. 长春：吉林科学技术出版社.

赵培洁，肖建中，2006. 中国野菜资源学［M］. 北京：中国环境科学出版社.

赵一之，1992. 内蒙古珍稀濒危植物图谱［M］. 北京：中国农业科技出版社.

赵一之，2006. 鄂尔多斯高原维管植物［M］. 呼和浩特：内蒙古大学出版社.

正蓝旗草原工作站，1993. 正蓝旗种子植物资源［M］. 呼和浩特：内蒙古大学出版社.

中国科学院内蒙古宁夏综合考察队，1985. 内蒙古植被［M］. 北京：科学出版社.

中国饲用植物志编辑委员会，1987. 中国饲用植物志：第 1 卷［M］. 北京：农业出版社.

中国植被编辑委员会，1980. 中国植被［M］. 北京：科学出版社.

蕨	小叶杨	榛
虎榛子	大果榆	家榆
旱榆	麻叶荨麻	华北大黄
阿拉善沙拐枣	沙拐枣	叉分蓼

红蓼　　　　　　　　巴天酸模　　　　　　　酸模叶蓼

西伯利亚蓼　　　　　　碱蓬　　　　　　　　　沙蓬

地肤　　　　　　　　　灰菜　　　　　　　　　小叶藜

猪毛菜　　　　　　　　反枝苋　　　　　　　　千穗谷

西府海棠　　　　　　　　花叶海棠　　　　　　　　玫瑰

美蔷薇　　　　　　　　　地榆　　　　　　　　　东方草莓

西伯利亚杏　　　　　　　山杏　　　　　　　　　欧李

柄扁桃　　　　　　　　　毛樱桃　　　　　　　　紫花苜蓿

黄花苜蓿　　　　　　　野火球　　　　　　　小叶锦鸡儿

中间锦鸡儿　　　　　　甘草　　　　　　　　胡枝子

尖叶胡枝子　　　　　　广布野豌豆　　　　　牻牛儿苗

小果白刺　　　　　　　白刺　　　　　　　　大白刺

元宝槭   梣叶槭   凤仙花

酸枣   鼠李   山葡萄

野西瓜苗   堇菜   紫花地丁

中国沙棘   沙枣   千屈菜

锁阳　　　　　　　　刺五加　　　　　　　　峨参

越橘　　　　　　　　连翘　　　　　　　　互叶醉鱼草

羊角子草　　　　　　地梢瓜　　　　　　　　雀瓢

打碗花　　　　　　　亚洲百里香　　　　　　百里香

薄荷　　　　　　　　　　　兴安薄荷　　　　　　　　　　香薷

地笋　　　　　　　　　　　黑果枸杞　　　　　　　　　　宁夏枸杞

枸杞　　　　　　　　　　　龙葵　　　　　　　　　　　　地黄

细叶婆婆纳　　　　　　　　白婆婆纳　　　　　　　　　　大婆婆纳

肉苁蓉	平车前	大车前
车前	蓝锭果忍冬	小花金银花
毛接骨木	接骨木	桔梗
轮叶沙参	东风菜	菊芋

牛蒡　　　　　　　　牛膝菊　　　　　　　　毛连菜

苣荬菜　　　　　　　苦苣菜　　　　　　　　乳苣

还阳参　　　　　　　山苦荬　　　　　　　　苦荬菜

抱茎苦荬菜　　　　　薏苡　　　　　　　　　鸭跖草

小黄花菜　　　　　　　　　有斑百合　　　　　　　　　　山丹

野韭　　　　　　　　　　　碱韭　　　　　　　　　　　　蒙古韭

砂韭　　　　　　　　　　　细叶韭　　　　　　　　　　　矮韭

山韭　　　　　　　　　　　长梗韭　　　　　　　　　　　黄精

玉竹

手掌参

黄花龙芽